AF355682

TRAITÉ

DE

MINÉRALOGIE.

TOME IV.

TRAITÉ

DE

MINÉRALOGIE,

PAR LE C^{EN}. HAÜY,

Membre de l'Institut National des Sciences et Arts, et Conservateur
des Collections minéralogiques de l'École des Mines.

PUBLIÉ PAR LE CONSEIL DES MINES.

En cinq volumes, dont un contient 86 planches.

TOME QUATRIÈME.

DE L'IMPRIMERIE DE DELANCE.

A PARIS,

CHEZ LOUIS, LIBRAIRE, RUE DE SAVOYE, N°. 12.

(X) 1801.

Page 73, ligne 14, glas-kopt : *lisez* glas-kopf.
P. 249, lignes 16 et 17, carbonatée : *lisez* sulfatée.

TRAITÉ

DE

MINÉRALOGIE.

IVᵉ. GENRE.

FER.

Ferrum. Mars, *Waller.*, *t. II, p.* 229. Fer, *de Lisle, t. III,* *p.* 165. *Id., de Born, t. II, p.* 252. *Id.*, Sciagr., *t. II, p.* 146. Eisen des Allemands. Fer, *Daubenton, tabl., p.* 46. Iron, *Kirwan, t. II, p.* 155.

Caractères du fer pur.

Caract. phys. Pesant. spécif., 7,788 ; moindre que celle des autres métaux, excepté l'étain.

Eclat ; moindre seulement que celui du platine.

Dureté ; supérieure à celle des autres métaux.

Elasticité. *Id.*

Ténacité ; moindre seulement que celle de l'or.

Couleur ; le gris avec une nuance de bleuâtre.

Caract. chim. Infusible.

Soluble par tous les acides.

 A

Le fer, tel que la nature l'a produit en immense quantité, est bien différent de celui dont l'aspect et l'usage nous sont si familiers. Ce n'est presque par tout qu'une masse terreuse, une rouille sale et impure; et lors même que le fer se présente dans sa mine avec l'éclat métallique, il est encore éloigné d'avoir les qualités qu'exigent les services multipliés qu'il nous rend. L'homme n'a eu guère besoin que d'épurer l'or. Il a fallu, pour ainsi dire, qu'il créât le fer; et lorsque l'on considère que l'art de travailler ce métal, qui réunit tant de procédés industrieux, qui triomphe de tant de difficultés et d'obstacles, et qui emploie si ingénieusement le feu et le fer même, pour dompter le fer, remonte jusqu'à la plus haute antiquité, et au-delà du déluge (1), on est porté à regarder la première idée de cet art admirable comme une sorte d'inspiration, et à croire que le même Dieu, dont la main bienfaisante avoit fait naître, avec tant de profusion, dans le sein de la terre, le plus utile des métaux, a daigné encore suggérer à l'esprit humain les moyens de l'assortir à nos besoins, et de nous faire jouir de tous les avantages qu'il recèle.

Ce métal, déjà répandu si abondamment dans les mines qui lui sont propres, s'introduit presque par tout, et remplit, pour ainsi dire, toute la nature de ses différentes modifications. Une multitude de substances terreuses, telles que les serpentines, le feld-spath opalin, le corindon, etc., le renferment sous la forme de grains attirables. Il fait dans un plus grand nombre encore la fonction de principe colorant. Les teintes de la télésie, de la topaze, du grenat, les veines colorées qui diversifient la surface des quartz, nommés *agathes*, et des marbres, etc., sont l'effet de son union avec l'oxygène en diverses proportions; et l'on pourroit dire, du moins par rapport au règne minéral (2), que

---

(1) Genèse, ch. 4, v. 22.

(2) On a aussi attribué au fer la couleur du sang et celle des fleurs, mais sans en donner de preuves suffisantes.

quand la nature prend le pinceau, c'est très-souvent le fer oxydé qui est sur la palette.

Parmi les auteurs qui ont cité du fer natif, quelques - uns paroissent n'avoir pas saisi le véritable état de la question. Ainsi de Born donne le fer natif comme une véritable espèce , qui, dans sa méthode , est la première du genre fer , tandis qu'il jette lui-même des doutes sur les deux variétés qu'il cite , en avertissant que la première étoit accompagnée d'une matière vitreuse jaune et transparente , et que la seconde se trouvoit dans des endroits où il y avoit probablement autrefois des fourneaux pour la fonte du fer (1). D'autres minéralogistes ont insisté sur la ductilité des échantillons qu'ils décrivent, sans s'attacher à prouver qu'ils étoient réellement un produit de la nature.

On a beaucoup parlé de la masse de fer prétendu natif, trouvée par le célèbre Pallas, en Sibérie , près des Monts Kémir (2), et qui pesoit 1680 livres russes. Mais plusieurs de ceux qui ont examiné les morceaux qu'on en avoit détachés, et qu'on voit dans différentes collections , ont reconnu qu'ils étoient cellulaires, et contenoient une matière vitrifiée et du charbon (3). C'est à l'un de ces morceaux que se rapporte la première variété de fer natif citée par de Born.

D'autres morceaux sembleroient mériter plus de confiance. Tel est celui que Lehmann dit avoir appartenu à Marcgraff (4) , et dans lequel on voyoit encore, ajoute - t - il, les deux lisières du filon dont il avoit été détaché. Ce morceau, qui venoit d'Eibestock, en Saxe, renfermoit des parties flexibles, qui s'étendoient sous le marteau.

---

(1) Catal. , t. II , p. 257 et 258.

(2) Pallas , observ. sur la forme des montagnes. Pétersbourg , 1777, in-4°. , p. 25.

(3) Sciagr. , édit. de Lametherie , t. II , p. 153. De Lisle, t. III , p. 167.

(4) Art des mines , trad. franç. , p. 112.

Ce que dit Wallerius est encore plus fort. Ce célèbre minéralogiste cite du fer natif, *sous forme cubique*, qui se trouve près du Sénégal, en Afrique, où les Maures l'exploitent pour en faire différens ouvrages (1). Mais, selon lui, ce fer n'a pas la perfection de notre fer forgé ; il se rapproche de la nature du fer fondu (*accedit ad naturam ferri fusi*) ; du reste, il est attirable à l'aimant et ductile sous le marteau. Il y auroit ici une contradiction, si Wallerius entendoit par fer fondu, ce que nous appelons aussi *fer cru ;* il faut croire qu'il veut parler du fer qui sort du fourneau d'affinage, et n'a plus besoin que d'être martelé, pour devenir ce qu'on nomme *fer forgé* ou *fer battu.*

On lit dans le 5e. tome des Annales de chimie (2), l'extrait d'un mémoire de dom Michel Rubin de Celis, dans lequel ce naturaliste fait mention d'une masse considérable de fer trouvée dans l'Amérique septentrionale, où elle étoit enfouie, en grande partie, dans de l'argile, et qu'il croit y avoir été lancée par une explosion volcanique. On avoit regardé cette masse comme étant du fer très-pur et très-doux ; mais M. Proust, qui en a examiné des fragmens, a reconnu que le nickel y étoit allié au fer, et il conclud de ses observations, qu'il seroit prématuré de juger si cet alliage est l'ouvrage de l'art ou de la nature (3).

Malgré les témoignages d'un grand poids, que nous avons cités, les naturalistes sont encore partagés sur l'existence du fer natif. Le Cit. Guyton a même été jusqu'à en nier la possibilité ; et il se fonde sur ce que le fer ne devient réellement ductile, qu'après qu'il a passé sous le marteau, et sur ce qu'il n'y a aucune dissolution, soit humide, soit par le feu, qui puisse suppléer à cette opération (4). Si les observations que l'on pourroit ici opposer à la théorie étoient absolument décisives, il fau-

---

(1) Syst. miner. , édit. 1778, t. II , p. 235.
(2) p. 149 et suiv.
(3) Journ. de phys. , thermidor , an 7, p. 148.
(4) *Idem.*, août, 1776, p. 135.

droit en conclure, ainsi qu'on l'a fait par rapport à d'autres objets, que nous ne connoissons pas toutes les ressources de la nature. Mais dans l'état actuel des choses, il est plus sage de se ranger parmi ceux qui doutent encore.

Le fer est susceptible, en général, de trois états différens, qui exigent autant d'opérations particulières. Ce qu'on appelle *fer fondu* (1), est le métal dépouillé, par une première fusion, d'une partie plus ou moins considérable de son oxygène, et qui s'est emparé d'une partie du charbon avec lequel il étoit en contact dans le fourneau de fonte.

On distingue la fonte, suivant sa cassure, en fonte blanche et en fonte grise. La première a un tissu lamelleux et brillant; elle est dure et sujette à se casser. Le tissu de la seconde est mat et grenu ; elle est plus flexible et plus facile à entamer. On attribue cette différence à la proportion de charbon, qui est moindre dans la fonte blanche, et plus considérable dans la fonte grise.

Le fer coulé, ou fer fondu, est susceptible d'une seconde fusion; ou, ce qui est la même chose, en d'autre termes, il n'est pas encore malléable. Car le fer a cela de particulier, qu'il ne peut posséder l'une de ces qualités, la fusibilité et la ductilité, qu'aux dépens de l'autre. Pour communiquer au fer coulé cette ductilité, qui est le but principal de l'opération, on le porte d'abord dans un second fourneau, que l'on nomme *fourneau d'affinage* ou *affinerie*, et dont la température très-élevée détermine, par un nouveau jeu d'affinités, l'oxygène qui restoit dans la fonte à se combiner avec le carbone dont elle s'étoit emparée, pour former de l'acide carbonique qui se dégage. Le fer se trouve alors dans le plus grand état de pureté auquel l'art puisse l'amener. On l'expose ensuite à l'action d'un gros marteau, dont

---

(2) On se sert aussi, dans le même sens, des expressions de *fer cru*, *fer coulé*, *fer de gueuse*.

les coups redoublés rapprochant les parties métalliques, les lient davantage entre elles, et rendent le fer ductile. On le nomme alors *fer forgé*, *fer battu* ou *fer affiné*. Dans ce nouvel état, il n'est plus fusible, et le feu le plus violent de nos fourneaux peut au plus l'amollir et le convertir en une espèce de pâte. Pour réussir à le fondre, il faudroit y mêler des fondans, qui le feroient revenir à son premier état, et le rendroient cru et non malléable.

Le fer forgé, mis en contact avec des matières charbonneuses, et ramolli par l'action du feu, au point de pouvoir se pénétrer de ces matières, se convertit en acier. L'opération de la trempe que l'on fait subir à l'acier, n'en change point la nature; elle fait seulement varier l'arrangement de ses parties. Elle augmente à la fois sa dureté, sa fragilité, son volume, et lui donne un grain plus grossier.

D'après cette théorie, qui a été très-bien développée dans un mémoire des Citoyens Vandermonde, Monge et Bertholet (1), la différence entre le fer fondu, le fer forgé et l'acier, dépend de deux principes, savoir, l'oxygène et le carbone. Leur réunion constitue le fer fondu; l'absence de l'un et de l'autre, au moins en quantité sensible, caractérise le fer forgé ; dans l'acier, le carbone existe seul sans oxygène.

Le fer de fonte est susceptible de prendre une forme régulière, comme les autres métaux, à l'aide d'un refroidissement lent et gradué. Je n'ai rien vu de plus intéressant en ce genre, que ce qu'a obtenu le Cit. Poulain - Boutancourt, dans un fourneau de forge, où il avoit tout disposé de manière à favoriser la cristallisation du métal. Il en est résulté de très-jolis groupes d'octaèdres implantés les uns dans les autres, dont l'assortiment se présente, à l'ordinaire, sous l'aspect d'une pyramide.

La ténacité du fer est telle, que ce métal, réduit en un fil

---

(1) Mém. de l'Acad. des Sc., 1786, p. 152 et suiv.

d'environ 2,7 ^{millim.}, ou $\frac{1}{10}$ de pouce d'épaisseur, soutient, sans se rompre, un poids de 210,3 ^{kilogr.}, ou 450 livres.

Le fer pris dans chacun des trois états où nous l'avons envisagé, est employé pour différens ouvrages. Les mortiers, les boulets, les plaques de cheminée, les tuyaux pour la conduite des eaux, sont faits avec du fer coulé, qui a passé immédiatement dans des moules après la première fonte.

Tout le monde connoit les services multipliés que nous tirons du fer forgé et de l'acier. C'est lui qui, entre les mains du laboureur, sollicite la terre à produire des moissons abondantes, et qui, entre les mains du guerrier, protège ces moissons. Dans nos édifices, il s'adapte, sous mille formes diverses, aux pièces qui doivent être fortement réunies, à celles qui ont besoin de se mouvoir. Par tout il fait notre sureté, et ce que nous avons de plus précieux, est sous sa garde. Il fournit à l'horlogerie et aux différens arts mécaniques une foule d'instrumens pour façonner et perfectionner leurs productions. On a vu les sauvages de l'Amérique prodiguer l'or, pour avoir en échange un couteau, un marteau, une scie ; et si l'or étoit quelque chose à leurs yeux, c'étoit par l'avantage de pouvoir être converti en fer.

PREMIÈRE ESPÈCE.

FER OXYDULÉ (1).

Ferrum mineralisatum cristallisatum ; minera ferri cristallisata ; *Waller.*, *t. II*, *p.* 234. Exclude cristallos figurâ cubicâ.

---

(1) Je n'ai pas cru devoir soudiviser ce genre, comme les autres, en deux sections, parce que, dans la plupart des espèces, le fer est plus ou moins oxydé. S'il en est quelqu'une où il paroisse exister entièrement à l'état métallique, c'est surtout le fer arsenical ou mispickel. Mais je ne connois aucune expérience directe qui en offre la preuve.

Ferrum mineralisatum, minerâ ferrum attrahente, etc. *Magnes*, *ibid.*, *p.* 255. Fer à l'état métallique non malléable, ou éthiops martial natif, *de Lisle*, *t. III, p.* 176. Fer noir, éthiops martial natif; fer phlogistiqué, *de Born*, *t. II, p.* 259. Fer jouissant de la propriété d'attirer un autre fer; aimant, Sciagr., *t. II*, *p.* 156. Fer contenant assez de phlogistique pour obéir à l'aimant, *ibid.*, *p.* 157. Magnetischer eisenstein, *Emmerling*, *t. II*, *p.* 278. Fer en minérai, dont le minéralisateur est inconnu, *Daubenton*, *tabl.*, *p.* 47. Iron in a calcined state, mineralized by pure air, *Kirwan*, *t. II*, *p.* 157.

Caractère essentiel. Action très-marquée sur le barreau aimanté. Poussière noirâtre.

Caractères phys. Pesant., spécif., 4,2437 ..... 4,9394.

Consistance. Non ductile, cédant assez facilement à la percussion.

Magnétisme. Plus sensible que celui des autres mines.

Couleur de la surface. Gris sombre joint à l'éclat métallique, au moins dans les morceaux cristallisés.

Couleur de la limaille; noire.

Cassure, conchoïde.

Caract. géom. Forme primitive. L'octaèdre régulier (*fig.* 117) *pl. LXXIV.* On voit quelquefois dans les fractures des indices de lames assez sensibles, parallélement aux faces de ce solide.

Molécule intégrante. Le tétraèdre régulier.

Caract. chim. Insoluble dans l'acide nitrique.

Caractères distinctifs. Entre le fer oxydulé et le fer oligiste. La poussière du premier est décidément noire; celle de l'autre a une teinte de rouge. Les petits fragmens du fer oxydulé auxquels on présente un barreau aimanté, s'élancent vers lui, même avant le contact; ceux du fer oligiste ne sont pas enlevés, même au contact. Les formes du fer oxydulé sont ou l'octaèdre régulier, ou quelqu'une de ses modifications; celles du fer oligiste ont pour forme primitive un rhomboïde un peu aigu.

V A R I É T É S.

VARIÉTÉS.

FORMES.

Déterminables.

1. Fer oxydulé *primitif.* P (*fig.* 117). *De Lisle, t. III, p.* 178. Incidence de P sur P, 109^d 28′ 16″.

a. Cunéiforme. *De Lisle, t. III, p.* 178; variété 1.

b. Segminiforme. *Ibid.*; variété 2.

2. Fer oxydulé *émarginé.* $\overset{}{\underset{P}{P}}\,\overset{}{\underset{\iota}{B}}\,\overset{\iota}{\underset{l}{B}}$ (*fig.* 118). *De Lisle, t. III, p.* 179; variété 4. Incidence de *l* sur P, 144^d 44′ 8″.

3. Fer oxydulé *dodécaèdre.* $\overset{}{\underset{\iota}{B}}\,\overset{\iota}{\underset{l}{B}}$ (*fig.* 119). En dodécaèdre rhomboïdal. Incidence de *l* sur *l*, 120^d. La surface des cristaux est souvent chargée de stries parallèles aux grandes diagonales des rhombes.

4. Fer oxydulé *transposé.* En octaèdre, dont une moitié est censée avoir tourné sur l'autre, d'un sixième de circonférence. Voyez le spinelle de même nom, *t. II, p.* 358. Cette variété a été découverte en Allemagne, dans une argile schisteuse, par le Cit. Hassenfratz, qui m'en a donné un cristal très-prononcé.

Indéterminables.

5. Fer oxydulé *amorphe.*

C'est principalement à cette variété qu'appartiennent les aimans naturels, qui se débitent dans le commerce, ou les corps que le vulgaire appelle *pierres d'aimant.* Elle varie dans son tissu, qui est tantôt compact, tantôt granuleux, et quelquefois écailleux. Sa couleur n'est pas moins variable; il y en a de noirâtre, de brune, de rougeâtre et de blanchâtre. Ses morceaux sont souvent mêlés de parties pierreuses qui la rendent vitrifiable par l'action du feu.

TOME IV. B

C'est à ce mélange qu'est due la couleur blanchâtre de quelques-uns. Aussi sont-ils plus légers et agissent-ils plus foiblement sur le barreau aimanté.

6. Fer oxydulé *arénacé*.

A N N O T A T I O N S.

1. On trouve du fer oxydulé dans l'île de Corse, où ses cristaux ont pour gangue une stéatite ; en Suède, où ils sont recouverts d'une croûte talqueuse ; en France, près de la ville du Puy, où ils sont mêlés avec un sable ferrugineux, qui contient aussi des zircons et des télésies bleues ; ces derniers sont plus durs que les autres. Le Cit. Launoy en a rapporté d'Espagne, dont la gangue est une chaux sulfatée. Les plus gros sont ceux de Suède, dont l'axe a quelquefois trois centimètres, ou environ 13 lignes de longueur.

A l'égard de la variété à laquelle on a donné le nom *d'ai-mant*, parce que l'action de ses pôles a beaucoup plus d'énergie, il en existe des masses considérables en Suède, en Norwège, en Chine, à Siam, aux îles Philippines, etc.

2. La théorie de l'aimant ne doit pas être étrangère au naturaliste, surtout à celui qui s'occupe de géologie, puisque c'est du globe terrestre qu'émanent les forces qui dirigent le fer suspendu librement. Æpinus, guidé par l'observation des pôles de la tourmaline, qui s'offroit à ses yeux comme une espèce de petit aimant électrique, conçut et exécuta en partie l'idée heureuse de lier, dans une même théorie, les phénomènes du magnétisme et ceux de l'électricité. Coulomb, en reprenant cette idée au point où l'avoit laissée Æpinus, l'a développée d'une manière si neuve et si savante, qu'il semble avoir plutôt créé la science, que perfectionné ce qui en existoit jusqu'alors (1).

---

(1) La nécessité où nous sommes de nous borner ici à ce qui intéresse plus particulièrement le minéralogiste, ne nous permettra que d'indiquer quel-

3. Avant de décrire les phénomènes du magnétisme naturel, nous exposerons succinctement les notions élémentaires indispensables pour les bien saisir.

Quoique le fluide magnétique soit assujetti aux mêmes lois que le fluide électrique, il en diffère cependant par sa nature et par ses propriétés, au moins dans l'état actuel de nos connoissances. Car outre qu'il n'agit que sur le fer, ou tout au plus sur deux ou trois métaux, il ne se transmet point d'un de ces corps à l'autre, ainsi que nous le dirons dans un instant, au lieu que ces mêmes corps sont d'excellens conducteurs du fluide électrique.

4. Nous considérons le fluide magnétique, de même que le fluide électrique, comme étant composé de deux fluides particuliers, dont telle est la manière d'agir, que les molécules de chacun se repoussent mutuellement en raison inverse du carré de la distance, et attirent les molécules de l'autre fluide suivant la même loi. Coulomb a démontré l'existence de cette loi par des expériences aussi décisives que celles qui l'établissent relativement au fluide électrique.

5. Tant que le fer ne donne aucun signe de magnétisme, les deux fluides restent intimement unis ou se neutralisent mutuellement. Mais dans le passage à l'état de magnétisme sensible, ils se dégagent, ou, ce qui revient au même, le fluide total qui naît de leur combinaison se décompose; en sorte que la partie de l'aimant qui se dirige librement vers le nord, devient le siége de l'action exercée par l'un des fluides, et que celle qui regarde le sud, manifeste l'action de l'autre fluide.

A l'égard des dénominations qu'il convient de donner à ces fluides, celles de *fluide boréal* et de *fluide austral*, se présen-

---

ques-uns des résultats de ce célébre physicien. Ceux qui voudront prendre une connoissance plus approfondie de sa théorie, peuvent consulter les mémoires qu'il a publiés, parmi ceux de l'Académie des Sciences, an 1785 et suiv.

tent tout naturellement. Mais il y a, par rapport à l'application de ces noms aux deux pôles de l'aimant, une observation à faire, qui tient à la manière de dénommer ces pôles eux-mêmes. Suivant l'acception commune, le pôle boréal est celui qui se tourne spontanément vers le nord, et le pôle austral celui qui regarde le midi. Mais nous verrons dans la suite que le globe terrestre fait la fonction d'un véritable aimant. Nous verrons de plus, que deux aimans se repoussent par les pôles de même nom, et s'attirent par les pôles de différens noms. Il en résulte que dans une aiguille aimantée, l'extrémité tournée vers le nord est dans l'état contraire à celui du pôle de notre globe, situé dans la partie du nord ; et comme ce dernier pôle doit être le véritale pôle boréal, relativement au magnétisme, ainsi qu'il l'est à l'égard des quatre points cardinaux, il paroit plus convenable de donner le nom de *pôle austral* à l'extrémité de l'aiguille, qui est tournée vers le nord, et celui de *pôle boréal* à l'extrémité opposée. Nous adopterons, en conséquence, ces dénominations, qui sont déjà usitées en Angleterre ; et, par une suite nécessaire, nous nommerons *fluide austral*, celui qui sollicite la partie de l'aiguille la plus voisine du nord, et *fluide boréal*, celui qui réside dans la partie située vers le midi.

6. Il en est du magnétisme, comme il en seroit de l'électricité, s'il n'existoit dans la nature que des corps parfaitement idioélectriques. Chaque aimant n'a jamais que sa quantité naturelle de fluide, qui est constante : en sorte qu'il ne peut ni recevoir d'ailleurs une quantité de fluide additionnel, ni céder de celui qu'il possède par sa nature, et que le passage à l'état de magnétisme dépend uniquement du dégagement des deux fluides qui composent le fluide naturel, et de leur mise en activité dans les parties opposées du fer.

Cette théorie exclud, comme l'on voit, les atmosphères et les effluves magnétiques, dont l'existence est d'ailleurs contredite par une partie des faits, et qui n'offrent, à l'égard des autres, que des explications vagues et lâches, ce qui est ac

rien expliquer. Nous leur substituons des forces, dont la loi démontrée, à l'aide d'une première observation, sert ensuite à lier étroitement tous les faits entre eux, par les méthodes rigoureuses du calcul ; et l'idée des deux fluides dans lesquels nous faisons résider ces forces, idée dont la théorie pourroit absolument se passer, ne sera, si l'on veut, qu'une hypothèse propre à aider nos conceptions, en les rapportant à des êtres qui font image, et qui sont, du moins à notre égard, comme s'ils existoient réellement.

7. Plus le fer est dur, et plus les deux fluides éprouvent de difficulté à se mouvoir dans ses pores ; et en général cette difficulté est supérieure de beaucoup à la résitance que les corps, même le plus idio-électriques, opposent au mouvement interne des fluides dégagés de leur fluide naturel. Coulomb compare cette résistance au frottement, et lui donne le nom de *force coërcitive*. C'est elle qui maintient, pendant si long-temps, l'énergie des aimans, en balançant la tendance qu'ont les deux fluides à se réunir, en vertu de leur attraction mutuelle.

8. Les phénomènes magnétiques, ainsi que les phénomènes électriques, dépendent, d'après ce qui a été dit plus haut, des actions simultanées de quatre forces, savoir : deux attractions et deux répulsions, lesquelles se balancent mutuellement dans le fer qui ne donne aucun signe de magnétisme.

Supposons maintenant que l'on présente deux aimans l'un à l'autre. Ces corps se trouveront alors dans le même cas que deux corps idio-électriques qui ont une de leurs parties électrisée vitreusement, et l'autre résineusement. Il en résulte que si les aimans tournent l'un vers l'autre leur pôle austral ou leur pôle boréal, il doit y avoir répulsion, et que si, au contraire, le pôle austral de l'un regarde le pôle boréal de l'autre, il y aura attraction. Ces résultats se démontrent à l'aide d'un raisonnement semblable à celui que nous avons fait relativement à deux tourmalines électrisées. Il n'y a que les noms à changer.

9. Si l'on place un barreau de fer non aimanté M N (*fig.* 12.)

vis-à-vis d'un aimant A B , de manière qu'il se trouve dans la sphère d'activité de cet aimant, on jugera, en appliquant encore ici ce que nous avons dit d'un corps électrisé à l'égard d'un autre corps dans l'état naturel, que le barreau doit acquérir lui-même la vertu magnétique, en conséquence de l'action que l'aimant exerce sur lui ; de sorte que si A est le pôle austral de l'aimant, M deviendra le pôle boréal du barreau , ou réciproquement. Il y aura donc, dans tous les cas, attraction entre les deux corps.

10. On conçoit d'après ce qui vient d'être dit, qu'il n'y avoit pas lieu à la surprise qu'ont témoignée quelquefois les minéralogistes, en voyant que certains minéraux ferrugineux , tels que des serpentines , se trouvoient incapables de soulever une parcelle de fer, quoiqu'ils manifestassent des pôles , et agîssent par attraction et par répulsion sur le barreau aimanté ; car les forces étoient toutes préparées d'avance, de part et d'autre, pour un effet d'ailleurs aussi facile à produire que le dérangement d'équilibre d'un barreau suspendu sur son pivot. Mais les corps dont ils s'agit n'auroient pu soulever une molécule de limaille, sans faire naître dans celle - ci une des forces nécessaires à l'effet, c'est-à-dire, sans la convertir elle-même en aimant, par le déplacement de son fluide, ce qui exigeoit de la part de ces corps une énergie dont ils n'étoient pas capables.

11. J'ai parlé, à l'article de la tourmaline, d'un fait singulier que présentoient les corps de cette espèce, et qui consiste en ce qu'un fragment détaché d'une de leurs extrémités, lorsqu'ils ont été chauffés, se trouve à l'instant pourvu de deux pôles électriques, comme la tourmaline entière. De même si l'on coupe un aimant par un bout, le fragment se change tout à coup en aimant complet, quoique la moitié dont il faisoit partie fut dans un seul état de magnétisme. J'ai remis à exposer ici, dans un grand détail, la solution très-heureuse qui se déduit de la théorie de Coulomb, relativement à cette espèce de paradoxe ; et comme cette solution tient à la manière dont le fluide magnétique est distribué dans l'intérieur d'un aimant, je commencerai par donner

une idée de cette distribution, en exposant, autant qu'on peut le faire, à l'aide du raisonnement, le système de forces dont elle dépend.

Coulomb considère chaque molécule d'un aimant comme étant elle-même un petit aimant dont le pôle nord est contigu au pôle sud de la molécule qui précède ou de celle qui suit, et réciproquement. S'il pouvoit exister une aiguille magnétique infiniment déliée, et qui ne fut composée que d'une série unique de molécules ou de petites aiguilles partielles c, d, f, g, h, etc. (*fig.* 121), toutes les quantités de fluide libre, soit boréal, soit austral, d'où naîtroient les forces polaires de ces différentes molécules, seroient égales; en sorte que chaque pôle, excepté le pôle a de l'aiguille c et le pôle b de l'aiguille r, étant contigu à un pôle de nom différent, sollicité par une égale quantité de fluide, la force de l'un balanceroit celle de l'autre, et toute l'activité de l'aiguille totale résideroit dans les extrémités. Car si quelque chose pouvoit troubler l'égalité dont nous venons de parler, ce seroient les actions isolées des extrémités sur les aiguilles intermédiaires. Mais ces extrémités n'étant que de simples points, les quantités de fluide correspondantes seroient des masses infiniment petites, dont les forces, s'exerçant à des distances qui, dans ce cas, seroient censées infinies, se réduiroient à zéro.

Concevons maintenant une infinité d'aiguilles, qui étant d'abord dans le même état que la précédente, se réunissent autour d'elle en forme de faisceau, de manière que tous leurs pôles soient tournés dans le même sens que les siens, et examinons leurs actions sur cette aiguille. Alors les forces combinées des extrémités, ayant pour siéges des surfaces au lieu de simples points, deviendront infinies par rapport à ce qu'elles étoient dans l'hypothèse d'une seule aiguille. Soit A la force totale des pôles sud, et B celle des pôles nord. La force A agira pour repousser le fluide a et pour attirer en sens contraire le fluide b contenu dans chaque aiguille partielle c, d, f, g, etc., et son action deviendra plus foible, à mesure que la distance augmentera. La force B, de son côté, agira pour produire des effets analogues dans des directions opposées. Mais comme toutes les aiguilles particielles, renfermées dans chaque moitié de l'aiguille totale, sont plus voisines de l'une des forces A ou B que de l'autre, nous pouvons supposer que chacune de ces forces agisse seulement sur les aiguilles situées dans la moitié qui est tournée de son côté, avec une intensité égale à la différence entre les deux actions.

Il résulte de ce qui vient d'être dit, 1°. que le fluide naturel se recomposera en partie dans chaque petite aiguille c, d, f, g, etc., par la réunion des deux quantités de fluide a et b qui se mouvront l'une vers l'autre ; 2°. que la portion de fluide recomposé ira en diminuant dans les diverses aiguilles, depuis chaque extrémité jusqu'au milieu, ou, ce qui revient au même, la portion de fluide qui restera libre ira en augmentant dans le même sens (1).

Cela posé, il est facile de voir que le pôle austral a de la molécule g, par exemple, étant plus fort que le pôle boréal b de la molécule f, la force du premier peut être considérée comme étant composée de deux forces, dont l'une est équilibrée et détruite par la force boréale de f, et l'autre qui dépasse le point d'équilibre, reste en activité. En appliquant ce raisonnement aux autres molécules, on en conclura que l'état de l'aiguille deviendra le même que si toutes les molécules situées dans la première moitié depuis c jusqu'à h, n'étoient sollicitées que par du fluide austral ;

---

(1) Je n'ai considéré que les actions des extrémités sur les points intermédiaires, en sorte que l'explication que je viens de donner n'est relative qu'à ce qui se passe dans l'instant même de la jonction de toutes les aiguilles qui composent le faisceau. Car lorsque les forces des aiguilles partielles c, d, f, g, etc., sont devenues inégales, ces aiguilles agissent à leur tour sur toutes les autres, et réciproquement. Mais comme les plus grandes forces sont aux extrémités, l'explication se rapproche toujours jusqu'à un certain point de la réalité, et sert du moins à faire entrevoir le véritable résultat auquel on ne peut être conduit que par un calcul rigoureux.

et

et si toutes celles de l'autre moitié, depuis r jusqu'en k, étoient seulement dans l'état de magnétisme boréal, et cela de manière que dans les points qui se correspondent de part et d'autre, à des distances égales des extrémités, les quantités de fluide en activité seront aussi égales. Or, chacune des aiguilles qui forment le faisceau étant de même en prise à l'action de toutes les autres, l'état du faisceau entier s'assimilera à celui de l'une quelconque des aiguilles composantes, et cet aperçu peut nous aider à concevoir, en général, la distribution des fluides dans un aimant considéré comme un faisceau d'aiguilles magnétiques infiniment déliées.

Maintenant la loi suivant laquelle décroissent, en allant des extrémités vers le milieu, les quantités de fluide actif, soit austral, soit boréal, qui sollicitent les deux moitiés de l'aimant, doit être telle qu'il y ait équilibre entre toutes les forces de ces quantités de fluide, en supposant que ces mêmes forces agissent les unes sur les autres en raison inverse du carré de la distance. Or, la théorie fait voir que, dans cette hypothèse, les quantités de fluide dont il s'agit décroissent rapidement, en partant des extrémités, jusqu'à une assez petite distance, passé laquelle le décroissement se fait avec beaucoup de lenteur. Il en résulte que dans un aimant les centres d'action sont peu éloignés des extrémités, et que l'action des parties qui se rapprochent du centre est presque nulle, ce que nous avons vu avoir également lieu pour les tourmalines.

Nous sommes à présent en état de concevoir ce qui arrive, lorsqu'on détache d'un aimant une partie située vers l'une des extrémités. Car il est d'abord évident que le fragment commencera par un pôle austral, et finira par un pôle boréal. De plus, les forces de ces deux pôles qui n'étoient pas égales au moment de la séparation, le deviendront ensuite par une nouvelle distribution des fluides, conformément aux lois de l'équilibre ; en sorte que le fragment aura, ainsi que l'avoit l'aimant entier, ses deux moitiés animées de forces égales et contraires.

TOME IV.   C

12. Passons maintenant à l'exposition des phénomènes produits par le magnétisme naturel. Si l'on porte une aiguille aimantée successivement à différens points du globe, il y en aura quelques-uns où sa direction coïncidera exactement avec le méridien du lieu. Mais dans d'autres points elle s'écartera du plan de ce cercle, tantôt vers l'orient, tantôt vers l'occident, et la quantité de l'écartement variera suivant les lieux. On a donné à cette déviation le nom de *déclinaison*.

Pour mesurer la déclinaison, on suppose un plan vertical qui passe par la direction de l'aiguille. L'angle formé par ce plan avec le méridien du lieu, donne la quantité de la déclinaison, et l'on appelle *méridien magnétique*, le cercle qui coïncide avec le plan dont il s'agit.

13. L'aiguille est sujette à une autre espèce de déviation. Supposons qu'étant en équilibre sur son pivot, avant d'être aimantée, elle se trouvât située dans un plan exactement parallèle à l'horizon. Dès qu'elle aura reçu la vertu magnétique, elle prendra une position plus ou moins inclinée par rapport à ce cercle, excepté à certains endroits de la terre. On a donné à cette seconde déviation le nom d'*inclinaison*.

14. Si l'on part de l'un des endroits où la déclinaison est nulle, et qu'on s'avance vers le Nord ou vers le Sud, on pourra passer par une suite de points où elle sera pareillement nulle. Mais ces points ne se trouveront pas sur un même méridien; ils formeront une courbe irrégulière, qui aura des inflexions en différens sens.

Halley est un des premiers qui ait entrepris de tracer sur une mappemonde ces suites de points où la déclinaison est zéro, et que l'on a appelées *bandes sans déclinaison*. On a observé jusqu'ici trois bandes sans déclinaison, qui ont été suivies par les marins, jusqu'à des latitudes plus ou moins considérables.

Mais de plus, la déclinaison varie avec le temps dans un même lieu, et ses variations ne croissent point dans le même rapport que le temps, en sorte que les bandes sans déclinaison changent continuellement et de position et de figure. A Paris, la déclinaison étoit nulle en 1666 ; aujourd'hui elle est d'environ 22^d vers l'Ouest.

15. Ce n'est pas tout encore. L'aiguille est sujette à une variation diurne particulière, que personne n'a observée avec plus de soin que Cassini (1), et en vertu de laquelle sa direction, du moins à Paris, s'écarte un peu du pôle, depuis environ huit heures du matin, jusqu'à deux ou trois heures après-midi, et s'en rapproche ensuite jusqu'à environ neuf heures du soir, après quoi l'aiguille reste stationnaire jusqu'au lendemain. Elle fait ainsi continuellement de petites oscillations, dont telle est la marche générale, que la somme des mouvemens qui ont lieu vers l'Ouest, l'emporte sur celle des mouvemens en sens contraire, de manière que la déclinaison va en augmentant du même côté.

16. Enfin, on a remarqué que les forces qui sollicitent l'aiguille vers les mouvemens dont nous venons de parler, éprouvoient de petites perturbations passagères, qui faisoient varier les époques et les directions de ses oscillations diurnes, et qui dépendoient de certaines causes locales, telles que les aurores boréales, les neiges, les brouillards, les vents d'Est et les tremblemens de terre.

17. L'inclinaison de l'aiguille a aussi ses variations, qui deviennent surtout sensibles lorsqu'on change de latitude. Elle est nulle à peu près à l'équateur, de manière que ⋅tous les points où l'aiguille est exactement parallèle à l'horizon, forment une courbe irrégulière, qui coupe l'équateur sous de petits angles. A mesure que l'on s'écarte de ce cercle, en allant vers un pôle ou vers l'autre, l'inclinaison va en augmentant, de sorte que l'extrémité de l'aiguille qui regarde le pôle voisin, s'abaisse continuellement en dessous de sa première position. Cette variation ne suit pas le rapport des latitudes. La plus grande inclinaison dont on ait encore parlé, est de 82^d, et a été observée par

____

(1) De la déclinaison et des variations de l'aiguille aimantée, Paris, 1791.

Phipps, à 79^d 44' de latitude méridionale, et 131^d de longitude. L'inclinaison varie aussi avec le temps dans un lieu donné.

18. Plusieurs physiciens célèbres, entre autres Halley et Æpinus, ont fait dépendre la direction des aiguilles magnétiques, de l'action d'un très-gros aimant, de figure sphérique ou à peu près, qui formoit comme le noyau du globe terrestre. Pour expliquer la déclinaison et sa variation annuelle, la seule qui fut alors connue, Halley supposoit que ce noyau magnétique avoit quatre pôles, dont deux étoient fixes, et les deux autres avoient un mouvement très-lent autour des premiers.

Mais pour que cette hypothèse fut admissible, il faudroit, comme le remarque très-bien Æpinus (1), que les courbes qui passent, soit par les points où la déclinaison est nulle, soit par ceux où elle est d'un nombre donné de degrés, conservassent constamment la même figure, et ne fissent que changer de position autour du globe, ce qui est bien éloigné d'être prouvé.

Æpinus propose, mais avec une sage réserve, une autre explication, qui s'adapte au cas où les courbes dont nous venons de parler changeroient de figure avec le temps. Il seroit possible alors, selon ce savant physicien, que la déclinaison de l'aiguille aimantée provint en général de la figure irrégulière du noyau magnétique du globe, ou d'une distribution inégale du fluide dans son intérieur ; et pour rendre raison de la variation de cette déclinaison, ainsi que de celle de l'inclinaison, dans un même lieu par succession de temps, on pourroit supposer que la figure du noyau ou la distribution du fluide qu'il renferme fut elle-même variable. Æpinus présume aussi que l'action des mines de fer répandues dans le sein du globe, pourroit influer sur la variation dont il s'agit, et que peut-être même elle en est la seule cause (2).

Suivant M. Prevost, il n'est pas nécessaire de recourir à un

---

(1) Tentamen theoriæ electr. et magnet., p. 270 et 271.
(2) Tentamen theoriæ electr. et magnet., p. 268, 271 et 334.

noyau particulier pour expliquer le magnétisme naturel. Il suffit que la décomposition du fluide magnétique, qui ne se fait que dans l'intérieur du fer, par les moyens que nous avons à notre disposition, puisse avoir lieu même hors de ce métal, par des causes naturelles plus puissantes que les agens de l'art, et dont l'influence permanente maintiendroit les deux pôles du globe dans deux états de magnétisme opposé (1).

A l'égard de la variation diurne en déclinaison, M. Canton a cru pouvoir l'expliquer par la diminution de force attractive que la chaleur des rayons solaires devoit occasionner dans le noyau magnétique du globe. Cette diminution ayant lieu le matin, par rapport aux parties situées vers l'Est, l'aiguille moins attirée de ce côté, devoit décliner vers l'Ouest, et l'effet opposé devoit avoir lieu pendant l'après-dînée (2).

Tout ce qu'il y a de certain jusqu'ici sur cette matière, c'est que le globe terrestre fait la fonction d'aimant par rapport aux aiguilles magnétiques. Mais pour déterminer sa manière d'agir, il faudroit savoir si les variations de l'aiguille peuvent se ramener à une loi susceptible d'être représentée. Cette connoissance exigeroit des observations comparatives plus multipliées et plus exactes que celles qui ont été faites précédemment ; et l'on peut dire qu'à cet égard, la science n'est pas encore mûre pour les théories.

19. Outre les faits généraux que nous venons de citer, on en a observé plusieurs qui sont précieux, en ce qu'ils ont une uniformité qui doit les faire regarder comme des principes secondaires, dont on peut tirer des conséquences certaines, en attendant une connoissance plus parfaite des causes dont ils dépendent. Aussi Coulomb les a-t-il adoptés parmi les données qui lui ont servi de bases, pour établir sa théorie.

____

(1) De l'origine des forces magnétiques, p. 200 et suiv.

(2) Voyez le Journal des mines, N°. 20, p. 54 ; où cette opinion est discutée par le célèbre Saussure.

L'un de ces faits consiste en ce que si l'on écarte une aiguille de son méridien magnétique, la force que le globe exerce sur elle pour l'y ramener, décomposée suivant une direction perpendiculaire à l'aiguille, est toujours proportionnelle au sinus de l'angle que fait cette aiguille avec le méridien magnétique. On a donné à cette force le nom de *force directrice*.

20. D'une autre part, la force qui sollicite l'aiguille vers le retour au méridien magnétique, estimée dans le sens d'une résultante parallèle à ce méridien, est une force constante, quel que soit le nombre de degrés dont l'aiguille diverge par rapport à son méridien ; et de plus elle passe toujours par un même point de l'aiguille, situé dans la moitié qui répond au pôle boréal du noyau magnétique, si l'expérience se fait dans une des contrées du nord, ou au pôle austral, dans le cas contraire. Ce résultat est intimement lié avec celui qui donne la force directrice proportionnelle au sinus de l'angle de divergence, en sorte qu'en le prenant pour donnée, on peut en déduire l'autre par le calcul, ou réciproquement.

21. L'aiguille suspendue librement est maintenue dans sa position par des forces dont les unes la tirent vers le nord et les autres vers le midi. Or, l'expérience fait voir que ces forces contraires sont égales entre elles. Bouguer avoit conclu cette égalité, de ce qu'un fil auquel étoit suspendue par le milieu une aiguille aimantée, conservoit exactement son aplomb. Coulomb a vérifié le même résultat par un moyen bien simple, qui consiste à peser l'aiguille avant de l'aimanter, et ensuite après l'avoir aimantée. Le poids étant absolument le même dans les deux cas, on en conclut que les forces qui sollicitent l'aiguille vers le nord sont égales à celles qui la sollicitent vers le midi, parce que si les unes l'emportoient sur les autres, leur excès se composeroit avec la gravité pour changer la pression exercée par l'aiguille sur la balance.

Cet effet se concilie assez bien avec l'hypothèse d'un noyau magnétique, dont les deux centres d'action sont à une distance

de l'aiguille incomparablement plus grande que la longueur de
cette aiguille : car la force de chaque centre étant répulsive par
rapport à l'un des pôles de l'aiguille, et attractive à l'égard du
pôle contraire, l'attraction devient sensiblement égale à la répulsion, dans le cas où les distances auxquelles s'exerçent ces
deux actions ne diffèrent que d'une quantité presqu'infiniment
petite par rapport à elles - mêmes. Ainsi les deux actions de
chaque centre sur les deux pôles, étant égales et opposées entre
elles, il y aura pareillement équilibre entre la somme des actions
des deux centres sur un des pôles de l'aiguille et celle des actions
relatives à l'autre pôle; mais si l'on tenoit une aiguille suspendue
au-dessus d'un barreau aimanté, de manière qu'elle fût plus
voisine d'un des centres que de l'autre, on la verroit s'approcher
davantage du premier, et le fil de suspension dévieroit de ce
côté, parce qu'alors la distance, à laquelle chaque centre du
barreau agiroit sur les deux pôles de l'aiguille, seroit comparable
à la longueur de cette aiguille.

22. Il nous reste à parler du magnétisme des mines de fer
situées dans l'intérieur du globe.

On a quelquefois observé que des morceaux d'aimant qu'on
venait de retirer de la terre, et qu'on laissoit dans la même position où ils étoient avant l'extraction, avoient leurs pôles situés
en sens inverse de celui qui auroit dû avoir lieu dans l'hypothèse
où ces morceaux auroient acquis leur magnétisme par l'action
d'un aimant situé au centre du globe. Pour lever la difficulté
qui paroît en résulter contre l'existence de cet aimant, il faut
simplement supposer avec Æpinus, qu'il se forme naturellement
dans les mines d'aimant des *points conséquens*, analogues à
ceux que l'on observe quelquefois par rapport au fer que nous
aimantons par les procédés ordinaires. On appelle ainsi une
suite de pôles contraires qui se succèdent dans un même corps,
et qui proviennent de ce que le fluide venant à s'engorger et à
s'accumuler dans quelqu'endroit de ce corps, agit ensuite pour
produire dans l'endroit voisin le magnétisme contraire à celui

de l'espace dans lequel réside ce fluide accumulé : or, il est très-possible que quand on détache un fragment de mine dans laquelle il y a une série de points conséquens, la séparation se fasse de manière que les deux pôles qui terminent le fragment, soient autrement tournés que dans les morceaux qui ont reçu le magnétisme ordinaire.

23. Les minéralogistes ont regardé comme une espèce particulière de mine de fer, qu'ils ont nommée *aimant*, celle qui a les deux pôles magnétiques ; c'étoit le *ferrum attractorium* de Linnæus. Parmi les autres mines, celles qui n'avoient point de pôles distincts, mais seulement la faculté d'être attirées par le barreau aimanté, s'appeloient *ferrum retractorium* : enfin, on nommoit *ferrum refractarium*, celles qui se refusoient à l'action de ce barreau. Delarbre annonça, en 1786, que les fers spéculaires de Volvic, du Puy-de-Dôme et du Mont-d'Or, avoient deux pôles bien marqués (1) ; et j'ai entendu parler d'une observation semblable faite sur un cristal de fer octaèdre de Suède, ou de quelque autre endroit ; mais il restoit un sujet de surprise à la vue de tant d'autres corps qui, renfermant une certaine quantité de fer à l'état métallique, avoient séjourné si long-temps dans le sein de la terre, sans paroître avoir participé à l'action qui avoit converti les premiers en aimans.

J'ai entrepris récemment de faire des expériences pour éclaircir ce point de physique ; mais j'ai considéré d'abord que si j'employois un barreau d'une certaine force, comme on le fait communément, pour éprouver le magnétisme des mines de fer, il pourroit arriver que des corps qui ne seroient que de foibles aimans, attirassent indifféremment les deux pôles du barreau ; parce que, dans le cas où l'on présenteroit, par exemple, le pôle boréal du corps soumis à l'expérience, au pôle boréal du

----

(1) Journ. de physique, même année, p. 119 et suiv. Romé de Lisle avoit déjà dit la même chose par rapport à une mine de fer spéculaire de Philadelphie. Cristal., t. III, p. 187, note 35.

barreau,

barreau, la force de celui-ci pourroit détruire le magnétisme de l'autre, et de plus le faire passer à l'état contraire, ce qui changeroit la répulsion en attraction. Je pris donc une aiguille qui n'avoit qu'un assez léger degré de vertu, semblable à celles dont on garnit les petites boussoles à cadran. Dès cet instant, tout devint aimant entre mes mains. Les cristaux de l'île d'Elbe, ceux du Dauphiné, de Framont, de l'île de Corse, etc., repoussoient un des pôles de la petite aiguille par le même point qui attiroit le pôle opposé. Je trouvai très-peu d'exceptions ; et peut-être les corps qui sont dans ce cas ont-ils perdu leur magnétisme, depuis qu'ils ont été retirés de la terre : ce qui peut le faire présumer, c'est la facilité avec laquelle ils acquièrent des pôles lorsqu'on les met en contact seulement une ou deux secondes, avec un barreau d'une force moyenne. Il seroit possible d'ailleurs que quelques cristaux eussent échappé à l'action du magnétisme du globe, pour avoir été situés de manière que leur axe fût perpendiculaire à la direction du méridien magnétique de leur lieu natal.

Il me vint en idée qu'il pourroit se faire qu'un cristal à l'état d'aimant, parût, en conséquence de cet état même, n'avoir aucune action sur un autre aimant. Pour vérifier cette conjecture, je substituai à l'aiguille le barreau dont on se sert ordinairement, et je présentai à l'un des pôles de ce barreau un cristal de l'île d'Elbe, par le pôle de même nom. Le barreau n'ayant à peu près que la force nécessaire pour détruire le magnétisme du pôle qu'on lui présentoit, il n'y eut ni attraction ni répulsion sensible de ce côté ; tandis que le même pôle du cristal, présenté à l'autre pôle du barreau, faisoit mouvoir celui-ci. On voit par-là qu'en se bornant à une seule observation, on pourroit en tirer une conclusion très-opposée à la vérité.

Il restoit à dissiper une petite incertitude relativement aux résultats que je viens d'énoncer. Lorsqu'on présente un morceau de fer non aimanté, par exemple une clef, dans une position verticale, ou à peu près, au pôle austral d'une aiguille aimantée, ce pôle est toujours repoussé par le bout inférieur de la clef, tandis que le même bout attire le pôle boréal (1) : c'est l'effet du magnétisme que l'action du globe terrestre communique à la clef, et qui est si fugitif, que si l'on renverse la position de cette clef, à l'instant les effets contraires auront lieu ; mais on ne pouvoit pas dire que les cristaux soumis à l'expérience fussent dans la même circonstance que cette clef, soit parce que leur action étoit constante, quelle que fût la position qu'on leur donnoit, soit parce qu'il s'en trouvoit dont l'extrémité inférieure repoussoit le pôle boréal de l'aiguille, et attiroit son pôle austral.

Il résulte de ces observations, que tous les morceaux de fer enfouis dans la terre, qui n'abondent pas trop en oxygène, ou du moins la très-grande partie, sont des aimans naturels, qui seulement varient par leur degré de force entre des limites très-étendues : en conséquence, l'aimant ne doit pas former une espèce à part en minéralogie ; et ce qu'on appelle communément de ce nom, n'est que le premier terme et le mieux prononcé d'une série où la nature marche par nuances, à son ordinaire, et où nous pouvons la suivre très-loin, en employant des moyens assortis à la délicatesse des mêmes nuances. Seulement il convient d'indiquer la variété qui, à raison de son énergie, a porté seule, pendant si long-temps, le nom d'*aimant*, et qui a donné naissance à la boussole, présent inestimable que la minéralogie, aidée de la physique, a fait à l'art nautique, et dont les avantages ont reflué sur l'art même des mines.

Il sera bon aussi d'ajouter, dans le nécessaire du naturaliste, une petite aiguille d'une foible vertu, au barreau ou à la grande aiguille dont on fait communément usage pour essayer le magnétisme du fer.

---

(1) Je suppose ici que l'observation se fasse dans nos contrées.

IIᵉ. ESPÈCE.

FER OLIGISTE, c'est - à - dire , *peu abondant en métal.*

Ferrum mineralisatum , minerâ griseâ, seu albo cærulescente , triturâ rubrâ, magneti refractariâ ; minera ferri grisea , *Waller.*, *t. II, p.* 239. Mine de fer grise ou spéculaire, légérement attirable à l'aimant , *de Lisle*, *t. III*, *p.* 186 *et suiv.* Mine de fer spéculaire ; fer micacé , *de Born* , *t. II, p.* 265 *et suiv.* Mine de chaux de fer cristallisée, Sciagr., *t. II , p.* 162. Fer spéculaire des volcans, *ibid.*, *p.* 169. Gemeiner eisenglanz, *Emmerling*, *t. II, p.* 301. Fer en minérai peu attirable à l'aimant , *Daubenton*, *tabl.*, *p.* 48. Specular iron ore, *Kirwan*, *t. II, p.* 162.

Caractère essentiel. Action sur le barreau aimanté ; cristaux dérivés d'un rhomboïde un peu aigu.

Caract. phys. Pesanteur spécif. , 5,0116 . . . . . 5,218.

Dureté. Rayant le verre, quoique fragile lorsqu'il est en forme de lames.

Magnétisme ; ordinairement assez peu sensible.

Couleur de la surface ; le gris d'acier.

Couleur de la poussière ; noirâtre , avec une teinte de rouge.

Caract. géom. Forme primitive. Rhomboïde un peu aigu (*fig.* 122) *pl. LXXIV* , de 87ᵈ et 93ᵈ (1). Les joints naturels des cristaux ne sont guère sensibles qu'à la lumière d'une bougie , mais il y a des morceaux informes qui se divisent avec assez de facilité.

Molécule intégrante. *Id.*

Cassure , raboteuse et presque terne dans les cristaux de l'île

---

(1) Le rapport entre la diagonale horizontale et la diagonale oblique est celui de $\sqrt{9}$ à $\sqrt{10}$.

d'Elbe et de Framont : conchoïde et éclatante dans ceux des volcans.

Caract. chim. Traité au chalumeau , avec un flux, il colore celui-ci en vert-sombre.

Caract. distinct. 1ʳ. Entre le fer oligiste et le fer oxydulé. La poussière de celui-ci est noire ; celle de l'autre a une teinte de rougeâtre ; le fer oxydulé agit, en général, beaucoup plus fortement sur le barreau aimanté ; sa forme ordinaire est l'octaè-dre régulier, qui est exclus du fer oligiste. 2ʳ. Entre le même et le cuivre gris. La poussière de celui-ci est noire ; il n'a aucune action sur le barreau aimanté. 3°. Entre le même et le plomb sulfuré compact, connu sous le nom de galène à grain d'acier, *id.* 4°. Entre le même et le schéelin ferruginé ou wolfram. La couleur de celui-ci est noirâtre, au lieu d'être d'un gris d'acier ; sa pesanteur spécifique est plus grande, dans le rapport d'envi-ron 4 à 3 ; il n'agit point sur le barreau aimanté. 5°. Entre le fer oligiste écailleux et le mica noirâtre lamelliforme. Les parti-cules du premier restent adhérentes au doigt, et ont souvent de l'onctuosité ; celles du mica se détachent facilement du doigt, et ne sont point grasses au toucher ; elles n'ont point le brillant de l'acier, comme celles du fer oligiste.

VARIÉTÉS.

FORMES.

Déterminables.

1. Fer oligiste *basé.* $\mathrm{P}\,\overset{\mathrm{A}}{\underset{o}{\mathrm{P}}}{}^{1}$ (*fig.* 123). Incidence de P sur P, 87ᵈ 9' ; de P sur P', 92ᵈ 51' ; de *o* sur P, 123ᵈ 14'. Dans les volcans.

a. Segminiforme. *De Lisle , t. II , p.* 188. En lames minces dont les bases sont des hexagones et les facettes latérales des trapèzes. Quelquefois ces lames ont pour bases des hexagones très-étroits.

2. Fer oligiste *binaire.* $\overset{A}{\underset{s}{2}}$ (*fig.* 124). Incidence de *s* sur *s*, 144^d ; de *s* sur *s'*, 36^d. Valeur de l'angle A', 116^d 32'. On voit souvent des stries parallèles aux grandes diagonales des rhombes, et qui indiquent la marche des décroissemens. A l'île d'Elbe.

3. Fer oligiste *bi-rhomboïdal.* $\overset{\text{P A}}{\underset{\text{P }s}{2}}$ (*fig.* 125). *De Lisle, t. III,* p. 189 *et suiv.*; var. 2, 3 et 4. Incidence de *s* sur P, 144^d 8'. A l'île d'Elbe.

4. Fer oligiste *imitatif.* $\overset{\text{P }e\text{ A}}{\underset{\text{P }l\text{ }o}{\frac{1}{2}\ \ 1}}$ (*fig.* 127). Le signe se rapporte au noyau que l'on a représenté fig. 126, dans une position plus favorable à la projection de la forme secondaire. Si les faces *l*, *l'*, etc., se prolongeoient jusqu'à masquer toutes les autres, il en résulteroit un rhomboïde semblable au noyau. Incidence de *l* sur P', ou de P sur *l'*, 113^d 32'; de P ou de *l* sur *o*, 123^d 14'. Dans les volcans.

Cette variété est très-souvent segminiforme, et les facettes *l*, *l'*, sont pour l'ordinaire si légèrement exprimées, qu'il faut y regarder de près pour les apercevoir. Dans quelques cristaux, elles paroissent, au contraire, tendre à l'égalité avec les faces primitives P, P'; et si ces cristaux étoient symétriques, ils présenteroient la forme que l'on voit (*fig.* 128) *pl. LXXV*, et qui est celle d'un dodécaèdre composé de deux pyramides épointées à leurs sommets. Mais communément, il n'y a que trois ou quatre des faces latérales qui ayent l'étendue qu'exigeroit la symétrie; parmi celles qui restent, les unes ont pris beaucoup trop d'accroissement, tandis que les autres sont à peine sensibles.

5. Fer oligiste *trapézien.* $\overset{\text{E}^3\ {}^3\text{E A}}{\underset{n\ \ \ o}{1}}$ (*fig.* 129). *De Lisle, t. III,*

p. 198 ; var. 9. Incidence de *n* sur *n*, 128^d 26′ ; de *n* sur *n*′, 120^d 52′ ; de *n* sur *o*, 119^d 34′ (1). A Framont. J'ai l'obligation au Cit. Millière de posséder, dans ma collection, le plus beau groupe de cristaux de cette variété que je connoisse.

6. Fer oligiste *uniternaire.* $\dfrac{E^3 \ {}^3E \ P \ A}{n \quad P \ \overset{\scriptscriptstyle 1}{o}}$ (*fig.* 130). *De Lisle*, *t. III*, *p.* 200; var. 11 et 12. Incidence de *n* sur P, 154^d 13′. A Framont.

7. Fer oligiste *binoternaire.* $\dfrac{P \ E^3 \ {}^3E \ A}{P \quad n \quad \overset{\scriptscriptstyle 2}{s}}$ (*fig.* 131 et 132) (2). *De Lisle*, *t. III*, *p.* 193 *et suiv.;* var. 5, 6 et 7. C'est la forme la plus ordinaire du fer de l'île d'Elbe. Assez souvent les triangles *s* , *s* , éprouvent une déformation qui les rend convexes.

8. Fer oligiste *équivalent.* $\dfrac{P \ \overset{\scriptscriptstyle \frac{1}{2}}{e} \ \overset{\scriptscriptstyle 1}{D} \ A}{P \ l \ z \ \overset{\scriptscriptstyle 1}{o}}$ (*fig.* 133). Le signe se rapporte au noyau représenté (*fig.* 126). Incidence de *z* sur *o*, 90^d. Dans les volcans. Mêmes irrégularités que dans la quatrième variété.

9. Fer oligiste *progressif.* $\dfrac{E^3 \ {}^3E \ \overset{\scriptscriptstyle 2}{e} \ A}{n \quad r \ \overset{\scriptscriptstyle 1}{o}}$ (*fig.* 134). Incidence de *r* sur *o*, 90^d. Dans le ci-devant Dauphiné.

10. Fer oligiste *soustractif.* $\dfrac{\overset{\scriptscriptstyle 1}{D} \ P \ E^3 \ {}^3E \ E^1 \ {}^1E \ A}{k \ P \ n \quad\ u \quad\ \overset{\scriptscriptstyle 2}{s}}$ La variété bi-

---

(1) Romé de Lisle indique 135^d pour l'incidence de *n* sur *n*′ , ce qui m'avoit fait croire d'abord que ce savant avoit observé une variété particulière qui m'étoit inconnue , et j'avois trouvé qu'elle pouvoit, à l'aide d'un décroissement intermédiaire , être ramenée au cube , que je regardois alors comme la forme primitive du fer oligiste. Mais je me suis assuré depuis que cette variété n'étoit autre chose que celle-ci , dont les angles n'avoient pas été exactement déterminés.

(2) Dans la fig. 132 , le solide est représenté en projection horizontale.

noternaire (*fig.* 131), dans laquelle les faces P sont étroites comme on le voit (*fig.* 130), augmentée de six faces verticales k, situées entre n et n', et de six petits rhombes u qui naissent sur les arêtes analogues à z, z', et remplacent les angles solides formés par la rencontre des faces n, n, ou n', n' avec les faces verticales (1). La figure du rhombe dépend ici de la même condition qui a lieu dans le quartz rhombifère (*voy. t. II, p.* 41). Incidence de u sur P, 128ᵈ 39′.

Indéterminables.

11. Fer oligiste *lenticulaire.* La var. binaire arrondie en forme de lentille.

12. Fer oligiste *laminaire.* Se trouve en Norwège et en Suède. La surface des lames est assez souvent marquée de stries qui se croisent.

13. Fer oligiste *écailleux.* Ferrum mineralisatum, minerâ micaceâ, etc. ; mica ferrea, *Waller.*, *t. II, p.* 242. Eisen-glimmer, *Emmerling*, *t. II, p.* 306. Iron mineralized by carbon ; plombaginous or micaceous iron ore, *Kirwan*, *t. II, p.* 184. Eisenman de quelques auteurs Allemands. Le frottement du doigt en détache des particules d'une grande finesse, qui adhèrent à la peau, et souvent la rendent un peu grasse, ce qui provient d'un mélange de fer oxydé.

14. Fer oligiste *amorphe.*

---

(1) Je me borne ici à une simple description de cette variété, qui étoit inconnue lorsque les figures ont été gravées. Les facettes k étoient trop petites sur l'échantillon que j'ai observé, pour se prêter à une mesure mécanique suffisamment précise. Mais la simplicité de la loi E¹ ¹E, qui donne des angles dont le gonyomètre m'a offert une approximation, m'a fait présumer que cette loi étoit la véritable.

A C C I D E N S D E L U M I È R E.

Fer oligiste *irisé*. Ayant sa surface ornée des plus belles couleurs de l'iris.

A N N O T A T I O N S.

1. Les mines les plus célèbres qui appartiennent à cette espèce,
sont celles de l'île d'Elbe, près de la côte de Toscane, où on
les tire surtout des Monts Calamita et Rio (1). Cette île étoit
connue des anciens sous le nom d'*Ilva*. On voit, par différens
passages, qu'ils s'imaginoient que le fer s'y reproduisoit à mesure
qu'on l'extrayoit; et lorsque Virgile l'appelle *une île féconde
en veines inépuisables d'acier* (2), il s'exprime sans métaphore.
La mine est composée en grande partie de fer hématite, dont les
cavités sont tapissées de cristaux, qui ont quelquefois plus de
trois centimètres d'épaisseur. La mine de Framont, dans les
Vosges, fournit aussi des cristaux de la même espèce, mais en
général beaucoup plus petits. La plupart présentent la forme de
la variété trapézienne (*fig.* 129), mais pour l'ordinaire très-
raccourcie entre les bases *o*, de manière que ces cristaux ressemblent à des lames hexagonales à doubles biseaux.

Les deux mines que nous venons de citer sont susceptibles
d'offrir une grande diversité de reflets irisés. Rien n'est plus
agréable que de voir ces reflets s'étendre par zones ou par taches
sur la surface des cristaux d'un certain volume, tels que ceux
de l'île d'Elbe, ou étinceler sur les groupes qui, comme ceux
de Framont, sont composés de cristaux lamelliformes, que l'on
prendroit pour un assemblage de petites pierres gemmes, choisies
parmi celles qui brillent des teintes les plus vives et les plus
flatteuses pour l'œil.

____

(1) Voyez les Lettres de Ferber sur la minéral., p. 440 et suiv.; et le
journal de physique, décembre, 1778, p. 416 et suiv.

(2) Insula inexhaustis chalybum generosa metallis, Æneid., l. X, v. 174.

On

On trouve aussi du fer oligiste en Norwège et en Suède, sous la forme de masses qui ont le tissu sensiblement lamelleux, et dont l'action sur le barreau aimanté est en général plus marquée que celle des cristaux de l'île d'Elbe et de Framont.

2. J'observerai à ce sujet, que quand on éprouve, à l'aide d'un barreau d'une certaine force, le magnétisme des cristaux qui se trouvent dans ces deux dernières localités, il est bon de présenter successivement le même point aux deux pôles du barreau. Car le cristal étant lui-même un aimant, mais qui n'a qu'une vertu assez foible, il pourroit arriver que dans l'une des deux épreuves le barreau restât immobile. Nous avons déjà dit que cela auroit lieu, si la force du barreau se bornoit à détruire le magnétisme du cristal (1), sans pouvoir y substituer le magnétisme contraire. C'est une suite de la théorie, d'après laquelle un corps à l'état d'aimant ne peut agir sur un autre, qu'autant que celui-ci est sorti lui-même de son état naturel, et qu'il s'est fait dans son intérieur un déplacement, ou plutôt une décomposition du fluide magnétique.

3. Enfin, le fer oligiste habite aussi les terrains volcaniques, en particulier ceux du Puy - de - Dôme, du Mont d'Or et de Volvic. Ses cristaux, ordinairement lamelliformes, sont attachés aux parois des cavités formées par le retrait des laves (2). Le Cit. Fleuriau de Bellevue, a trouvé de ces mêmes cristaux, sur le Stromboli, à environ 500 mètres, ou 250 toises au-dessus du niveau de la mer. Ils occupoient les fentes à peu près verticales des laves, et ce naturaliste a remarqué que leurs plus grandes faces se dirigeoient perpendiculairement aux parois des fentes. Le plus considérable de ceux qu'il a rapportés, a au moins huit centimètres, ou environ trois pouces de longueur, sur 36 millimètres, ou environ 16 lignes de largeur.

----

(1) Voyez ci-dessus, p. 25.

(2) Voyez la description de cette localité, dans un mémoire du Cit. Delarbre, journ. de phys., août, 1785, p. 119 et suiv.

Un examen attentif du gisement des cristaux du Mont d'Or et autres lieux voisins, a engagé le Cit. Delarbre à les regarder comme un produit du feu des volcans, qui avoit volatilisé le fer à la manière des sels ammoniacaux, du soufre, etc. ; et cette opinion est aujourd'hui assez généralement reçue. L'art même est parvenu encore ici à imiter la nature, en produisant des sublimations de fer cristallisé, qui avoient beaucoup de rapport avec celui des volcans (1).

Tous ces cristaux volcaniques semblent effectivement porter l'empreinte d'une cause dont l'action rapide a, pour ainsi dire, brusqué leur formation. Il est souvent très-difficile de démêler leur véritable type à travers les dimensions inégales de leurs faces, et, sans un œil exercé, on ne seroit pas tenté de reconnoître leurs images dans les figures que nous en avons données.

Les mêmes cristaux ont souvent leur surface marquée de linéamens d'une forme contournée, mais qui n'empêchent pas que leur surface n'ait un poli vif, en sorte qu'ils ressemblent à de petits miroirs métalliques, ce qui leur a fait donner le nom de *fer spéculaire*, que l'on a aussi appliqué à d'autres variétés de la même espèce.

4. Je vais maintenant exposer de quelle manière j'ai été conduit à rétablir la précision et la justesse dans la détermination des formes cristallines qui appartiennent à cette espèce, et dans leur rapprochement avec une forme primitive commune. On s'étonnera moins des méprises qui ont retardé, à cet égard, le progrès de la science, en considérant qu'elles tenoient à des apparences dont on n'est pas tenté de se défier, et qui éloignent l'idée de vérifier, par des observations exactes, des faits sur lesquels on s'en rapporte naturellement au jugement de l'œil.

Les cristaux de fer volcanique s'offrent ordinairement sous un aspect qui les a fait prendre pour des segmens d'octaèdres

---

(1) Journ. de phys., août, 1786, p. 127 et suiv.

réguliers (1), semblables à ceux que l'on détacheroit en faisant, dans un octaèdre entier, deux coupes parallèles à deux
faces opposées, et situées à égale distance du centre. On trouve
de ces segmens d'octaèdre parmi les variétés du spinelle, de
l'alumine sulfatée et du cuivre pyriteux. La conformité d'aspect
qu'ont avec ceux-ci les cristaux de fer des volcans, a probablement fait illusion à Romé de Lisle, cet observateur d'ailleurs
si attentif, en sorte qu'il se sera dispensé de mesurer les angles
de ces cristaux. J'avois déjà averti, dans le Journal des mines (2),
que l'incidence des bases sur les faces latérales, qui ne devroit
être que de 109^d 28′, dans l'hypothèse de l'octaèdre régulier,
étoit d'environ 122^d, et par de nouvelles mesures, je trouve à
peu près 123^d, c'est-à-dire, que la différence est 13^d $\frac{1}{2}$. Je
m'étois abstenu en même temps de prononcer sur la structure
des cristaux dont il s'agit, n'ayant encore, à cet égard, que
des indices qui demandoient à être vérifiés. J'ai reconnu depuis
que ces cristaux avoient pour forme primitive un rhomboïde
un peu aigu semblable à celui de la fig. 122, en sorte que j'avois
continué de les regarder comme une espèce particulière, que
je nommois *fer pyrocète*, c'est-à-dire, *qui a le domaine du feu
pour patrie.*

J'étois alors dans l'idée que les cristaux de fer de l'île d'Elbe
dérivoient de la forme cubique. Stenon, qui les avoit décrits le
premier, disoit qu'ils avoient six faces pentagones qui coïnci-
doient exactement avec les faces du cube, et ajoutoit que toutes
les autres faces étoient produites par les angles du cube, tronqués d'une certaine manière (3). Romé de Lisle avoit adopté
cette opinion, qui depuis est devenue générale parmi les naturalistes. Je m'y étois conformé moi-même dans ce que j'ai écrit

---

(1) De Lisle, cristal., t. III, p. 188. De Born, catal., t. II, p. 267.
Lametherie, théor. de la terre, 2ᵉ. édit., t. I, p. 226.

(2) Nº. 51, p. 531.

(3) Collect. acad., partie étrang., t. IV, p. 400.

sur ce sujet ; et en appliquant la théorie aux formes secondaires, je les avois fait dériver du cube , par des lois simples de décroissement, qui conduisoient à des angles sensiblement conformes à ceux que me donnoit l'observation.

A l'égard des cristaux de fer de Framont, Romé de Lisle les considéroit comme des modifications du dodécaèdre à plans triangulaires isocèles, dont effectivement ils présentent la forme, excepté que leurs pyramides sont incomplètes dans leurs sommets, et quelquefois aussi dans leurs angles latéraux. Néanmoins ce célèbre naturaliste pensoit que les variétés de cette mine étoient en même temps des modifications plus ou moins prochaines du cube (1). J'avois fait, de mon côté, des recherches pour les ramener à cette dernière forme considérée comme primitive ; et quoique les lois de décroissemens auxquelles j'étois parvenu s'écartassent de la simplicité des lois ordinaires , comme les exposans qui entroient dans leurs expressions n'excédoient pas le nombre 6, elles me sembloient d'autant plus admissibles, qu'elles tendoient à produire une forme symétrique , savoir, celle du dodécaèdre à plans triangulaires isocèles.

Cependant j'avois toujours été frappé d'une espèce de singularité que présentoit ici la forme cubique , qui faisoit la fonction de rhomboïde, c'est-à-dire, qu'il falloit concevoir un axe qui passât par deux angles solides opposés , lesquels devoient être considérés comme les sommets, et les lois de décroissement qui agissoient autour de ces sommets étoient différentes de celles qui se rapportoient aux angles latéraux. Au contraire, dans le fer sulfuré et d'autres espèces qui ont un cube pour noyau, les décroissemens se font d'une manière uniforme sur toutes les parties de ce noyau semblablement situées.

Je fus encore plus surpris d'un résultat auquel me conduisoit la détermination d'une variété de fer de Framont, qui m'avoit été communiquée par le Cit. Lhermina. C'étoit celle que

---

(1) Cristal., t. III, p. 201.

j'ai nommée *uniternaire*, et que représente la fig. 130. Ne l'ayant connue jusqu'alors que d'après une description peu exacte de Romé de Lisle (1), je n'avois point été à portée de faire une observation, qui consistoit en ce que les bords longitudinaux des pentagones P, ou ceux qui sont contigus aux faces *n*, étoient exactement parallèles entre eux ; or, pour avoir ce parallélisme, dans l'hypothèse d'un noyau cubique, il falloit supposer un décroissement par vingt rangées sur les angles inférieurs de ce noyau.

Piqué, en quelque sorte, de voir une loi aussi extraordinaire s'introduire dans une théorie qui jusqu'alors avoit donné des résultats beaucoup plus simples, et réfléchissant de nouveau sur cette espèce de prérogative peu naturelle que sembloit accorder ici la cristallisation aux deux angles solides qui représentoient les sommets, je portai mes soupçons sur la forme cubique elle-même, et à l'aide du gonyomètre, je mesurai, pour la première fois, sur les cristaux de l'île d'Elbe, l'incidence mutuelle des faces primitives, au lieu que jusqu'alors je m'étois borné à mesurer celles des faces produites par les décroissemens, soit entre elles, soit avec les faces primitives, et je trouvai que la forme que j'avois regardée comme un cube, étoit un véritable rhomboïde, qui ne différoit pas sensiblement de celui que j'avois déterminé, par rapport au fer des volcans, ce qui indiquoit la réunion de l'une et l'autre substance dans une même espèce. Dès-lors ces lois de décroissemens qui m'avoient paru singulières dans les cristaux de Framont, firent place à des lois très-simples, et tout rentra, pour ainsi dire, dans l'ordre.

A l'égard des variétés du fer de l'île d'Elbe, je ne trouvai aucun changement à faire aux anciennes lois, qui n'excédoient pas trois rangées, parce que les incidences secondaires que

---

(1) Ce savant naturaliste en faisoit une modification de celle où, selon lui, l'incidence des faces *n*, *n'* étoit de 155ᵈ au lieu de 120ᵈ 52'. Voyez ci-dessus, p. 30, note 1.

j'avois déterminées, dans l'hypothèse du cube, ne différoient guère que d'un demi-degré de celles qui résultent de la forme rhomboïdale, quoique la différence entre les angles primitifs fut de trois degrés. C'est ici l'un de ces cas que j'ai rencontrés quelquefois, dans le cours de mes recherches, où une quantité très-sensible en elle-même s'atténue, pour ainsi dire, en passant dans certains résultats qui en dépendent (1).

J'ai vérifié un grand nombre de fois les observations dont je viens de parler, et j'ai même trouvé des masses lamelleuses de fer, qui, à l'aide de la division mécanique, donnoient, ainsi que les cristaux réguliers, un rhomboïde et non pas un cube.

Ainsi, il a fallu des considérations théoriques pour m'arracher une observation si simple, si facile à faire, et celle par laquelle j'aurois dû commencer. Au reste, je puis dire que c'est la seule fois que j'aie été entraîné par le préjugé de l'œil, et qu'à l'égard de toutes les autres substances, j'ai toujours mesuré les angles primitifs avec tout le soin dont j'étois capable.

Au fond, la correction d'environ trois degrés qui se présentoit ici à faire, ne mériteroit guère de fixer l'attention, si elle n'avoit pas une influence remarquable sur la classification des mines de fer. Il en résulte que toutes celles qui conservent l'aspect métallique, se reduisent à deux espèces très-distinguées l'une de l'autre, dont la première, qui est le fer oxydulé, a pour forme primitive l'octaèdre régulier ; et la seconde, qui est le fer oligiste, un rhomboïde un peu aigu. On voit qu'une plus grande quantité d'oxygène imprime à la molécule un caractère tout particulier, en la faisant passer à une nouvelle forme, qui n'a rien de commun avec la première, d'où il paroît résulter qu'il y a ici deux points de saturation très-distincts, que la chimie

---

(1) Par exemple, l'angle A' (*fig.* 124) qui étoit de 117^d 2', dans l'hypothèse du cube, est de 116^d 32' dans celle du rhomboïde ; l'incidence de *n* sur P (*fig.* 130) qui, dans la première hypothèse, étoit de 154^d 45', est de 154^d 13' dans la seconde.

déterminera sans doute, lorsqu'elle portera dans l'analyse des mines de fer l'exactitude que comporte la perfection à laquelle cette science est aujourd'hui parvenue.

5. Le fer oligiste, à raison de son homogénéité, qui ne laisse presqu'autre chose à faire, pour le rendre ductile, que de le dépouiller de son oxygène, est par-là susceptible d'être traité avec succès par la méthode qu'on appelle *à la catalane*. Ainsi, au lieu de deux opérations qui se succèdent dans le traitement des mines d'alluvion, l'une par le fourneau de fonte, l'autre par celui d'affinage, on se borne à une seule, qui consiste à mêler le fer avec du charbon, et à lui faire subir une fusion pâteuse. Ce procédé réunit à l'avantage d'être plus simple et plus expéditif, celui d'apporter une grande économie dans l'emploi du combustible.

IIIe. ESPÈCE.

FER ARSENICAL.

Arsenicum ferro mineralisatum, minerâ albescente, granulis vel planis micante; minera arsenici alba, *Waller.*, *t. II*, *p.* 165. Mine d'arsenic blanche, qui porte aussi les noms de pyrite blanche arsenicale, de mispickel et de mine de fer arsenicale, *de Lisle*, *t. III*, *p.* 27. Arsenic pyriteux; pyrite arsenicale; mispickel, *de Born*, *t. II*, *p.* 197. Fer natif mêlé d'arsenic, mispickel, Sciagr., *t. II*, *p.* 153. Arsenik-kies, *Emmerling*, *t. II*, *p.* 553. Fer minéralisé par l'arsenic, mispickel, *Daubenton*, *tabl.*, *p.* 49. Native arsenic alloyed with iron, *Kirwan*, *t. II*, *p.* 256.

Caractère essentiel. Blanc d'étain; étincelle et odeur d'ail par le choc du briquet.

Caract. phys. Pes. spécif., 6,5223.

Dureté. Étincelant sous le briquet.

Odeur. L'étincelle, à l'aide du briquet, est accompagnée d'une odeur d'ail très-sensible.

Couleur ; tirant sur celle de l'étain, mais un peu plus **blanche**, et tournant assez souvent au jaunâtre.

Cassure ; granuleuse, à grain fin, et peu brillante.

Caract. géom. Forme primitive. Prisme droit rhomboïdal (*fig.* 135) *pl. LXXV*, dont les bases ont leurs angles de 103$^\mathrm{d}$ 20′ et 76$^\mathrm{d}$ 40′. J'ai aperçu quelquefois des indices de lames, surtout parallélement aux pans du prisme. Il y a des morceaux plus sensiblement lamelleux ; mais ceux qui m'ont offert jusqu'ici cet aspect, étoient informes, et paroissoient mélangés.

Molécule intégr. *Id.* (1).

Caract. chim. Au chalumeau, il donne une forte odeur d'ail, et se convertit en un globule de fer cassant.

Caract. distinct. 1°. Entre le fer arsenical et le cobalt arsenical. Le 1$^\mathrm{er}$. donne ordinairement des étincelles par le choc du briquet, ce que ne fait pas l'autre. Sa couleur est d'un blanc moins décidé, qui tourne assez souvent au jaunâtre ; lorsque la blancheur du cobalt est altérée, c'est par une nuance de rougeâtre, qui paroît surtout dans la cassure. Les formes cristallines du cobalt arsenical dérivent du cube ou de l'octaèdre, et celles du fer arsenical d'un prisme droit rhomboïdal. Le premier, mis dans l'acide nitrique à froid, y fait aussitôt effervescence ; cet effet n'a lieu pour l'autre qu'au bout de quelques instans. 2°. Entre le même et le cobalt gris. Celui-ci a le tissu très-sensiblement lamelleux ; il s'égrène plutôt que d'étinceler comme l'autre sous le briquet. Ses formes sont originaires du cube, et celles du fer arsenical d'un prisme droit rhomboïdal. 3°. Entre le même et le fer sulfuré.

---

(1) Dans tous les cristaux de forme secondaire que j'ai observés jusqu'ici, les faces produites par les décroissemens étoient plus ou moins striées ou très-étroites. Ainsi, je ne puis donner les mesures que l'on trouvera ici, que comme approximatives.

Dans l'hypothèse à laquelle je me suis arrêté, en attendant des données plus précises, la grande diagonale du rhombe P (*fig.* 135) est à la petite comme $\sqrt{8}$: $\sqrt{5}$; et elle est à la hauteur G : : 3 : 2.

Celui-ci

Celui-ci ne donne point d'odeur d'ail comme l'autre, par le choc du briquet. Sa couleur est le jaune de bronze, et celle du fer arsenical imite presque le blanc de l'argent. Même distinction relativement aux formes, que pour le cobalt arsenical. 4°. Entre le même et l'argent antimonial. Celui-ci n'étincelle pas comme l'autre sous le briquet. Au chalumeau, il finit par donner un bouton blanc métallique très-ductile ; le fer arsenical, dans le même cas, ne donne qu'un globule noirâtre et cassant.

VARIÉTÉS.

FORMES.

Déterminables.

1. Fer arsenical *primitif.* M P (*fig.* 135). *De Lisle, t. III,* *p.* 29 ; var. 1. Incidence de M sur M, 103^d 20'.

2. Fer arsenical *di-tétraèdre.* $\overset{\scriptstyle 6}{\underset{\textstyle M}{M}}\overset{\textstyle \acute{E}}{\underset{\textstyle r}{}}$ (*fig.* 136). Prisme rhomboïdal à sommets dièdres très-surbaissés. *De Lisle, t. III,* *p.* 29 ; var. 2. Incidence de *r* sur *r,* 154^d 56'. Les faces *r, r* sont ordinairement striées parallèlement à l'arête qui les réunit.

3. Fer arsenical *quadrioctonal.* $\overset{\scriptstyle 6}{\underset{\textstyle M}{M}}\overset{\textstyle \acute{E}}{\underset{\textstyle r}{}}\overset{\scriptstyle 1}{\underset{\textstyle s}{\acute{E}}}$ (*fig.* 137). Prisme rhomboïdal à sommets tétraèdres. Incidence de *s* sur l'arête *z,* 143^d 7' ; de *s* sur *r,* 139^d 25'. J'ai un cristal de cette variété sur lequel les facettes *s* sont très-nettes et sans aucunes stries, mais en même temps très-petites.

4. Fer arsenical *amorphe.*

A C C I D E N S D E L U M I È R E.

Fer arsenical *irisé*.

A N N O T A T I O N S.

On trouve le fer arsenical dans différens endroits de la Saxe, et en particulier à Freyberg. Il y en a aussi dans le comté de Cornouaille en Angleterre, à Utoé en Sudermanie, etc. Il accompagne souvent des mines d'une espèce différente, telles que l'étain oxydé, le fer, le zinc, le plomb sulfurés, le fer carbonaté, etc. J'en ai des cristaux très-prononcés, recouverts d'une croûte de fer sulfuré, qui s'est moulée exactement sur leur surface. Les prismes de cette substance ont quelquefois jusqu'à 27 millimètres, ou un pouce de longueur, sur une épaisseur d'un centimètre, ou environ 4 lignes $\frac{1}{2}$.

2. De Born regarde cette mine comme une triple combinaison d'arsenic, de fer et de soufre. Mais ce savant fournit lui-même un sujet de douter que le soufre lui soit essentiel, lorsqu'il dit en parlant de cette même mine : « au feu, elle se volatilise, en formant un vrai réalgar, à moins que la quantité de soufre qui se trouve dans cette combinaison, ne soit trop petite (1) ». Aussi le véritable mispickel, suivant les auteurs qui ont cherché à préciser l'idée que l'on doit se former de cette mine, consiste-t-il uniquement dans l'union du fer avec l'arsenic ; et tels sont les effets de cette union, que les formes qui en résultent, non-seulement n'ont aucun rapport avec celles des autres mines de fer, mais se présentent même sous des traits tout particuliers ; ce qui suffiroit seul pour faire reconnoître une de ces combinaisons intimes qui, bien différentes d'un simple mélange, influent sur la nature même des substances.

4. Henckel dit que, dans la Saxe, c'est par la décomposition

____

(1) Catal., p. 197.

du mispickel que l'on obtient l'arsenic blanc du commerce (1),
ce qui n'a lieu qu'accidentellement et par suite du traitement
direct des mines d'étain auxquelles le mispickel est associé,
l'appareil étant disposé de manière que l'arsenic qui se dégage
pendant cette opération puisse être ensuite recueilli.

APPENDICE.

1. Fer arsenical pyriteux, nommé aussi pyrite arsenicale.

Mine d'arsenic grise, ou pyrite d'orpiment. *De Lisle, t. III,
p.* 32. Arsenic avec fer minéralisé par le soufre. *Cronstedt, miner.*,
2¡3. A. Sciagr., *t. II, p.* 153.

Cronstedt, Wallerius, Bergmann et plusieurs autres minéralogistes célèbres, ont fait de cette substance une espèce à part,
distinguée du mispickel, en ce qu'elle contenoit une certaine
quantité de soufre (2). Je suis plutôt porté à croire qu'elle n'est
autre chose que le mispickel lui-même modifié par la présence
d'une quantité plus ou moins considérable de soufre, qui est due
probablement à un mélange de fer sulfuré.

Henckel remarque que parmi les pyrites, quelques-unes sont
entièrement dépourvues d'arsenic, d'autres n'en contiennent que
très-peu, et d'autres en contiennent beaucoup. Il ajoute que quand
l'arsenic se trouve dans la proportion requise pour qu'il résulte
de son union avec le fer une vraie pyrite arsenicale, il exclud le
soufre et le cuivre.

Les expériences du Citoyen Vauquelin viennent à l'appui de
notre opinion. Dans la pyrite arsenicale d'Enghien, analysée par

---

(1) Pyritologie, trad. franç., p. 260.

(2) J'avois moi-même suivi ce sentiment dans le Journal des mines, N°.31,
p. 538. Déjà cependant j'insinuois que je doutois un peu que la substance
dont il s'agit fût une espèce bien distincte, soit parce qu'on ne l'avoit pas
encore trouvée sous une forme cristalline, soit parce que la quantité d'arsenic varioit considérablement dans les résultats des analyses faites par le
Cit. Vauquelin. L'observation des morceaux, dont une partie avoit servi
à ces analyses, a décidé de la nouvelle opinion que j'adopte aujourd'hui.

ce savant, l'arsenic ne formoit que $\frac{1}{25}$ à peu près de la masse.
et dans celle de la Farenque, il en faisoit près des $\frac{2}{7}$.

J'ai examiné des morceaux, dont ceux qui ont été analysés avoient été détachés. Leur surface offroit la couleur jaune du fer sulfuré, et l'on y voyoit, à quelques endroits, de petits cubes de cette dernière substance, tandis que l'intérieur avoit une couleur d'un blanc légèrement jaunâtre, qui se rapprochoit beaucoup plus de celle du fer arsenical.

Il paroît donc qu'il y a entre le fer sulfuré pur et le fer arsenical pur, une série de nuances, qui dépend de la variation des quantités de soufre et d'arsenic ; en sorte que les intermédiaires doivent être rapportés, comme simples mélanges, à l'un ou l'autre des extrêmes, suivant que le soufre ou l'arsenic y domine.

2. Fer arsenical argentifère.

Minera argenti arsenicalis. *Waller.*, *t. II, p.* 340.

Argent arsenical. *De Born, catal.*, *t. II, p.* 418. XV. B. *b*, et XV. B. *b*. 1.

Pyrite blanche arsenicale argentifère. *De Lisle, t. III, p.* 27.

Mine d'argent blanche de quelques auteurs. Weiserz, *Emmerling, t. II, p.* 557.

Cette mine est ordinairement sous la forme de grains disséminés dans une gangue calcaire ou quartzeuze. Elle est d'ailleurs assez semblable au fer arsenical ordinaire, par ses caractères et, en particulier, par l'étincelle accompagnée d'une odeur d'ail, qu'elle donne sous le briquet.

Klaproth a retiré de celle d'Andreasberg les principes suivans (1) :

Argent	12,75.
Fer	44,25.
Arsenic	35,00.
Antimoine	4,00.
Perte	4,00.
	100,00.

____

(1) De la connoissance des minéraux , ch. IX , sect. 8.

Mais ce célèbre chimiste observe que la quantité d'argent varie depuis quelques onces jusqu'à plusieurs marcs, par quintal. Bergmann dit qu'il a examiné des échantillons venant de Saxe, dont quelques-uns ne contenoient point d'argent, et il ajoute : *seroit-ce donc à un simple mélange d'argent natif, que cette mine devroit le métal noble qu'on y trouve* (1)*?* Je cite cette remarque, parce qu'elle insinue à ceux qui font des analyses une des principales attentions qu'ils doivent avoir, pour éviter de multiplier les espèces, d'après l'intervention des principes accidentels.

De Born réunit dans une seule espèce la mine dont il s'agit ici avec celle que nous avons appelée *argent antimonial*, et cependant il avertit que la première n'est autre chose qu'une pyrite arsenicale tenant argent.

IVᵉ. ESPÉCE.

FER SULFURÉ.

Sulfure de fer des chimistes.

Sulphur ferro mineralisatum, *Waller.*, t. II, p. 126 et suiv.; spec. 274, 275 et 276. Pyrites martiales, marcassites, *de Lisle*, t. III, p. 208. Pyrite sulfureuse, sulfure de fer, *de Born*, t. II, p. 96. Fer minéralisé par le soufre, Sciagr., t. II, p. 175 et 177. Schwefel kies, *Emmerling*, t. II, p. 289. Fer minéralisé par le soufre, sulfure de fer, *Daubenton, tabl.*, p. 48. Sulfure combined with iron or calx of iron, martial pyrites *Kirwan*, t. II, p. 76.

Caractère essentiel. Jaune de bronze. Formes dérivées du cube ou de l'octaèdre régulier.

------

(1) Specimina examinavi Saxonica, quæ interdùm argento carent. Num igitur suum nobile contentum argento nativo immixto debeat? Sciagr., regni mineralis, sect. 167.

Caract. phys. Pesant. spécif., 4,1006...........4,7491.

Dureté. Presque toujours étincelant par le choc du briquet.

Odeur ; sulfureuse, jointe à l'étincelle.

Couleur de la surface ; le jaune de bronze.

Caract. géom. Forme primitive. Le cube (*fig.* 138) *pl. LXXVI.* On aperçoit assez souvent des joints sensibles parallèles aux faces de ce solide. Quelques cristaux présentent cependant des indices d'une structure relative à l'octaèdre régulier, et d'autres semblent réunir les indices de l'une et l'autre structure.

Cassure, raboteuse et peu éclatante. On trouve cependant des morceaux dont la cassure est conchoïde, très-lisse et d'un éclat très-vif ; mais ils sont rares.

Voyez l'observation placée en tête de la description des variétés, où je propose une hypothèse pour tout concilier, en ramenant la structure des différens cristaux de cette espèce à un assortiment de tétraèdres réguliers, qui seroient les molécules intégrantes.

Caractère chim. Au chalumeau, il exhale d'abord une odeur sulfureuse, puis il devient roux et un peu attirable à l'aimant. Si l'on prolonge le feu, on finit par obtenir une scorie noirâtre.

Caract. distinct. 1°. Entre le fer sulfuré et l'or natif d'un jaune pâle. Celui-ci est malléable, et le fer sulfuré cassant. Les parcelles qu'on détache de l'or avec une lime ordinaire restent de la même couleur, au lieu que celles du fer sulfuré deviennent noirâtres. L'or se fond au chalumeau, sans perdre sa couleur et sans répandre d'odeur sulfureuse, comme le fer sulfuré. 2°. Entre le même et le cuivre pyriteux. Le premier est beaucoup plus difficile à attaquer avec la lime. Il étincelle presque toujours par le choc du briquet, et rarement le cuivre pyriteux. Ses formes cristallines ne sont jamais le tétraèdre, soit complet, soit épointé ou émarginé. 3°. Entre le même et le fer arsenical. Celui-ci chauffé au chalumeau répand une odeur d'ail, et le premier une odeur sulfureuse.

VARIÉTÉS.

FORMES.

Déterminables.

Observ. Si l'on suppose un octaèdre régulier *ah* (*fig.* 156) *pl. LXXVII*, composé d'une multitude de petits tétraèdres réunis par leurs bords, ainsi que nous l'avons expliqué à l'article de la chaux fluatée, il est facile de voir qu'un plan parallèle à l'un des carrés *aghr*, *gmrs*, etc., passera entre les bords de jonction d'une suite de tétraèdres ; et comme il y a six carrés dont les positions sont analogues à celles des précédens, on conçoit que si par quelque circonstance particulière, la division mécanique n'avoit lieu que dans le sens qui vient d'être indiqué, on pourroit soudiviser l'octaèdre en cubes, qui seroient des assemblages de petits tétraèdres. D'une autre part, si l'on suppose que la division mécanique ne puisse avoir lieu, au contraire, que parallélement aux faces des petits tétraèdres composans, ce qui paroît être le cas ordinaire, il en résultera des rhomboïdes composés chacun de deux molécules tétraèdres, et d'un octaèdre, à la place duquel on pourra concevoir un vacuole, comme nous l'avons de même expliqué en parlant de la structure de la chaux fluatée. Enfin, si l'on imagine que les deux divisions ayent lieu à la fois, on pourra extraire, à volonté, de l'octaèdre des cubes et des rhomboïdes.

Or il est clair que l'assortiment des petits tétraèdres au lieu de former un octaèdre, ainsi que nous venons de le supposer, peut tout aussi-bien former un cube qui sera susceptible des mêmes modes de division. Concluons delà qu'il seroit possible que les molécules de la pyrite fussent des tétraèdres réguliers, et que, par l'effet de certaines circonstances, les joints qui se prêteroient à la division mécanique fussent tantôt ceux qui passent entre les bords des tétraèdres, tantôt ceux qui passent entre leurs faces.

et tantôt les uns et les autres à la fois. Dans le premier cas, la molécule soustractive seroit le cube, et l'on devroit naturellement considérer aussi ce solide comme la forme primitive. Dans le second cas, on auroit le rhomboïde pour la molécule soustractive, et il conviendroit d'admettre l'octaèdre pour forme primitive. Dans le troisième cas, on pourroit opter en faveur du cube, à raison de la simplicité de sa forme. Au reste, je ne propose cette hypothèse, que pour faire accorder la théorie avec l'opinion généralement reçue, que les cristaux appelés communément *pyrites martiales*, ne forment qu'une seule espèce, et que leurs diversités ne tiennent qu'à une variation accidentelle entre leurs principes composans. Mais je ne sache pas que cette opinion soit appuyée jusqu'à présent sur des expériences bien décisives.

Quoi qu'il en soit, j'ai cru devoir présenter ici la structure de tous les cristaux dont il s'agit, sous ses deux rapports, l'un avec le cube, et l'autre avec l'octaèdre. Ainsi, je donnerai pour chaque variété les signes représentatifs analogues aux deux formes primitives, en commençant toujours par le cube ; et lorsque la forme du cristal paroîtra porter plutôt l'empreinte de l'octaèdre, ou de l'une et l'autre forme à la fois, j'aurai soin d'en avertir. Peut-être même jugera-t-on que ce double point de vue de la théorie, et ce concert entre les résultats de différentes lois qui parviennent au même but, méritent par eux-mêmes d'intéresser, indépendamment de toute considération particulière.

1. Fer sulfuré *primitif.* MP (*fig.* 158) *pl. LXXVI. De Lisle, t. III, p.* 210.

Le signe relatif à l'octaèdre (*fig.* 155) *pl. LXXVII*, est A ᴵE ᴵ.

a. En parallélipipède, dont les dimensions peuvent avoir entre elles différens rapports. *De Lisle, t. III, p.* 212 ; var. 1, 2, 3.

2. Fer sulfuré *octaèdre.* $\overset{1}{\underset{d}{A}}$ (*fig.* 159). *De Lisle, t. III, p.* 233 ; var. 24. Incidence de *d* sur *d,* 109^d 28′ 16″.

Le

Le signe relatif à l'octaèdre, considéré comme forme primitive,
est P. Plusieurs cristaux paroissent divisibles parallélement aux
faces de ce solide.

a. Cunéiforme. *De Lisle*, *t. III*, *p.* 237; var. 25.

3. Fer sulfuré *dodécaèdre.* $\overset{t}{\overset{2}{B}}$ $\overset{2}{C}$ G²¹G (*fig.* 140). En dodécaèdre
$e''\ e'\quad e$
à faces pentagonales symétriques, égales et semblables. *De Lisle,*
t. III, *p.* 224; var. 16. Incidence de *e* sur *e*, 126ᵈ 52′ 11″. Angles
plans de chaque pentagone tel que *zyz*. L'angle opposé à l'arête *y*
est de 121ᵈ 35′ 17″; chacun des angles *z*, *z*, est de 106ᵈ 36′ 2″
30‴. Chacun des angles adjacens à la base *y* est de 102ᵈ 36′ 19″.
Le signe relatif à l'octaèdre seroit $\left(\underset{\text{I}}{\text{A}}\ \text{B}^\text{I}\ \text{B}^\text{2}\right)$ (′E′ B² B′).

a. Alongé entre deux de ses faces opposées. *De Lisle, t. III,*
p. 227; var. 26.

b. En cristaux croisés deux à deux, de manière que les angles
solides de l'un forment des saillies au-dessus des faces de l'autre.
De Lisle, t. III, p. 227.

Cette variété a été désignée par Romé de Lisle et par Werner (1),
comme étant *le dodécaèdre à plans pentagones réguliers.* Mais
il s'en faut de beaucoup que ces deux dodécaèdres soient semblables.

Dans celui de la géométrie, ou le régulier, les pentagones ont
tous leurs angles égaux, c'est-à-dire, de 108ᵈ. On peut voir par
les mesures indiquées ci - dessus, combien les angles plans du
dodécaèdre de la nature différent entre eux (2). De plus, l'inci-

____

(1) De Lisle, cristal. , t. IV, 2ᵉ. tableau cristallograph. , N°. 25 ; Werner,
caract. des minéraux, traduct. franç. , p. 183. Le premier de ces naturalistes
observe (t. III, p. 215) que les plans pentagones du dodécaèdre dont il
s'agit, ne différent de ceux du dodécaèdre régulier, qu'en ce qu'il est rare
que leurs côtés soient égaux entre eux, ce qui supposeroit que l'inégalité
n'a lieu que par accident, au lieu qu'elle est une suite nécessaire de la
mesure des angles.

(2) A l'égard du rapport entre les côtés, si l'on suppose que la forme du

dence de deux quelconques des pentagones voisins sur le dodécaèdre de la géométrie, est de 116^d $33'$ $32''$, ce qui fait une
différence de plus de 10^d avec l'incidence de *e* sur *e*.

J'ai déjà dit, dans les préliminaires (*t. I*, *p.* 53), que l'existence du dodécaèdre régulier n'étoit même compatible avec aucune loi de décroissement relative à un noyau cubique (1). La
raison en est, que le rapport de la quantité de rangées soustraites
dans le sens de la largeur avec la hauteur de chaque lame, doit
toujours pouvoir être représenté par des nombres rationnels, ce
qui a lieu effectivement dans le dodécaèdre du fer sulfuré, où
ce rapport est celui de 2 à 1. Mais on démontre que le rapport
qui concerne le dodécaèdre régulier est exprimé en nombres
irrationnels, c'est-à-dire, qu'il représente une chose impossible (2).

On a cru voir dans le cristal de fer sulfuré dont il s'agit ici,
le dodécaèdre de la géométrie, parce qu'on est porté à supposer
aux cristaux les formes qui paroissent les plus simples et les plus
parfaites, lorsqu'on ne considère dans le polyèdre que son aspect
et comme le fantôme d'un corps physique. Mais le défaut de
symétrie qui existe à l'extérieur, dans le cristal, cache un caractère de simplicité, qui consiste en ce que la molécule étant le
cube dont la figure est la plus parfaite de toutes, la loi des
décroissemens est en même temps celle qui donne le dodécaèdre
à l'aide du moindre nombre possible de rangées soustraites ; et
ainsi il est vrai de dire que c'est-là le dodécaèdre régulier de la
minéralogie.

---

dodécaèdre (*fig.* 140) ait toute la perfection dont elle est susceptible, la
base *y* de chaque pentagone sera à chacun des quatre autres côtés dans
un rapport un peu plus fort que celui de 4 à 3.

(1) Ce que je dis ici de l'impossibilité du dodécaèdre régulier, considéré
comme originaire du cube, peut être démontré généralement pour un noyau
d'une forme quelconque.

(2) Voyez t. I, p. 281.

Ce même solide m'a paru propre à être cité comme exemple de la méthode qui sert à construire des cristaux artificiels. On exécutera d'abord un cube, que je suppose représenté par la figure 159, *pl. LXXVIII*; on tracera sur les faces de ce cube des lignes *mn*, *m'n'*, *m"n"*, qui les divisent en deux, suivant trois directions perpendiculaires entre elles. Sur chacune de ces lignes, telle que *mn*, on prendra, de part et d'autre, une portion *mo* ou *nr* égale à $\frac{1}{8}$ de la ligne entière. On fera ensuite passer par cette même ligne deux plans coupans qui doivent être tangens, l'un au point *o'*, l'autre au point correspondant sur la face opposée; deux nouveaux plans menés par *m"n"* seront tangens, l'un au point *r* et l'autre au point correspondant sur la face opposée, etc. On aura ainsi douze plans coupans, en nombre égal à celui des arêtes qu'ils intercepteront, ce qui donnera le dodécaèdre cherché.

Si l'on vouloit avoir le dodécaèdre régulier de la géométrie, on traceroit d'abord un pentagone régulier ABCDF (*fig.* 161), dans lequel on meneroit une diagonale BF. On s'arrangeroit ensuite pour exécuter le cube générateur (*fig.* 160), de manière que la moitié du côté de ce cube, ou *cm* moitié de *mn*, fut égale à la ligne B F (*fig.* 161). On prendroit ensuite sur *cm* ou sur *cn* (*fig.* 160), la portion *om* ou *rn* égale à la différence entre CD et BF (*fig.* 161); et en coupant le cube d'une manière analogue à celle qui a été indiquée pour le dodécaèdre du fer sulfuré, on parviendroit à obtenir celui de la géométrie.

4. Fer sulfuré *triglyphe* (*fig.* 141) *pl. LXXVI*. En cube, dont les faces sont striées dans trois sens perpendiculaires l'un à l'autre. *De Lisle*, *t. III*, *p.* 216; var. 11.

L'assortiment des stries, sur les cristaux de cette variété, a quelque chose qui surprend au premier coup d'œil, et semble faire naître une difficulté, par rapport au mécanisme de la structure du cristal cubique. Stenon, qui l'a observé le premier, pensoit que le fluide où s'étoit formée la pyrite avoit trois mouvemens différens, l'un vertical et les deux autres horizontaux, et

perpendiculaires entre eux (1) ; explication que sa seule obscurité
rend inadmissible.

Mairan, dans son Traité sur la glace, où il décrit les pyrites
cubiques striées (2), considère chacune d'elles comme composée de six pyramides quadrangulaires, qui ont pour bases les
six faces du cube, et dont les sommets se confondent avec le
centre du même cube. Il pense que chacune de ces pyramides est
formée de fibres ou d'aiguilles, dont les directions sont perpendiculaires à celles des aiguilles de la pyramide voisine, d'où il
arrive, selon lui, que les bases des pyramides ont des stries
alignées suivant les mêmes directions, et qui ne sont autre chose
que les saillies des aiguilles extrêmes. Cette structure ne s'accorde
pas avec l'observation. Le tissu de la pyrite, lorsqu'on la brise,
ne paroît point fibreux, mais plutôt composé de lames parallèles
aux faces du cube.

Une observation simple et nette m'a offert le dénouement de
la difficulté. Elle consiste en ce que les arêtes y, l, k (*fig.* 140),
formées par les bases communes des pentagones du dodécaèdre,
ont des directions respectivement perpendiculaires, comme les
stries de la pyrite cubique. Cela posé, le cube strié paroît n'être
autre chose que le résultat d'une cristallisation ébauchée, qui eut
produit le dodécaèdre à plans pentagones, si elle eût été secondée
par des circonstances convenables. Ce qui achève de le prouver,
c'est que parmi les stries de la pyrite cubique, celles qui occupent le milieu se relèvent assez souvent en forme de coin ou
de sommet dièdre, de manière que l'intention de la cristallisation, si j'ose ainsi parler, est beaucoup plus sensible en cet
endroit. D'autres fois, les faces du cube subissent des arrondis-
semens très-marqués, qui annoncent, dans la cristallisation, une
marche précipitée, mais toujours dirigée vers le même but. Ainsi,

---

(1) *De solido intrà solidum contento.* Collect. acad., traduct. franç.,
partie t ang., t. IV, p. 402 et 403.
(2) P. 50 et suiv.

lorsqu'au lieu de se borner à l'observation des extrêmes, on parcourt la série des intermédiaires, on aperçoit le lien qui unit ces extrêmes entre eux, et par tout on retrouve la tendance vers le dodécaèdre, laquelle procède, comme par degrés, depuis le cube, dont les faces ont leurs stries sensiblement de niveau, jusqu'au terme où le dodécaèdre a ses plans lisses, bien prononcés et situés sous leurs véritables inclinaisons.

5. Fer sulfuré *trapézoïdal.* $\overset{2}{\underset{u}{\text{A}}}$ (*fig.* 142). Incidence de u sur u, 146$^\mathrm{d}$ 26′ 33″ ; de u sur u', 131$^\mathrm{d}$ 48′ 36″.

Le signe relatif à l'octaèdre est $\underset{3}{\text{A}}$ $^3\text{E}^3$. Les cristaux que j'ai observés me paroissoient dériver de ce dernier solide. Ils ont été trouvés par le Citoyen Dré, dans la stéatite de Corse, qui contient de petits octaèdres de fer.

6. Fer sulfuré *cubo-octaèdre.* $\overset{1}{\underset{\text{M P }d}{\text{M P A}}}$ (*fig.* 143). *De Lisle,* *t. III, p.* 212, var. 4 ; *et p.* 238, var. 27. Incidence de d sur M ou sur P, 125$^\mathrm{d}$ 15′ 52″

Le signe relatif à l'octaèdre est $\underset{1}{\text{A}}$ $^1\text{E}^1$ P.

a. Les facettes d sont écartées entre elles, comme sur la figure.

b. Les facettes d se touchent par leurs angles. *De Lisle, t. III, p.* 213 ; var. 5.

c. Les facettes d s'entrecoupent. *De Lisle, t. III, p.* 214.

d. La sous-variété *a* alongée parallélement à la face P et à son opposée. *De Lisle, t. III, p.* 213 ; var. 5.

7. Fer sulfuré *biforme.* $\overset{111}{\underset{donr}{\text{A B C 'G'}}}$ (*fig.* 162) *pl. LXXVIII.* Dérivé de l'octaèdre régulier et du dodécaèdre à plans rhombes. C'est l'octaèdre émarginé. Incidence de r ou de n sur d, 144$^\mathrm{d}$ 44′ 8″.

Le signe relatif à l'octaèdre est P ^{1}B^1 $\overset{1}{\text{B}}$. J'ai acquis récemment des cristaux très-prononcés de cette variété, qui n'avoit pas encore été observée parmi les cristaux de fer sulfuré.

8. Fer sulfuré *cubo-dodécaèdre.* $\dfrac{\overset{\frac{1}{2}}{\mathrm{B}}\ \overset{2}{\mathrm{C}}\ \mathrm{G}^3\ {}^2\mathrm{G}\ \mathrm{M}\ \mathrm{P}}{c''\ e'\quad e\quad\ \mathrm{M}\ \mathrm{P}}$ (*fig.* 144). *De Lisle, t. III, p.* 221 , var. 12 ; et 222, var. 13. Incidence de M sur *e*, 153ᵈ 26′ 5″ 30‴.

Le signe relatif à l'octaèdre est $\left(\underset{1}{\mathrm{A}}\ \mathrm{B}^1\ \mathrm{B}^2\right)\left({}'\mathrm{E}^1\mathrm{B}^2\mathrm{B}^1\right)\underset{1}{\mathrm{A}}\ {}'\mathrm{E}^1.$ Quelquefois les faces *e* sont très - étroites , et les faces M , P , dominantes, en sorte que le cristal se présente sous l'aspect d'un cube émarginé. Souvent aussi les faces M , M , P sont striées dans trois sens perpendiculaires l'un à l'autre, comme dans la variété triglyphe.

9. Fer sulfuré *icosaèdre.* $\dfrac{\overset{\frac{1}{2}}{\mathrm{B}}\ \overset{2}{\mathrm{C}}\ \mathrm{G}^2\ {}^2\mathrm{G}\ \overset{1}{\mathrm{A}}}{e''\,e'\quad\ e\quad\ d}$ (*fig.* 145) Huit triangles équilatéraux *d*, *d*, etc., et douze triangles isocèles *e*, *e*, etc. *De Lisle, t. III, p.* 233 ; var. 22. Incidence de *d* sur *e*, 140ᵈ 46′ 7″. Angles du triangle isocèle *e*. L'angle au sommet est de 48ᵈ 11′ 20″ ; chacun des angles sur la base est de 65ᵈ 54′ 20″.

Le signe relatif à l'octaèdre est $\left(\underset{1}{\mathrm{A}}\ \mathrm{B}^1\ \mathrm{B}^2\right)\left({}'\mathrm{E}^1\ \mathrm{B}^2\ \mathrm{B}^1\right)\mathrm{P}.$

a. Les faces *d* beaucoup plus étendues que les faces *e*, sont des hexagones (*fig.* 146), tandis que les faces *e* conservent la figure triangulaire. *De Lisle, t. III, p.* 229 ; var. 18. Les cristaux de cette sous-variété que j'ai observés, paroissoient dériver de l'octaèdre.

L'icosaèdre, qui est l'objet de cet article, résulte d'une combinaison de la loi qui donne l'octaèdre régulier avec celle d'où dépend le dodécaèdre à plans pentagones. Pour bien concevoir la structure de cet icosaèdre, il faut supposer que la loi relative à l'octaèdre ait d'abord agi seule, jusqu'à un certain terme , au-delà duquel l'autre loi a commencé à agir concurremment avec elle (1). Or, on prouve, par le calcul , que I H L (*fig.* 157)

____

(1) Le noyau de l'icosaèdre ayant ses huit angles solides situés aux centres des triangles équilatéraux *d*, *d*, etc. (*fig.* 145), est nécessairement plus petit

pl. LXXVII, étant un des triangles équilatéraux de l'icosaèdre, la partie de ce triangle, qui a été formée pendant que la première loi étoit censée agir solitairement, est le triangle RST, dont les côtés aboutissent aux tiers de ceux du triangle total IHL. Au reste, ce que je viens de dire n'a rapport qu'au mécanisme de la structure, ou à l'ordre suivant lequel on doit supposer que les lames décroissantes se succèdent en partant du noyau. Mais je ne prétends pas que cet ordre ait été réellement suivi par la cristallisation, dans la formation de l'icosaèdre (voyez *t. I*, *p.* 65).

Les mêmes naturalistes qui avoient regardé le dodécaèdre du fer sulfuré comme étant semblable à celui de la géométrie, ont aussi confondu l'icosaèdre donné par la cristallisation avec le régulier, qui a tous ses triangles équilatéraux (1). Mais on démontre, à l'aide de la théorie, que celui-ci n'est pas plus possible en minéralogie que le dodécaèdre.

Le moyen le plus simple pour construire artificiellement l'icosaèdre du fer sulfuré, est de commencer par le dodécaèdre (*fig.* 140, *pl. LXXVI*, et 158, *pl. LXXVIII*). On fera ensuite passer des plans coupans par les trois diagonales L S, S K, L K (*fig.* 158) menées autour de chaque angle solide T, lequel répond à l'un de ceux du noyau cubique. Les sections donneront huit triangles équilatéraux L K S, I L P, S R Y, etc., qui,

---

que celui qui auroit lieu si les triangles isocèles *e*, *e*, en se prolongeant jusqu'à masquer les triangles équilatéraux, reproduisoient le dodécaèdre, d'où il suit que la loi relative aux triangles isocèles a une époque postérieure à celle de la loi d'où naissent les triangles équilatéraux.

(1) De Lisle, t, III, p. 233 ; var. 22 ; Werner, caract. des minéraux, traduct. franç., p. 183. Il semble cependant que Romé de Lisle, qui, dans le texte de son ouvrage, avoit désigné le cristal dont il s'agit, sous le nom d'*icosaèdre régulier*, en ajoutant que cette figure étoit un des cinq solides réguliers de la géométrie, ait conçu ensuite quelque doute à cet égard, puisque, dans son second tableau minéralogique, N°. 32, t. IV, il se contente de dire que l'icosaèdre de la pyrite ne diffère que très-peu de l'icosaèdre régulier.

joints aux triangles isocèles L S R , L P R , etc. ; résidus des pentagones , composeront la surface de l'icosaèdre.

10. Fer sulfuré *cubo-icosaèdre.* $\dfrac{\overset{\frac{1}{2}}{B}\ \overset{2}{C}\ G^2\ {}^2G\ \overset{1}{\mathring{A}}\ M\ P}{e''\ e'\quad e\quad d\ M\ P}$ (*fig.* 147). *De Lisle , t. III , p.* 223 ; var. 14.

Le signe relatif à l'octaèdre seroit $\left(\underset{1}{A}\ B'\ B^2\right)\left({}'E'\ B^2\ B'\right) P\ \underset{1}{A}\ {}'E'$.

11. Fer sulfuré *triacontaèdre.* $\left(\dfrac{\overset{\frac{3}{2}}{A}\ B'\ C^2}{f}\right)\dfrac{M\ P}{M\ P}$ (*fig.* 148), *pl. LXXVII.* Six rhombes M , P , etc. , parallèles aux faces du noyau , et 24 trapézoïdes *f, f, f'*, etc. , disposés trois à trois autour de chaque angle solide *z*, qui répond à l'un des angles du noyau. *De Lisle , t. III , p.* 234 ; var. 23. Incidence de *f* sur M , 143^d 18' 3''; de *f* sur *f*, ou de *f'* sur *f'*, 141^d 47' 12''; de *f* sur *f'* à l'endroit de l'arête *x*, 148^d 59' 30''. Valeur du grand angle *a* de chaque rhombe M , 126^d 52' 11'', la même que celle de l'incidence de deux pentagones sur leur base commune, dans la variété dodécaèdre fig. 140. Valeurs des angles plans de l'un quelconque *f* des trapézoïdes, représenté separément (*fig.* 163) *pl. LXXVIII. a* = 111^d 50' 44''; *z* = 116^d 6' 13''; *r* = 75^d 2' 13''; *n* = 57^d 0' 50''.

Le signe relatif à l'octaèdre seroit $\left(\underset{2}{A}\ B'\ B^2\right)\left({}'E'\ B^2\ B'\right) A\ \underset{1}{'E'}$. Cette variété a été regardée par Romé de Lisle , comme ayant tous ses rhombes égaux et semblables entre eux ; mais on peut démontrer, par le calcul, qu'aucune loi de décroissement ne se concilie avec cette symétrie ; d'ailleurs, la variété dont il s'agit ne diffère du fer sulfuré quadriépointé (*fig.* 150), qui sera bientôt décrit, que par l'absence des facettes *d* (1) , et en ce que les facettes *f* ont pris une plus grande étendue, et parviennent à se toucher de part et d'autre, auquel cas il est nécessaire qu'elles soient des trapézoïdes irréguliers, tandis que les faces M et P sont des véritables rhombes.

---

(1) Voyez la fig. 151.

Voici

Voici un moyen facile pour construire artificiellement cette variété. On exécutera d'abord un cube *af* (*fig.* 164) *pl. LXXVIII*, dont on divisera les faces en deux parties, par des lignes *mn*, *m'n'*, *m''n''*, perpendiculaires entre elles suivant trois directions différentes. Sur chacune de ces lignes, telle que *mn*, on prendra de part et d'autre une portion *om*, *nr*, égale au quart de la ligne entière, puis on tracera un rhombe *o t r s*, dont la grande diagonale sera la partie intermédiaire *o r*, et la petite diagonale *t s* sera la moitié de la grande; ensuite on fera passer par les quatre côtés *ot*, *rt*, *so*, *rs*, des plans coupans dont les deux premiers soient tangens à l'angle aigu *o'* du rhombe *o't'r's'*, et les deux autres à l'angle analogue situé sur la face opposée. On fera la même chose par rapport aux autres rhombes, et l'on aura ainsi 24 plans coupans, qui, joints aux six rhombes tracés sur les faces du cube, composeront la surface du triacontaèdre.

J'ai cru devoir, à cette occasion, examiner aussi le triacontaèdre à plans rhombes égaux et semblables (*fig.* 149), que j'appelle *symétrique*, et dont il ne me paroît pas que les géomètres se soient encore occupés. Il est d'abord facile de voir que l'on obtiendroit ce solide, en tronquant un dodécaèdre régulier sur ses trente arêtes, par des plans également inclinés sur les pentagones voisins, de manière à faire disparoître entièrement ceux-ci. On auroit le même résultat, en tronquant l'icosaèdre régulier sur toutes ses arêtes, qui sont aussi au nombre de trente.

J'ai trouvé que ce triacontaèdre avoit trois propriétés qui m'ont paru intéressantes. La première consiste en ce qu'on pourroit aussi le construire, en élevant sur chaque face du dodécaèdre régulier une pyramide pentagonale qui eût cette même face pour base, et dont la hauteur fut la moitié de la ligne menée du centre de la base à l'un des angles (1). Cette simplicité est

____

(1) Romé de Lisle pensoit que l'on obtiendroit le triacontaèdre à plans rhombes, en tranchant le dodécaèdre régulier par ses arêtes jusqu'au centre, de manière à en détacher 12 pyramides pentagonales qui, posées par leurs

d'autant plus remarquable , que les rapports entre les autres lignes relatives, soit au dodécaèdre, soit au triacontaèdre, sont exprimés en nombres irrationnels. Par la seconde propriété, le grand angle de chaque rhombe du triacontaèdre est précisément égal à l'incidence de deux pentagones voisins sur le dodécaèdre régulier, c'est-à-dire, qu'il est de 116^d $33'$ $32''$. Nous avons vu que le triacontaèdre de la pyrite offroit une égalité du même genre entre le grand angle de ses rhombes, et celui que font entre eux les pentagones voisins, sur le dodécaèdre de la même substance. Enfin, par la troisième propriété, l'incidence de deux rhombes voisins sur le triacontaèdre est de 144^d sans aucun reste, c'est-à-dire, qu'elle est double de l'angle au centre dans le pentagone régulier, en supposant celui-ci divisé en cinq triangles, par des lignes menées du centre aux angles du contour (1).

Il ne seroit pas inutile de placer dans une collection de cristaux artificiels, le triacontaèdre symétrique, ainsi que le dodécaèdre et l'icosaèdre réguliers, pour servir de termes de comparaison aux solides analogues produits par la cristallisation.

12. Fer sulfuré *quadriépointé.* $\dfrac{M\,P}{M\,P} \left(\overset{\frac{3}{2}}{A}\ B'C^2\ \atop f \right) \overset{1}{\underset{d}{A}}$ (*fig.* 150), *pl. LXXVII. De Lisle , t. III , p.* 215; var. 9. Incidence de f sur d, 157^d $47'$ $33''$.

Le signe relatif à l'octaèdre seroit $A'E' \left(\underset{1}{AB'B^2}\right) \left(\underset{2}{'E'B'B'}\right) P$.

J'ai vu des cristaux de cette variété où les triangles f, f, par l'effet d'un arrondissement accidentel que subissoient les faces

---

bases sur les faces d'un second dodécaèdre semblable , donneroient le triacontaèdre dont il s'agit (t. III, p. 234, note 105). Les géomètres concevront aisément que dans ce cas on auroit un solide terminé par soixante triangles isocèles , qui feroient entre eux des angles rentrans.

(1) Voyez, pour la démonstration de ces différens résultats, la partie géométrique, t. I, p. 291 et suiv.

M, P, paroissoient naître parallélement aux diagonales de ces mêmes faces. Ne seroit-ce point une irrégularité de ce genre, qui auroit donné lieu à la supposition de deux variétés dont parle Romé de Lisle, savoir: la 7e., *p.* 214, et la 8e., *p.* 215, et que ce savant ne cite que d'après les figures de Dagoty, et non pour les avoir observées lui-même (1)?

13. Fer sulfuré *pantogène.* $\overset{\frac{1}{2}}{B} \overset{2}{C} G^2 {}^2G \left(\overset{\frac{3}{2}}{A} B^1 C^2 \right)$ (*fig.* 152).
$\quad\quad\quad\quad\quad\;\; e'' \; e' \quad e \quad\quad\quad\; f$

L'icosaèdre, dont chaque face porte une pyramide droite triangulaire très-surbaissée. *De Lisle, t. III, p.* 232 ; var. 21. Incidence de *f* sur *e*, 162^d 58′ 34″.

Le signe relatif à l'octaèdre seroit $\left(\underset{1}{A} B^1 B^2 \right) \left(\underset{2}{A} B^1 B^2 \right)$ ($^1E^1 B^2 B^1$) ($^1E^2 B^2 B^1$).

a. Les faces *f, f*, etc., devenant très-petites, en comparaison des faces *e, e*, le cristal présente l'aspect du dodécaèdre de la fig. 140, dans lequel les angles solides *z, z*, qui répondent à ceux du noyau cubique, seroient interceptés chacun par trois petits triangles isocèles. *De Lisle, t. III, p.* 230 ; var. 19.

Cette variété est remarquable en ce que les triangles *f* qui sont scalènes sur la variété quadriépointée, empruntent ici de leur combinaison avec les triangles *e*, un caractère de symétrie, en devenant isocèles.

Les cristaux de cette variété sont de ceux qui offrent à la fois des indices de joints naturels parallélement aux faces d'un cube et à celles d'un octaèdre. Ces derniers joints sont dans le sens

---

(1) Dans la supposition dont il s'agit ici, les faces *f, f*, en supposant que les triangles *d* soient nuls, comme sur la fig. 151, seroient des triangles isocèles, ainsi qu'ils le sont sur le cristal représenté fig. 152, et Romé de Lisle pourroit paroître avoir été trompé par cet isocélisme, qui dépend ici de la manière dont les triangles *f* sont coupés par les triangles *e*, au lieu que si l'on suppose des faces primitives à la place de ces derniers triangles, les premiers redeviendront scalènes. Voyez Romé de Lisle, t. III, p. 215, note 77.

d'un plan qui passeroit par les bases des trois triangles isocèles f, f, f', réunis autour d'un même angle solide.

14. Fer sulfuré *soustractif.* $\overset{\frac{1}{2}}{\underset{e''}{B}}\overset{2}{\underset{e'}{C}}\underset{e}{G^{2}}\,^{2}G\left(\overset{\frac{3}{2}}{A}B^{1}\underset{f}{C^{2}}\right)\overset{1}{\underset{d}{A}}$ (*fig.* 153). La variété précédente, dans laquelle le sommet de chaque pyramide est remplacé par un triangle équilatéral. *De Lisle, t. III, p.* 231 ; var. 20.

Le signe relatif à l'octaèdre seroit $\left(\underset{1}{A}\,B^{1}\,B^{2}\right)\left(\underset{2}{A}\,B^{1}\,B^{2}\right)$ $(^{1}E^{1}\,B^{2}\,B^{1})\,(^{2}E^{2}\,B^{2}\,B^{1})\,P.$

Les cristaux de cette variété que j'ai observés, paroissoient, ainsi que ceux de la variété précédente, dériver à la fois du cube et de l'octaèdre.

15. Fer sulfuré *surcomposé.* $\underset{M d}{M\overset{1}{A}}\left(\overset{1}{\underset{k}{A}}\,B^{1}C^{2}.\,\underset{k}{B^{2}C^{1}}\right)\left(\overset{\frac{3}{2}}{A}B^{1}C^{2}.\,\underset{f\ \ f}{B^{2}C^{1}}\right)$

$\underset{n}{A}\underset{P}{P}$ (*fig.* 154). Incidence de k sur d, $164^{d}\ 12'\ 24''$; de n sur d, $160^{d}\ 31'\ 44''$; de n sur P, $144^{d}\ 44'\ 8''$; de f sur d, $157^{d}\ 47'\ 32''$.

Le signe relatif à l'octaèdre est $^{1}E^{1}\ P\ ^{3}B^{3}\ \overset{3}{B}\left(\underset{2}{A}\,B^{1}\,B^{2}.\,B^{2}\,B^{1}\right)$ $(^{2}E^{2}\,B^{2}\,B^{1}.\,B^{1}\,B^{2})\ ^{3}E^{3}\,A\,\underset{3}{\overset{1}{A}}.$

J'ai un cristal isolé de cette variété, qui, en la supposant complète dans le nombre de ses faces, en auroit cent dix. Mais il y en a beaucoup qui ont en quelque sorte échappé à la tendance de la cristallisation vers la symétrie, et qu'il a fallu rétablir par la pensée. La forme primitive paroît être l'octaèdre régulier.

Indéterminables.

16. Fer sulfuré *rhomboïdal. De Lisle, t. III, p.* 242. Les cristaux de cette forme semblent n'être autre chose que des cubes, dont quatre faces situées comme les pans d'un prisme quadrilatère, ont subi des déviations accidentelles, qui ont fait passer les bases

à la figure d'un rhombe légérement obtus; aussi ces faces ont-elles des inégalités qui annoncent une cristallisation imparfaite.

17. Fer sulfuré *surbaissé*. *De Lisle*, *t. III*, *p.* 257. Je donne ce nom à des espèces d'octaèdres composés de deux pyramides quadrangulaires très-surbaissées. Dans ceux que cite Romé de Lisle, chaque angle solide est excavé en forme de petite trémie. J'en ai vu d'autres dans lesquels deux angles solides opposés, parmi les angles latéraux, étoient interceptés chacun par une facette plane. Ces différens octaèdres paroissent être des assemblages de plusieurs portions de cristaux comme soudées ensemble. Leurs faces sont un peu bombées, ce qui ne permet pas d'y appliquer les mesures géométriques. Ils forment des groupes engagés dans une terre marneuse.

18. Fer sulfuré *dentelé*. *Pyrites en lames triangulaires amincies ou dentelées dans leurs bords ; pyrites en crêtes de coq, de Lisle*, *t. III*, *p.* 253. Cette variété paroît avoir pour type un octaèdre rectangulaire $s\,s'$ (*fig.* 165), dans lequel les faces les plus larges a, a', feroient entre elles un angle extrêmement ouvert, et les plus étroites c, c', un angle beaucoup moins obtus. On observe quelquefois de ces octaèdres situés séparément sur la même gangue qui porte les groupes formés par les autres. Chacun de ces groupes paroît composé de plusieurs octaèdres engagés en partie les uns dans les autres, par leurs faces étroites, de sorte que leurs sommets présentent une dentelure située parallélement à l'arête z. Dans le même cas, les facettes qui répondent à c, c', sur chaque groupe, se courbent en manière d'accolade de part et d'autre de l'arête z, qui en devient plus saillante, tandis que l'arête x, au contraire, est comme oblitérée. Enfin, souvent ces octaèdres composés en se serrant à leur tour les uns contre les autres, se présentent sous l'aspect d'un assemblage de crêtes.

19. Fer sulfuré *dendroïde*. La matière pyriteuse s'insinue quelquefois entre deux feuillets d'un schiste ou d'une ardoise, où elle forme, en s'étendant, des ramifications composées de petits

octaèdres qui s'implantent en partie les uns dans les autres.

20. Fer sulfuré *concrétionné*. J'ai observé deux morceaux de cette variété, dont l'un étoit composé d'une multitude de petites stalactites cylindriques, situées comme par étages sur une masse pyriteuse. Le second avoit une forme mamelonée.

21. Fer sulfuré *radié*. *De Lisle, t. III, p.* 245; var. 32. En masses composées de cristaux, dont les parties inférieures se prolongent en forme d'aiguilles serrées les unes contre les autres et dirigées vers un centre commun. Les parties supérieures ou saillantes à la surface, sont le plus communément des moitiés d'octaèdres. Quelquefois elles appartiennent à des cristaux cubo-octaèdres, et quelquefois même à des cubes striés dans les trois sens. On trouve aussi un grand nombre de ces masses, dont la surface est simplement raboteuse ou hérissée de petites aspérités informes. Elles sont tantôt solitaires, et tantôt réunies deux à deux, trois à trois, etc.

a. Globuleux, ou ovoïde.

b. Cylindrique.

c. Fusiforme, ou semblable à deux cônes très-alongés, réunis par leurs bases.

22. Fer sulfuré *capillaire*. En aiguilles très-déliées, qui se croisent dans toutes sortes de directions.

23. Fer sulfuré *lamelliforme*. En lames à bords anguleux ou orbiculaires, serrées les unes contre les autres.

24. Fer sulfuré *granuliforme*.

25. Fer sulfuré *amorphe*.

26. Fer sulfuré *pseudomorphique*.

Le fer sulfuré se présente dans une multitude d'endroits sous des formes d'êtres organiques, tels que des cornes d'ammon, des belemnites, des ostracites, etc., soit que la matière pyriteuse se soit introduite et moulée dans les cavités devenues libres, après la destruction des corps organiques dont il s'agit, soit que ses molécules ayent remplacé successivement celles de ces mêmes corps, pendant la décomposition de ceux-ci. On trouve aussi des bois fossiles pénétrés de fer sulfuré, que l'on a nommés *bois pyritisés*.

Substances étrangères à cette espèce, auxquelles on a donné le nom de pyrite *ou de* marcassite.

Pyrite cuivreuse ; le cuivre pyriteux.
Pyrite arsenicale ; le fer arsenical ; le fer sulfuré arsenical.
Pyrite blanche ; le fer arsenical.
Marcassite ; le bismuth natif.
Marcassite de plomb. *Id.* (1).
Marcassite blanche ; l'antimoine (2).

Annotations.

1. Le fer sulfuré abonde en beaucoup d'endroits dans l'argile schisteuse qui recouvre les houilles, ainsi que dans les houilles elles-mêmes. Les ardoises en contiennent fréquemment des cristaux cubiques. Le quartz est aussi une des gangues les plus communes du fer sulfuré. La variété dodécaèdre se trouve souvent dans les filons métalliques. Différentes modifications de ce dodécaèdre accompagnent les cristaux de fer oligiste de l'île d'Elbe. Les masses de fer sulfuré radié sont ordinairement engagées dans des carrières de marne, parmi les quartz-agathes, et l'on en voit qui sont enchatonées dans la matière même du quartz. Diverses substances terreuses, en particulier les cristaux de chaux carbonatée, renferment du fer sulfuré en grains disséminés dans leur intérieur. Quelquefois ce minéral recouvre les cristaux d'une autre substance métallique, sous la forme d'un enduit qui leur donne un aspect trompeur. Cet accident a lieu en particulier à l'égard des cristaux de cuivre gris et de fer arsenical.

Aucune substance métallique n'a un domaine plus étendu

(1) Voyez Henckel, pyrit., trad. franç., p. 52.
(2) *Ibid.*

que celle-ci. Henckel dit qu'on trouve la pyrite ferrugineuse dans les plus grandes profondeurs où l'homme ait pu pénétrer, dans les souterrains des mines les plus anciennes et les plus considérables ; qu'à une certaine distance au-dessous du sol, elle devient cuivreuse, mais qu'elle ne tarde pas à redevenir une pyrite ferrugineuse pure, et que l'on continue de l'observer telle, tant que l'on peut la suivre, sans être arrêté par l'abondance des eaux (1).

2. La même substance est une de celles qui offrent le plus fréquemment des cristaux solitaires, en particulier de ceux qui présentent la forme du cube ou du dodécaèdre. Le diamètre de ces cristaux, dont plusieurs sont d'une forme très-régulière, est quelquefois de quinze millimètres, et l'on en trouve qui ont au moins le double d'épaisseur.

Dans les autres espèces métalliques, qui ont pour noyau le cube ou l'octaèdre, la variation des formes cristallines est resserrée dans des limites assez étroites, qui ne comprennent guère, outre les deux formes qui viennent d'être citées, que le solide cubo-octaèdre et quelquefois le dodécaèdre rhomboïdal. Ici la cristallisation, devenue plus féconde par la diversité des circonstances où se trouve la matière soumise à son action, offre des modifications particulières, telles que le dodécaèdre et l'icosaèdre, qu'aucune autre substance, à l'exception du cobalt gris, ne partage avec le fer sulfuré.

3. La propriété qu'a le fer sulfuré d'étinceler par le choc du briquet, et l'odeur sulfureuse qui s'en dégage alors, ont fait naître la dénomination de *pierre de foudre*, ou de *pierre du tonnerre* que l'on a donnée surtout au fer sulfuré radié, d'après le préjugé que la foudre tomboit quelquefois sous la forme d'une masse solide. Une autre erreur, dont il y a nombre d'exemples, est celle qui a fait prendre des morceaux de ce même fer sulfuré

____

(1) Pyritol., trad. franç., p. 97.

nouvellement

nouvellement cassé, pour de l'or, par des hommes que l'appât du gain, joint au défaut de lumières, rendoit à la fois prompts à se laisser séduire et difficiles à détromper. Le mica jaune a souvent occasionné des méprises semblables. On pourroit dire de ces deux substances, que ce sont les mines d'or de l'ignorance.

4. Si nous suivons le fer sulfuré dans les résultats de sa décomposition, nous trouverons encore que nulle substance métallique n'est plus variée à cet égard, et ne produit de plus grands phénomènes. Cette décomposition, lorsqu'elle a lieu spontanément, donne naissance à de l'acide sulfurique, qui se porte sur le fer et produit du fer sulfaté, sous la forme d'une efflorescence blanchâtre. C'est d'après cette observation que l'on a établi des fabriques de fer sulfaté, où l'art, en imitant la nature, favorise et accélère son opération (1). On a formé aussi des établissemens en grand, pour l'extraction du soufre contenu dans le fer sulfuré.

Les cristaux de ce même minéral, qui ont perdu simplement leur soufre, sans changer de forme, prennent alors le nom de *fer hépathique*, ainsi que nous le dirons dans un instant.

Mais il arrive très-souvent que le fer provenu de la décomposition du fer sulfuré, est remanié par les eaux, qui l'entraînent et le déposent en différens lieux. Telle est, suivant l'opinion de plusieurs naturalistes célèbres, l'origine d'une grande partie des substances nommées *hématites* et *ocres ferrugineuses*, et de cette immense quantité de fer oxydé en globules ou en masses, qui forment ce qu'on appelle *mines de fer de transport*. Ainsi l'on peut dire que si le fer sulfuré, à l'état de pyrite, n'est jamais exploité directement pour le métal qu'il contient, parce qu'il ne produiroit qu'un fer de mauvaise qualité, c'est lui qui, préparé par la nature elle-même, devient comme la source de ces

____

(1) Voyez l'article du fer sulfaté.

mines abondantes, dont l'art tire tous les jours un parti si avantageux.

C'est encore une opinion communément reçue parmi les physiciens, que le fer sulfuré est un des principaux agens qui interviennent dans la production des embrasemens souterrains, et qu'il est la cause de la chaleur de presque toutes les eaux nommées *thermales*.

5. Les usages du fer sulfuré, dans son état naturel, sont très-bornés. On a trouvé, dans les tombeaux des princes Péruviens, des plaques de fer sulfuré poli, qui paroissoient avoir servi de miroirs, d'où est venu à ces corps le nom de *miroirs des Incas* (1).

Le fer sulfuré a été appelé aussi *pierre de carabine*, parce qu'on en armoit les carabines avant que le silex servit à cet usage (2).

La marcassite du commerce, qui n'est autre chose qu'un fer sulfuré uni à une petite quantité de cuivre, a été souvent employée pour faire des chatons de bague, des boutons, et autres ouvrages semblables.

A P P E N D I C E.

1. Fer sulfuré décomposé.

Pyrites fuscus, *Waller.*, *t. II, p.* 133. 7. Mine de fer hépathique, *de Lisle*, *t. III, p.* 265.

Cette substance n'est autre chose que du fer sulfuré, dont le soufre s'est dégagé, sans en altérer la forme cristalline. Dans ce cas, le brillant métallique a disparu, et la couleur a passé au brun ou au noirâtre. La pesanteur spécifique et la dureté sont sensiblement diminuées.

----

(1) C'étoit l'usage, chez les Péruviens, d'enfermer dans les tombeaux des souverains tout leur or et leur argent avec leurs meubles.

(2) Henckel, Pyritol., trad. franç., p. 37.

Une des plus belles observations de Romé de Lisle, est celle qui l'a conduit à reconnoître que les corps dont il s'agit ici n'étoient pas, comme on l'avoit cru jusqu'alors, des pyrites plus pauvres en soufre que celles qui conservoient le brillant métallique ; mais qu'après avoir été semblables à ces dernières, elles avoient passé peu à peu à l'état de fer brun, à l'aide d'une décomposition qui, en commençant par les couches extérieures, avoit pénétré par degrés jusqu'au centre. On observe la même altération dans le fer sulfuré globuleux radié, qui, parvenu à son dernier degré de décomposition, n'offre plus qu'une masse terreuse, souvent comme mamelonée à l'extérieur, et qu'il faut éviter de confondre avec les concrétions nommées *hématites*.

Romé de Lisle a fait de tous ces cristaux altérés une espèce particulière, sous le nom de *mine de fer brune ou hépathique*. Nous croyons devoir plutôt les placer ici, par forme d'appendice, en les considérant comme du fer sulfuré à l'état de décomposition, lorsqu'ils ont encore une partie saine et intacte, et comme du fer sulfuré décomposé, lorsque leur intérieur n'offre plus aucune trace de brillant métallique.

Cette substance a été observée sous presque toutes les formes que présente le fer sulfuré qui n'a subi aucune altération.

2. Fer sulfuré arsenical. *Voyez* fer arsenical pyriteux, dans l'appendice, à l'article du fer arsenical.

3. Fer sulfuré aurifère.

On trouve en divers endroits du fer sulfuré cristallisé ou en grains, qui contient une quantité d'or ordinairement peu considérable, et qu'on ne laisse pas d'exploiter comme mine de ce dernier métal.

Bergmann qui a examiné des pyrites aurifères, a trouvé que l'or qu'on obtenoit par la digestion de cette substance dans l'acide nitrique, étoit en petits grains anguleux, dont l'aspect seul pouvoit faire soupçonner que ce métal existoit dans la pyrite plutôt à l'état de simple mélange, que de véritable disso-

lution (1) ; ce qui a fait dire à ce célèbre chimiste, dans sa
Sciagraphie, « qu'on pouvoit douter jusqu'à présent de la minéralisation de l'or ». *De mineralisatione auri dubium etiamnùm
moveri potest* (2).

La mine de Bérézof, en Sibérie, fournit abondamment un fer
sulfuré décomposé aurifère, ordinairement sous la forme du cube
strié dans les trois sens, qui est notre variété triglyphe (3).

⸺⸺⸺

V^e. E S P È C E.

F E R C A R B U R É.

Carbure de fer des chimistes.

Graphites plumbago, *Lin.*, *syst. nat.*, *edit.* 13, curâ *Jo. Frid.
Gmelin*, *t. III*, *p.* 284. 1. Plombagine, *de Lisle*, *t. II*,
pag. 500. Plombagine, carbure de fer, *de Born*, *t. II, p.* 395.
Phlogistique saturé de l'acide aérien, plombagine, *Sciagr.*,
t. II, p. 8. Graphit, *Emmerling*, *t. II, p.* 97. Fer minéralisé
par le carbone, *Daubenton*, *tabl.*, *p.* 49. Carbone combined
with one tenth or one right of its weicht of metallic iron,
Kirwan, *t. II*, *p.* 58. Vulgairement *crayon noir*.

Caract. essent. Tachant le papier en gris métallique plombé.
N'électrisant point la cire d'Espagne par le frottement.

Caractère phys. Pesanteur spécif., 2,0891....2,2456.

Dureté. Facile à gratter avec un couteau.

Electricité. Il en a une très-sensible par communication. Passé
avec frottement sur la résine ou sur la cire d'Espagne, jusqu'à

⸺⸺⸺⸺⸺

(1) Opusc. physica et chimica, t. II, p. 412.

(2) Sciagraphia regni miner., p. 101, art. 149. C'est par inadvertance que
ce passage se trouve rendu dans les deux éditions françaises du même ouvrage,
ainsi qu'il suit : « On ne peut plus à présent douter de la minéralisation de
l'or »; 1re. édit. par Mongez, p. 181 ; 2e. édit. par Lametherie, t. II, p. 49.

(3) Voyez les essais de minéralogie du Cit. Macquart, p. 85 et suiv.

y laisser son empreinte métallique , il ne lui communique aucune électricité.

Couleur ; le gris-sombre avec le brillant métallique.

Tachure. Il laisse sur le papier, ou sur un corps blanc quelconque, des traces de sa propre couleur.

Impression sur le tact. Surface grasse et onctueuse.

Caract. chim. Volatile au chalumeau, à l'aide d'un feu soutenu.

Analyse par les Citoyens Bertholet, Monge et Vandermonde.

Carbone.................................... 90,9.

Fer....................................... 9,1.

$$\overline{}$$

100,0.

Caractères distinctifs. 1°. Entre le fer carburé et le molybdène sulfuré. Celui-ci, passé avec frottement sur de la porcelaine ou de la faïence, y forme des traits verdâtres, au lieu que ceux du fer carburé conservent la couleur propre à ce minéral. Le molybdène sulfuré communique à la résine ou à la cire d'Espagne , l'électricité vitrée au moyen du frottement, tandis que le fer carburé ne lui en communique aucune. 2°. Entre le même et le schiste connu sous le nom de *crayon noir.* Les traits formés par celui-ci sont d'un noir décidé ; ceux que forme l'autre ont un reflet métallique.

Il est facile de distinguer le fer carburé des substances stéatiteuses avec lesquelles on l'a confondu, en ce que celles - ci ne tachent point le papier.

V A R I É T É S.

1. Fer carburé *lamelliforme.* En petites lames d'un blanc d'étain, qui paroissent tendre vers la figure de l'hexagone régulier.

2. Fer carburé *granuleux.* D'un gris de plomb.

1. Les mines de fer carburé ou de plombagine situées en Angleterre, dans le duché de Cumberland, sont les plus estimées
pour la finesse du grain et le brillant de la surface. On trouve
aussi de cette substance en plusieurs endroits de l'Allemagne, et
en Espagne, près de Casalla et de Ronda. Mais cette plombagine d'Espagne a très-peu de valeur, parce qu'elle est mélangée
de pyrites qui tombent en efflorescence. On a trouvé de la plombagine en quelques endroits de la France, mais comme par échantillons, qui annoucent seulement que ce précieux minéral n'est
pas étranger à notre sol. Assez ordinairement la plombagine est
engagée dans des couches argileuses, sous la forme de nœuds
ou de rognons ; c'est probablement par cette raison que les
anciens la désignoient sous le nom de *glebæ plumbariæ*.

Le fer carburé lamelliforme se trouve près d'Arendal en Norwège, sur un quartz amorphe. Les morceaux de cette rare variété,
qui sont dans ma collection, m'ont été envoyés par M. Abildgaard.
Il seroit extrêmement difficile de les distinguer du molybdène sulfuré, sans le secours des caractères physiques et chimiques.

2. La substance dont il s'agit ici peut être citée comme un
exemple remarquable, parmi celles qui ont, pour ainsi dire,
long-temps erré dans les divisions de la méthode, avant d'être
fixées à leur véritable place. Sans parler de l'ancienne opinion,
qui en faisoit une mine de plomb, elle a été associée successivement au zinc, au mica, au talc et au fer. On la confondoit
de plus, par une double méprise, avec le molybdène sulfuré.
Schéele qui, le premier, l'en a distinguée, la regardoit comme
composée d'air fixe uni à une certaine quantité de phlogistique,
et pensoit que le fer n'y existoit qu'accidentellement. Les Citoyens
Vandermonde, Bertholet et Monge, dans leur excellent mémoire
sur le fer (1), ont fait voir, par l'analyse et par la synthèse, que

____

(1) Mém. de l'Acad. des Sc., 1786, p. 132 et suiv.

la plombagine n'étoit autre chose que du charbon intimement combiné avec une petite quantité de fer, dans le rapport d'environ 10 à 1. L'oxygène, dont l'union avec le charbon avoit donné de l'air fixe, dans les expériences de Schéele, s'étoit dégagé des oxydes métalliques, de l'acide arsenique et du nitre qu'il avoit employés. Cette manière d'énoncer les résultats n'est, comme l'on voit, qu'une expression plus exacte de ceux de Schéele, dans laquelle le mot de *phlogistique* se trouve supprimé.

3. Nous avons dit, en parlant du caractère tiré de l'électricité, pour la distinction entre le fer carburé et le molybdène sulfuré, que le premier ne communiquoit aucune électricité à la résine ou à la cire d'Espagne. Ceci suppose qu'il marque en même temps l'une ou l'autre de son empreinte métallique ; car il est possible de parvenir à électriser ces deux substances, au moyen de la plombagine, en faisant glisser cette dernière si légérement sur la surface de la résine ou de la cire, qu'elle n'y laisse aucune trace de son passage, et fasse en quelque sorte l'office de la main ou de quelqu'autre frottoir. La résine ou la cire, dans ce cas, acquerra l'électricité résineuse, à l'ordinaire ; mais cette différence ne pourra occasionner aucune équivoque, parce que l'œil est averti d'avance de l'effet qui va avoir lieu, suivant que le corps frotté conserve sa couleur naturelle, ou se couvre d'un enduit étranger. On réussira toujours à faire ressortir la distinction entre les deux substances, en ne ménageant pas le frottement. Dans les autres circonstances, ce sont les soins et les attentions qui dirigent l'expérience vers son but. Il suffit, dans le cas présent, de n'y mettre aucune précaution particulière.

4. Les crayons de plombagine sont connus de tout le monde. Pour les fabriquer, on scie le minéral en tablettes très-minces, que l'on fait entrer par un bord dans une entaille pratiquée à un demi-cylindre de bois, puis on coupe la tablette à rase de cette entaille. On a une seconde moitié de cylindre, qui s'ajuste tellement à la première, qu'elles puissent glisser l'une dans l'autre,

au moyen d'une rainure, et que l'on ait la liberté de faire sortir de cette rainure la pointe du crayon, lorsque l'on veut dessiner, et de l'y faire rentrer ensuite pour la garantir. Dans les crayons d'un moindre prix, les deux moitiés de cylindre sont collées l'une sur l'autre.

La poudre produite par la taille des crayons, est employée à faire d'autres crayons d'une qualité inférieure, auxquels on donne de la consistance, en mélant la poudre avec une pâte de gomme, ou avec du soufre que l'on fait fondre. On reconnoît les premiers à l'action de l'eau qui dissout leur gluten, et les autres à celle du feu qui brûle leur soufre.

Le fer carburé sert pour préserver de la rouille les poêles et autres ouvrages de fer métallique. On s'est servi aussi avec avantage de sa poussière mêlée avec de la graisse, pour adoucir le frottement des pièces de métal qui entrent dans la construction des machines à rouage ou de toute autre espèce. La même poussière, pétrie avec l'argile, forme d'excellens creusets, que l'on fabrique à Passaw en Allemagne.

———

VIe. E S P È C E.

F E R   O X Y D É.

Caractère essentiel. Réductible en poussière d'un rouge-sombre ou d'une couleur jaunâtre. Acquérant, par le chalumeau, le magnétisme polaire.

Caract. phys. Pesant. spécifique. Elle varie entre des limites assez étendues, à peu près depuis 3 jusqu'à 5.

Couleur ; le rouge ordinairement sombre, le brun ou le jaune, et quelquefois le gris tirant sur le métallique.

Magnétisme ; rarement sensible.

Poussière ; rougeâtre ou jaunâtre.

Caract. chim. Exposé au chalumeau, il acquiert le magnétisme polaire.

Caract.

Caract. dist. 1°. Entre le fer oxydé rouge et le mercure sulfuré amorphe. Celui-ci est volatile au chalumeau ; l'autre y persiste et acquiert des pôles. 2°. Entre le fer oxydé hématite d'un brun noirâtre, et le manganèse brun concrétionné. Celui-ci n'a point à l'intérieur un tissu fibreux, comme l'autre ; il est sensiblement plus léger ; il tache souvent le papier en noir, au moyen du frottement, ce que ne fait pas le fer oxydé ; sa poussière n'a pas une teinte de rouge comme celle du fer oxydé.

VARIÉTÉS.

1. Fer oxydé *hématite*. Ferrum ochraceum mineralisatum, etc., *Waller.*, *t. II*, *p.* 244 *et suiv.* ; spec. 330 et 331. Hématite, *de Born*, *t. II*, *p.* 287. *XI. F. c. b.* 1. Hématite ou terre martiale en stalactites, *de Lisle*, *t. III*, *p.* 279. Mine de chaux de fer en hématite, Sciagr., *t. II*, *p.* 163. Rother et brauner glas-kopt, *Emmerling*, *t. II*, *p.* 313 *et* 323. Hématite, *Daubenton*, *tabl.*, *p.* 46. Brown hæmatites, *Kirwan*, *t. II*, *p.* 163. Red hæmatites, *ibid.*, *p.* 168.

Formes concrétionnées. Tissu ordinairement fibreux ; surface d'un rouge-sombre ou d'un brun-noirâtre, acquérant aux endroits limés, un éclat d'un gris métallique, et quelquefois tirant naturellement sur cet éclat. Poussière d'un rouge-sombre. Quelques morceaux se divisent par la percussion en fragmens semblables à ceux du bois qui s'éclate.

a. Cylindrique. En cylindres ordinairement réunis plusieurs ensemble sur un même rang.

b. Mameloné.

ACCIDENS DE LUMIÈRE.

1. Fer oxydé hématite *irisé*. Cet accident a lieu surtout par rapport aux morceaux d'une couleur brune.

2. Fer oxydé *rouge*. Surface et poussière rouge, n'acquérant point l'éclat métallique aux endroits limés.

TOME IV. K

a. Lamelliforme. En petites lames translucides, d'un rouge vif, réunies sous la forme de petites masses globuleuses. Cette variété, dont je dois la connoissance et un échantillon très-caractérisé au Cit. Lucas fils, se trouve en Suède, où elle garnit les cavités d'un fer oxydé hématite.

b. Luisant. Ferrum ochraceum mineralisatum, rubrum, minerâ squamosâ, molli, inquinante, etc., *Waller.*, *t. II, p.* 248. Hématite friable, en paillettes, ou à petits points brillans, *de Lisle, t. III, p.* 281. Mine de fer micacée rougeâtre, Sciagr., *t. II, p.* 163. Rother-eisenram, *Emmerling, t. II, p.* 309. Fer micacé rouge, *Daubenton, tabl., p.* 46. Red scaly iron ore, *Kirwan, t. II, p.* 172.

En masses d'un rouge ordinairement sombre, ayant un aspect luisant, onctueuses au toucher, laissant sur le doigt un enduit gras de leur couleur. Cette sous-variété paroît provenir d'une altération du fer oligiste écailleux, dont elle est quelquefois entre-mêlée.

c. Grossier. Hæmatites ruber solidus, *Waller.*, *t. II, p.* 246. Roth-eisenokker, *Emmerling, t. II, p.* 317. Red ochre, *Kirwan, t. II, p.* 171. En masses granuleuses d'un rouge terne. Cette sous-variété accompagne souvent le fer oligiste de Framont.

d. Bacillaire (fasciculé). Stanglicher thoneisen-stein, *Emmerling, t. II, p.* 340. Colomnar, or scapiform iron ore, *Kirwan, t. II, p.* 176. En baguettes cylindriques, souvent curvilignes, réunies par faisceaux, et faciles à séparer les unes des autres.

3. Fer oxydé *rubigineux*. Brun ou jaunâtre, n'offrant point l'aspect métallique aux endroits limés, qui prennent une teinte de jaune, même sur les morceaux naturellement bruns.

a. Géodique. Lithotomi cavitate latente, parietibus nudis, donati; ætitæ (martiales), *Waller., t. II, p.* 614. Ætites ou pierres d'aigle, *de Lisle, t. III, p.* 300. Fer limoneux, en masses sphéroïdales, etc. *De Born, t. II, p.* 283. Upland argillaceous iron ore nodular, *Kirwan, t. II, p.* 178. Eisenniere, *Emmerling, t. II, p.* 344. Fer en géodes, *Daubenton, tabl., p.* 46.

En géode d'une figure tantôt sphérique ou ovoïde, tantôt en partie curviligne et en partie plane, et quelquefois imitant un parallélipipède émoussé à l'endroit de ses arêtes. Couches concentriques jaunâtres, ordinairement entremêlées de couches brunes, et laissant vers le centre une cavité quelquefois vide, et plus souvent occupée par un noyau mobile ou une matière pulvérulente, que l'on entend résonner, lorsqu'on agite la géode.

b. Globuliforme. Minera ferri subaquosa globosa, globulis interdum minoribus, interdum majoribus, *Waller.*, *t. II*, *p.* 257. Mine de fer en grains, en pois, en féves, en amandes, en oolites, *de Lisle*, *t. III*, *p.* 300. Fer limoneux en globules, *de Born*, *t. II*, *p.* 231 *et* 232, XI. F. *b.* 1, 2, 3, 4. Pisiform, or granular iron ore, *Kirwan*, *t. II*, *p.* 178. Bohnerz, *Emmerling*, *t. II*, *p.* 347.

En *globules*, les uns solides et compactes, les autres comme feuilletés et composés de couches concentriques ; on en trouve depuis la grosseur d'un grain de navette, jusqu'à celle d'un pois et au-delà.

c. Massif. Minera ferri subaquosa, amorpha, *Waller.*, *t. II*, *p.* 256, *a* et *b*.

En masses brunes ou jaunâtres.

d. Pulvérulent.

e. Cloisonné. Fer limoneux cellulaire, en cellules polygones, *de Born*, *t. II*, *p.* 282. Formant des espèces de cloisons disposées par compartimens, qui paroissent provenir d'un dépôt ferrugineux dans les fissures polygones d'une matière argileuse desséchée.

Le fer oxydé rubigineux est quelquefois irisé à la surface comme les hématites.

ANNOTATIONS.

1. Le fer oxydé paroît devoir son origine à l'altération ou à la décomposition des autre mines de fer, et en particulier du fer sulfuré. L'oxyde qui en est résulté a été ensuite charié par les eaux, qui tantôt l'ont introduit, au moyen de l'infiltration,

dans des cavités, où il a produit des concrétions, et tantôt l'ont déposé en masses irrégulières ou sous une forme pulvérulente à la surface de différens terrains. C'est de toutes les substances métalliques celle qui est répandue le plus abondamment dans la nature.

2. Il n'est pas aisé de circonscrire cette espèce entre des limites nettes et précises. Elle tient de très-près au fer oligiste, par les concrétions auxquelles nous appliquons le nom de *fer oxydé hématite*. Ces corps renferment une certaine quantité de fer qui n'est que comme masquée, et qui se manifeste avec le brillant qui lui est propre, aux endroits où la lime a passé. D'une autre part, le fer oxydé rouge, c'est-à-dire, celui qui conserve constamment cette couleur, même après avoir été limé, est souvent mélangé d'argile et de matière calcaire, et alors il passe aux substances que l'on a désignées sous les noms d'*ocres* et de *bols*, et qui appartiennent à l'appendice dans lequel nous plaçons les corps que nous considérons comme des agrégats d'espèces. Nous avons pris ici pour limite le fer oxydé bacillaire, qui contient déjà une portion d'argile, mais que sa consistance et sa forme rapprochent des hématites. Quant au fer oxydé rubigineux, ainsi nommé à cause de son analogie avec la rouille qui se forme à la surface des instrumens du même métal, on en trouve aussi qui est voisin de l'état de pureté, particulièrement à la surface ou à côté de certaines hématites. Mais il est susceptible, ainsi que le fer oxydé rouge, de s'associer accidentellement des molécules argileuses et calcaires, et il en résulte des ocres jaunes ou brunes, qui cessent d'avoir le caractère d'une véritable espèce.

3. Les géodes ferrugineuses de cette même variété ont été nommées *Ætites* ou *pierres d'Aigle*, d'après l'opinion ridicule que les aigles en portoient dans leurs nids, pour faciliter la ponte. On a beaucoup vanté ces géodes comme remèdes ou comme préservatifs. Pline dit plus vrai qu'il ne pense, lorsqu'il assure qu'il n'y a que celles qui ont été retirées du nid d'un

aigle, qui aient de la vertu (1). Quelques auteurs ont cru que ces géodes étoient originairement des pyrites, qui n'avoient fait que changer d'organisation, par les altérations successives qu'avoient subies les différentes couches dont elles étoient formées. Mais le sentiment le plus général est que la matière pyriteuse a été remaniée par un liquide, qui a produit la géode, comme d'un second jet, en lui fournissant des couches qui se sont arrangées successivement autour d'un centre commun. Suivant cette hypothèse, les cavités qui existent dans l'intérieur de la géode, soit au centre même, soit entre le centre et les couches extérieures, lorsqu'il y a un noyau, sont l'effet d'un retrait occasionné par le desséchement.

4. L'oxyde de fer globuliforme se trouve en globules à peu près d'un égal diamètre dans un même terrain, mais dont la grosseur varie dans les différens lieux. Ils sont ou solitaires, ou engagés dans une terre ferrugineuse.

Cette sous-variété forme une grande partie des mines que l'on exploite pour les convertir en fer forgé. Le métal qui en provient renferme quelquefois une certaine quantité d'acide phosphorique, qui le rend aigre et cassant. C'est ce que l'on appelle *fer cassant à froid*. Bergmann attribuoit la fragilité de la fonte, dans ce cas, à un principe métallique, qu'il croyoit être d'une nature particulière, et qu'il appeloit *syderite*. Il est vraisemblable que l'acide dont nous venons de parler a été fourni par la terre qui accompagnoit le fer, et qui devoit cet acide à des débris d'animaux.

5. Le fer hématite d'une couleur rougeâtre, nommé *sanguine* ou *pierre à brunir*, sert à polir certains corps et en particulier les métaux. On choisit, pour cet effet, une hématite dure, très-chargée de molécules métalliques, et qui, par une suite du poli qu'on lui a fait prendre à elle-même, pour la mettre en état de servir, présente à sa surface une couleur d'acier.

(1) Hist. nat., l. X, c. 3.

6. Le magnétisme polaire qu'acquièrent les fragmens de fer oxydé, lorsqu'on les chauffe fortement, provient de ce qu'alors une partie de leurs molécules se réduisent, et de ce qu'en même temps la chaleur qui dilate ces fragmens, facilite l'action magnétique du globe, pour déplacer le fluide dans leur intérieur.

A P P E N D I C E.

FER OXYDÉ QUARTZIFÈRE.

Ferrum mineralisatum durissimum, particulis durissimis acerosis, triturâ fuscâ aut rubente; smiris, *Waller.*, *t. II*, *p.* 243. Emeril gris, *de Lisle*, *t. III*, *p.* 184. Emeril rouge, *id.*, *t. II*, *pag.* 167. Hématite silicée compacte cendrée, à cassure grenue; émeril, *de Born*, *t. II*, *p.* 286. Mine de fer pierreuse très-dure; émeril, Sciagr., *t. II*, *p.* 165. Schmirgel, *Emmerling*, *t. II*, *p.* 364. Fer mêlé avec le quartz; émeri, *Daubenton, tabl.*, *p.* 49. Emery, *Kirwan*, *t. II*, *p.* 286.

Caractère essentiel. Poussière susceptible de rayer tous les corps, excepté le diamant.

Caract. phys. Pesant. spécif., environ 4.

Dureté. Etincelant par le choc du briquet, au moins à quelques endroits. Entamant le verre. Susceptible, lorsqu'il est pulvérisé, d'user la télésie et les autres substances terreuses les plus dures.

Magnétisme. Certains morceaux agissent sur le barreau aimanté.

Electricité. Corps conducteur.

Cassure; à grain fin et serré.

Caractères distinctifs. L'émeril diffère par sa grande dureté, du silex jaspe, du fer oxydé hématite et de quelques autres substances, dont il se rapproche par son aspect.

VARIÉTÉS.

FORME.

Fer oxydé quartzifère *amorphe*.

Couleurs.

1. Fer oxydé quartzifère *rougeâtre*.
2. Fer oxydé quartzifère *noirâtre*.
3. Fer oxydé quartzifère *gris*.

ANNOTATIONS.

1. On trouve de l'émeril dans les îles de Jersey et Guernesey; en Espagne, aux environs d'Almaden; en Perse, du côté de Niris; en Suède, en Saxe, en Pologne, et dans l'île de Naxos, où il y a un cap, que l'on a nommé *le Cap Emeril*.

2. J'avois d'abord incliné à regarder l'émeril comme une espèce particulière de mine de fer, et cela d'après la réflexion faite par des savans distingués, que la manière d'être du quartz et du fer, dans cette substance, ne paroissoit pas se borner à un simple mélange; car alors la dureté de l'émeril devroit au plus égaler celle du quartz, au lieu de lui être très-supérieure. Il y a donc plutôt ici, disoit-on, une union intime, qui approche de la combinaison, et en vertu de laquelle les deux substances contractent une adhérence plus forte que celle qui naîtroit de la simple interposition des molécules de l'une entre celles de l'autre.

On a remarqué, ajoutoit-on, que quand le fer avoit été long-temps en contact avec le quartz, et que l'eau l'avoit délayé et converti en rouille, le quartz étoit comme corrodé par cette rouille, qui sembloit agir sur lui par affinité. Ce fait, qui peut donner une idée de la manière dont le fer s'unit au quartz pour produire l'émeril, semble appuyer l'opinion dont il s'agit.

Mais en examinant la chose avec plus d'attention, j'ai cru devoir appliquer encore ici le principe dont j'ai déjà fait usage dans plusieurs endroits de ce Traité, savoir : que l'union de deux substances peut bien avoir lieu, en vertu d'une certaine affinité entre elles, sans que l'on soit en droit de regarder le mixte qui en résulte comme une espèce proprement dite. Il faut pour cela quelque chose de plus qu'un changement dans la dureté ou dans quelqu'autre propriété de ces substances; il faut une nouvelle molécule intégrante. Or, peut-on assimiler l'union du fer avec des grains quartzeux à ces combinaisons que la cristallisation a marquées d'un caractère vraiment spécifique, surtout si l'on considère que cette union marche par une suite de nuances variables à l'infini, depuis certains grès ferrugineux, qui peuvent être considérés comme un émeril imparfait, jusqu'aux masses où l'adhérence entre l'une et l'autre substance est à son plus haut degré?

3. L'émeril n'est exploité nulle part comme mine de fer; mais sa grande dureté le fait rechercher comme une des substances les plus précieuses pour les arts. On le broie à l'aide de moulins d'acier, et on le réduit en une poussière dont les grains rudes et acérés seroient capables d'attaquer, par le frottement, tous les corps de la nature, si le diamant n'existoit pas.

L'émeril qui a été simplement broyé, renferme des particules de toutes les grosseurs. Or, il étoit intéressant de pouvoir trier, dans cet assemblage, des particules de plusieurs degrés de ténuité, assorties à différens usages. On y parvient à l'aide du moyen suivant. On met une certaine quantité d'émeril au fond d'un bocal que l'on remplit d'eau jusqu'aux deux tiers, et l'on agite le mélange. On laisse l'eau déposer pendant une demi-heure, et on la transvase doucement. Dans cet intervalle, il s'est précipité successivement des particules toujours plus déliées, en sorte que ce qui reste suspendu est composé de celles que l'eau n'a la faculté de retenir que pendant trente minutes, et de celles qui, plus déliées encore, sont susceptibles d'y être tenues

plus

plus long-temps en suspension. Mais parmi les particules qui
se sont précipitées, il doit s'en trouver d'aussi fines que celles
qui sont demeurées dans l'eau, parce qu'une masse déterminée
de liquide a, pour ainsi dire, un point de saturation, qui ne
lui permet de retenir, pendant un temps donné, qu'une certaine
quantité de particules de tel degré de ténuité, en sorte que
tout ce qui excède le point de saturation se précipite. Pour re-
prendre cet excédent, on verse de nouvelle eau, que l'on agite
de même avec l'émeril, et que l'on laisse déposer encore pendant trente minutes, puis on la transvase. On réitère cette opération, jusqu'à ce que l'eau reste claire au bout des trente
minutes, et alors on est certain qu'il ne se trouve plus dans la
masse du fond que des particules plus grossières que celles qui
sont dans les quantités d'eau transvasées.

On recommence, en ne laissant l'eau déposer successivement
que pendant 15 minutes, 8 minutes, 4 minutes, 2 minutes,
une minute et 30 secondes, et chaque opération se répète
plusieurs fois comme la première, pour retirer toutes les particules qui avoient dépassé le point de saturation.

Les premières quantités d'eau qui ont séjourné dans le bocal
pendant trente minutes sont jetées, comme renfermant des particules trop déliées. Mais on laisse déposer séparément les autres
quantités d'eau, après le transvasement, et l'émeril qui en provient se nomme émeril de 15 minutes, émeril de 8 minutes,
émeril de 4 minutes, etc., suivant le temps pendant lequel l'eau
dont il est retiré avoit séjourné d'abord dans le bocal.

4. L'émeril est employé dans le travail des instrumens d'acier,
dans celui des glaces coulées, des verres destinés pour l'optique,
dans la taille des gemmes et autres pierres, etc. Il sert à unir
les surfaces, à dresser celles dont tous les points doivent être
sur un même plan; il les prépare à recevoir le poli, à l'aide
de quelqu'autre poussière plus douce, comme celle du tripoli,
du rouge d'Angleterre, la potée d'étain, etc.

Observation sur la chaux carbonatée ferrifère, dite mine de fer spathique.

Cette substance, ainsi que je crois l'avoir prouvé (*t. II, p.* 128 *et suiv.*), n'est autre chose qu'une chaux carbonatée plus ou moins mélangée de fer et de manganèse, et qui, en partant du spath perlé (braun-spath des Allemands), dans lequel la quantité de métal est très-petite, arrive graduellement à l'état de mine de fer exploitable. C'est dans ce dernier état que nous la considérons ici, comme pouvant fournir une notice relative à l'histoire du métal dont il s'agit.

Les matières hétérogènes dont cette mine est mélangée, sont plutôt favorables que nuisibles à son traitement. La chaux qui entre naturellement dans sa composition sert à faciliter la fusion du métal. On sait que ce principe est ajouté, comme fondant, à d'autres mines de fer. A l'égard du manganèse, le Cit. Lapeyrouse en regarde l'existence, dans une certaine proportion, comme une circonstance avantageuse (1).

La bonté de cette mine la rend propre à être traitée, comme celle de l'île d'Elbe, par la méthode à la catalane, où l'on obtient le métal dans l'état malléable, à l'aide d'une seule fusion pâteuse. Elle fournit, en général, un fer d'excellente qualité, et qui a une si grande disposition à se convertir en acier, que souvent, en employant la méthode dont nous venons de parler, on trouve qu'une partie de la fonte a passé spontanément à cet état. C'est ce qui l'a fait appeler aussi *mine d'acier.*

---

(1) Traité sur les mines de fer et les forges du comté de Foix, p. 218.

VIIe. ESPÈCE.

FER AZURÉ.

Prussiate de fer natif des chimistes.

Ferrum solutum, alkali præcipitatum, et phlogisto injunctum, cæruleum; cæruleum Berolinense naturale, *Waller.*, *t. II*, *p.* 260. Ocre martiale bleue; bleu de Prusse natif, *de Lisle*, *t. III*, *p.* 295. Bleu de Prusse natif; prussiate de fer natif, *de Born*, *t. II*, *p.* 275. Fer en chaux, phlogistiqué d'une manière particulière; bleu de Prusse natif, Sciagr., *t. II*, *p.* 181. Blau-eisenerde, *Emmerling*, *t. II*, *p.* 359. Blue martial earth, *Kirwan*, *t. II*, *p.* 185. Fer en oxyde bleu, *Daubenton*, *tabl.*, *p.* 47.

Caractère essentiel. Poussière bleue, devenant noire dans l'huile.

Caract. phys. Couleur; le bleu pur, plus ou moins intense; l'action de l'huile le fait passer au noir.

Caract. chim. Exposé au chalumeau, il donne une scorie d'un brun-noirâtre, et devient attirable à l'aimant.

Avec le verre de borax, il prend une couleur brune, qui, par un feu prolongé, devient semblable à celle du verre de bouteille.

Caractères distinctifs, entre le fer azuré et le cuivre carbonaté bleu pulvérulent. Celui-ci conserve sa couleur dans l'huile; l'autre y noircit. Le cuivre carbonaté communique au verre de borax une belle couleur verte, et dans le même instant la couleur métallique cuivreuse, tandis que le fer azuré ne produit, dans le même cas, qu'une couleur d'un brun-noirâtre, qui passe au vert-sombre.

VARIÉTÉS.

Fer azuré *pulvérulent.*

A N N O T A T I O N S.

1. Le fer azuré se trouve sous la forme d'une poudre plus
ou moins fine, mêlée à l'argile, ou répandue à la surface de
la terre, ou disséminée dans la tourbe des marais. Il est ordinairement d'un bleu-pâle, lorsqu'on le dégage des matières qui
l'enveloppent. Mais le contact de l'air avive cette couleur, et la
change en un bleu plus ou moins intense.

2. On connoît, sous le nom de *bleu de Prusse* et de *bleu de
Berlin*, une composition artificielle, dont la découverte est due
à Diesbach. Cette composition, et le bleu d'outremer qui se retire
du lazulite (1), sont les deux matières des couleurs bleues employées le plus ordinairement par les peintres. Les opinions des
chimistes sur la nature du bleu de Prusse, ont été long-temps
partagées. Aujourd'hui, on s'accorde généralement à regarder
cette substance comme le résultat de la combinaison du fer avec
un acide animal, que l'on a appelé *acide prussique*; et parce
que la substance naturelle qui est l'objet de cet article, a quelques caractères communs avec le prussiate de fer artificiel, on
lui a donné le nom de *prussiate de fer natif.* Mais cette dénomination ne paroît être fondée sur aucune expérience décisive.
On seroit plutôt tenté de regarder le minéral dont il s'agit
comme un fer phosphaté, d'après l'analyse qu'en a faite le célèbre
Klaproth, qui en a retiré de l'acide phosphorique. Mais cet acide
n'y existoit qu'en très-petite quantité, et pouvoit n'être qu'un
principe accidentel, fourni par des matières animales mêlées à la
terre dans laquelle le minéral avoit été produit. En attendant
que l'on ait déterminé l'état particulier dans lequel le fer se trouve
ici, et les principes qui le minéralisent, j'ai cru devoir substituer au nom de *prussiate de fer*, qui dit beaucoup trop, eu
égard à nos connoissances actuelles, un nom qui, moins signifi-

____

(1) Voyez l'article relatif à ce minéral, t. III, p. 103.

catif, fut par-là même plus propre à désigner le sujet d'une question encore indécise.

3. Un des terrains les plus anciennement connus, d'où l'on retire du fer azuré, est celui qui avoisine la ville de Schnéeberg (1). Spingsfeld a décrit dans les Mémoires des curieux de la nature (2), une terre qui se trouve en Thuringe, dans un sol pyriteux, sous la forme de boules solitaires, et qui renferme du fer azuré, dont ce naturaliste attribue l'origine à la décomposition des pyrites globuleuses. Cette opinion semble être confirmée par une observation du Cit. Chaptal, au sujet d'un fer sulfuré en décomposition, qui présente la même substance adhérente à l'une de ses faces (3).

VIIIe. ESPÈCE.

FER SULFATÉ.

Sulfate de fer des chimistes.

Vitriolum ferri viride, nativum ; vitriolum ferri, *Waller.*, *t. II*, *p.* 22. Vitriol martial, *de Lisle*, *t. I*, *p.* 331. Vitriol de fer ; fer vitriolé ; sulfate de fer, *de Born*, *t. II*, *p.* 39. Fer vitriolé ; vitriol de fer ; vitriol vert, Sciagr., *t. I*, *p.* 130. Vitriol vert, *Daubenton*, *tabl.*, *p.* 28. Vitriol of iron, *Kirwan*, *t. II*, *p.* 20. Vulgairement, *couperose verte*.

Caractère essentiel. Une goutte de sa dissolution dans l'eau, mise sur l'écorce de chêne, y produit, en un instant, une tache noire.

Caract. phys. Couleur ; le vert clair. La variété fibreuse est ordinairement blanche.

Réfraction, double.

Saveur, très-astringente.

(1) Henckel, de l'Appropriation, appendice, N°. 459.
(2) An 1754.
(3) Élémens de chimie, t. II ; p. 308.

Caractères géom. Forme primitive. Rhomboïde aigu (*fig.* 168)
pl. LXXIX, dont les angles plans sont de 79^d 50′ et 100^d 10′.
Les joints naturels sont assez sensibles.

Molécule intégrante. *Id.* (1).

Caract. chim. Soluble dans une quantité d'eau froide double
de son poids. L'eau chaude en dissout davantage à proportion.

Les astringens végétaux, et en particulier la noix de galle, mêlés
à sa dissolution, en précipitent le fer sous une couleur noire.

Analyse par Bergmann.

```
Fer...................................... 23.
Acide sulfurique......................... 39.
Eau...................................... 38.
                                         ————
                                          100.
```

Caractères distinctifs, entre le fer sulfaté et les autres substances solubles. Il en diffère par sa couleur verte, lorsqu'il est
cristallisé ou en masse, et dans tous les cas par la propriété
qu'ont les astringens végétaux mêlés à sa dissolution, d'en précipiter le fer en noir. On peut faire aisément cette épreuve, en
mettant une goutte de sa dissolution sur un morceau de chêne,
surtout à l'endroit de l'écorce, après avoir enlevé l'épiderme.
On verra paroitre une tache noire au bout d'un instant.

V A R I É T É S.

F O R M E S.

Déterminables.

1. Fer sulfaté *primitif.* P (*fig.* 168). *De Lisle, t. I, p.* 331;
ibid., p. 332; var. 1. Incidence de P sur P, 81^d 23′; de P
sur P′, 98^d 37′. Angles plans. Angle du sommet, 79^d 50′; angle
latéral, 100^d 10′.

---

(1) La diagonale horizontale est à l'oblique, comme $\sqrt{7}$ à $\sqrt{10}$.

2. Fer sulfaté *basé.* $\overset{\text{P A}}{\underset{\text{P }n}{}}^{\text{\tiny ι}}$ (*fig.* 169) (1). Incidence de *n* sur P, 118^{d} 54'.

a. Octaèdre (*fig.* 170). Les faces P se trouvent réduites à de simples triangles, par une suite de l'accroissement qu'ont pris les faces terminales.

3. Fer sulfaté *unitaire.* $\overset{\text{P E}^{\text{ι ι}}\text{E}}{\underset{\text{P}\quad o}{}}$ (*fig.* 172). La forme primitive épointée aux angles latéraux. *De Lisle , t. I , p.* 333 ; var. 4. Incidence de *o* sur P, 123^{d} 24' ; de *o'* sur *o'*, 66^{d} 49' ; de *o* sur P', 135^{d} 40'.

4. Fer sulfaté *épointé.* $\overset{\text{P E}^{\text{ι ι}}\text{E A}}{\underset{\text{P}\quad o\quad n}{}}^{\text{\tiny ι}}$ (*fig.* 171). *De Lisle , t. I , p.* 332 , var. 2 ; *p.* 333 , var. 5 ; et *p.* 335 , var. 6.

5. Fer sulfaté *triunitaire.* $\overset{\text{P D E}^{\text{ι ι}}\text{E A}}{\underset{\text{P}\ s\ \ o\quad n}{}}^{\text{\tiny ι}}$ (*fig.* 173.) La variété précédente émarginée latéralement. *De Lisle , t. I , p.* 335 ; var. 7 et 8. Incidence de *s* sur P ou sur P', 139^{d} 18'.

6. Fer sulfaté *pantogène.* $\overset{\text{P D E}^{\text{ι ι}}\text{E B A}}{\underset{\text{P}\ s\ \ o\quad r\ n}{}}^{\text{\tiny ι ι}}$ (*fig.* 175). La variété précédente émarginée vers les sommets. *De Lisle , t. i , p.* 332 ; var. 3. Incidence de *r* sur P , 130^{d} 41'.

7. Fer sulfaté *équivalent.* $\overset{\text{P D E}^{\text{ι ι}}\text{E E}^{3}\,{}^{3}\text{E A}}{\underset{\text{P}\ s\quad o\qquad z\quad n}{}}^{\text{\tiny ι}}$ (*fig.* 174). La variété triunitaire émarginée aux bords supérieurs des facettes *o.* Incidence de *z* sur P , 153^{d} 10'.

---

(1) Les figures relatives à cette espèce étant en projection droite, les faces verticales se trouvent représentées par des lignes. On y a suppléé, en ajoutant les projections horizontales des mêmes faces.

Indéterminables.

8. Fer sulfaté *fibreux.* En filamens adhérens ou libres.
9. Fer sulfaté *amorphe.*
10. Fer sulfaté *farinacé.*

ACCIDENS DE LUMIÈRE.

Couleurs.

1. Fer sulfaté *vert-clair.* Les cristaux ou les masses informes.
2. Fer sulfaté *blanc.* Les variétés fibreuse et farinacée.

Transparence.

1. Fer sulfaté *transparent.*
2. Fer sulfaté *translucide.*

ANNOTATIONS.

1. Le fer sulfaté doit communément son origine à la décomposition spontanée du fer sulfuré. Il se dépose en forme de filamens, ou de poussière, et quelquefois en masse, dans les filons qui renferment de ce dernier minéral. On en trouve aussi dans les tourbes, dans les schistes argileux et même dans la houille, où il s'est formé par une semblable opération. Cette formation du fer sulfaté, que l'on a nommée *vitriolisation*, a lieu jusque dans les collections d'histoire naturelle, particulièrement à l'égard du fer sulfuré radié, ou de la pyrite globuleuse. Mais il faut pour cela que l'intérieur de cette substance soit à découvert. Au bout d'un certain temps, l'endroit de la fracture se couvre d'une efflorescence blanchâtre, produite par la réunion du fer qui s'est oxydé et de l'acide sulfurique dû au dégagement du soufre et à sa combinaison avec l'oxygène.

2. On profite de la facilité avec laquelle ces corps pyriteux se décomposent spontanément, pour les préparer à fournir le fer
sulfaté

sulfaté du commerce, en les laissant d'abord exposés à l'air. L'eau dont on a soin de les arroser entraîne avec elle le sel, que l'on fait ensuite cristalliser par l'évaporation.

3. Le fer sulfaté est d'un grand usage dans la teinture, pour la coloration en noir des étoffes et autres tissus, à l'aide de la propriété qu'ont les astringens végétaux de précipiter le fer des dissolutions de ce sel. Le principal astringent dont on se sert pour déterminer cette précipitation, est la noix de galle, espèce d'excroissance, produite sur un chêne du Levant, par la piqûre d'un insecte, qui donne lieu au suc de transuder et de s'accumuler en dehors, sous une forme plus ou moins arrondie (1). On emploie aussi, soit conjointement avec elle, soit séparément, la rapure de l'écorce de chêne, celle du bois de campêche, de sumac, etc.

4. La composition de l'encre s'opère par un moyen semblable. Les substances qui concourent à cette opération, sont le fer sulfaté, la noix de galle et la gomme arabique. Celle-ci facilite l'application de l'encre sur le papier, et l'empêche de couler. On ajoute quelquefois du sucre en poudre très-fine, pour rendre l'encre luisante.

Il faut concevoir, d'après la théorie de Newton, que les molécules ferrugineuses sont ici réduites à une extrême ténuité, comme le sont en général celles des corps noirs (2). C'est la conséquence que tire ce grand physicien, de ce que dans l'expérience des anneaux colorés (3), on voit une tache d'un noir foncé, à l'endroit

---

(1) Les insectes sont très-avides des feuilles et des chatons du chêne. Delà cette multitude de différentes espèces de galles que l'on trouve sur cet arbre, et dont plusieurs ressemblent à des fruits. Mais la meilleure encre est celle que l'on fait avec les galles apportées du Levant. En ouvrant une de ces excroissances, on y trouve ordinairement l'insecte qui l'a produite.

(2) Optice lucis, lib. II, pars 3, prop. 7, versus finem.

(3) Voyez l'article du quartz-agathe opalin.

TOME IV.   M

du contact des deux verres où la lame d'air intermédiaire est plus mince que par tout ailleurs. Newton remarque de plus, que les corps noirs ont souvent une nuance de bleu (1); et la raison en est que, dans la même expérience, le noir est voisin de la couleur bleuâtre, qui forme le premier anneau de la série, d'où il arrive qu'il doit réfléchir un plus grand nombre de rayons bleuâtres accessoires, que de toute autre couleur. Ce mélange de bleuâtre s'observe par rapport à l'encre elle-même, sur tout lorsqu'on y mêle de l'eau, ou qu'on l'étend sur le papier de manière à en affoiblir la teinte.

5. On a donné le nom de *pierre atramentaire* à une espèce de pierre d'une couleur variable, rougeâtre, jaune, grise ou noire, qui s'est imprégnée de fer sulfaté. Suivant Wallerius (2), celle qui est noire contient en même temps des matières végétales astringentes, en sorte qu'elle communique sa couleur à l'eau, et peut être regardée comme la matière d'une encre naturelle.

IXe. ESPÈCE.

FER CHROMATÉ.

Chromate de fer des chimistes.

Chromate de fer, *Bulletin des sciences, par la société philom.*, *vendémiaire, an 8, N°. 31, p.* 55; *ibid., brumaire, N°.* 32, *p.* 57.

Caract. essentiel. Infusible sans addition; fusible avec le borax, qu'il colore en beau vert.

Caract. phys. Pesant. spécif., 4,0326.

Dureté. Rayant le verre; fragile sous le marteau.

Magnétisme. Aucune action sensible sur le barreau aimanté.

Cassure, très-raboteuse.

Couleur; le brun-noirâtre, avec un léger brillant métallique.

---

(1) Optice lucis, *ibid.*
(2) Syst. miner., édit. 1758, p. 28.

Poussière ; d'un gris-cendré.

Structure. Des indices de lames sous un certain aspect, lorsqu'on fait mouvoir le corps à une vive lumière.

Caract. chim. Infusible sans addition ; fusible avec le borax, auquel il communique une belle couleur verte.

Analyse par Vauquelin.

Acide chromique........................... 43,0.
Oxyde de fer.............................. 34,7.
Alumine.................................. 20,3.
Silice.................................... 2,0.
                                         ———
                                         100,0.

Caract. distinct. 1°. Entre le fer chromaté et le zinc sulfuré noirâtre. Celui-ci ne raye pas le verre comme l'autre ; il a un tissu beaucoup plus sensiblement lamelleux ; il donne une odeur hépatique par l'acide sulfurique, et ne colore pas le borax en vert. 2°. Entre le même et le fer oxydé noirâtre. La poussière de celui-ci est jaunâtre ; celle du fer chromaté est d'un gris-cendré ; le fer oxydé se réduit, au moins en partie, et devient magnétique, par l'action du chalumeau, ce qui n'a pas lieu pour le fer chromaté. Il ne communique pas, comme ce dernier, une couleur verte au borax. 3°. Entre le même et l'urane oxydulé, dit *pech - blende*. La pesanteur de celui-ci est plus forte, dans le rapport au moins de 3 à 2 ; il ne colore pas en vert le borax, comme le fer chromaté.

V A R I É T É S.

Fer chromaté *amorphe*.

A N N O T A T I O N S.

Le fer chromaté a été trouvé par le Cit. Pontier, dans le département du Var, à la Bastide de la Carrade, près Gassin. Ce savant n'étant pas à portée de l'examiner chimiquement, l'avoit pris pour une variété de zinc sulfuré. La détermination des

M 2

véritables principes composans de ce nouveau minéral, sembloit appartenir de droit au chimiste, qui a dévoilé l'existence de l'acide chromique. Suivant son opinion, le fer chromaté seroit une combinaison triple de cet acide, d'oxyde de fer et d'alumine; ainsi il faudroit l'appeller *fer chromaté aluminé*. Mais cette dénomination seroit peut-être prématurée, parce que nous n'avons encore la substance dont il s'agit qu'en masses informes, dont l'aspect seul paroît annoncer qu'elle n'est point homogène, et ne peut par conséquent fournir le type d'une analyse.

Vᵉ. G E N R E.

É T A I N.

Stannum, Jupiter, *Waller.*, *t. II, p.* 316. Etain, *de Lisle, t. III, p.* 407. *Id.*, *de Born, t. II, p.* 233. Zinn des minéralogistes Allemands. Etain, Sciagr., *t. II, p.* 183. *Id.*, *Daubenton, tabl., p.* 42. Tin, *Kirwan, t. II, p.* 195.

Caractères de l'étain pur.

Caract. phys. Pesant. spécif., 7,2963. Moindre que celle des autres métaux ductiles.

Dureté. Supérieure seulement à celle du plomb.

Ductilité. *Id.*

Ténacité. *Id.*

Eclat. *Id.*

Fusibilité. Le plus fusible des métaux ductiles.

Couleur; tirant sur celle de l'argent, mais plus sombre.

Son. Plié en différens sens, il fait entendre un petit craquement, que l'on a nommé *le cri de l'étain.*

L'existence de l'étain natif, long-temps révoquée en doute par les naturalistes, avoit été admise comme certaine par Romé de Lisle (1), d'après un échantillon de ce métal trouvé dans les

____

(1) T. III, p. 407.

mines de Cornouaille en Angleterre. Suivant la description qu'il en donne, l'étain, loin de présenter aucunes traces de fusion, avoit l'apparence extérieure du molybdène ; il se brisoit si facilement, qu'au premier coup d'œil on l'auroit cru privé de la métalléité ; mais les molécules qu'on en détachoit, battues sur le tas d'acier, se rapprochoient et s'unissoient en petites lames blanches, brillantes et flexibles, qui ne différoient alors en rien de l'étain le plus pur.

On crut aussi, il y a quelques années, avoir découvert de l'étain natif en France, près de la commune des Pieux, dans le département de la Manche ; mais le Cit. Schreiber, inspecteur des mines, ayant examiné attentivement les morceaux et leur localité, a pensé qu'ils ne se trouvoient là qu'accidentellement ; ce qui a donné lieu à diverses conjectures sur la cause qui pouvoit les y avoir transportés (1). Ces morceaux étoient gercés et oxydés à la surface ; mais ils contenoient de l'étain pourvu du brillant métallique, dont une partie étoit très-malléable ; ils adhéroient à une substance blanche, lamelleuse et même cristallisée, que l'on a reconnue pour être du muriate d'étain ; ils avoient d'ailleurs beaucoup de ressemblance avec les échantillons qui se trouvoient ici dans différentes collections, sous le nom *d'étain natif ;* et ce pourroit être un sujet de douter que ces derniers fussent euxmêmes un produit immédiat de la nature.

Mongez avoit essayé inutilement de faire cristalliser la fonte de l'étain ; mais Lachenaye y a réussi, en faisant fondre le métal à plusieurs reprises. Il a obtenu, par ce moyen, selon le Citoyen Fourcroy, des cristaux saillans, chargés de petites aspérités, qui sont disposées par files longitudinales (2).

L'étain, avec des qualités fort inférieures à celles de l'argent, auquel il ressemble jusqu'à un certain point par sa couleur, dans l'état de pureté, est un métal vraiment précieux par la

____

(1) Journ. des mines, N°. 1, p. 37.
(2) Élém. d'hist. nat. et de chimie, t. III, p. 137.

diversité des usages auxquels il se prête. Sa surface n'est point
corrodée par l'action de l'air et de l'humidité, comme celle du
cuivre et du fer ; seulement elle perd son éclat, et se couvre
d'une légère pellicule d'oxyde. Cette résistance, que l'étain
oppose à des agens destructeurs, le rend propre à fournir la
matière d'une multitude de vases pour l'usage domestique dont
l'inconvénient réel est d'avoir une mollesse qui les rend sujets
à se déformer. On a cru long-temps ces vases dangereux, à
cause de l'arsenic dont l'étain est rarement exempt. Mais les
expériences faites avec beaucoup de soin par Bayen et Charlard,
ont démontré que la quantité d'arsenic unie à l'étain du commerce étoit si petite, que l'usage journalier des vases faits avec
ce dernier métal ne pouvoit causer aucune altération sensible
dans l'économie animale (1).

L'étain allié par la fusion avec les autres métaux, les rend
presque tous plus durs et plus sonores ; et ce qu'il y a en cela
de remarquable, c'est que plus les métaux auxquels on l'unit sont
ductiles par leur nature, et plus leur ductilité, toutes choses
égales d'ailleurs, est altérée par un mélange d'étain.

Le bronze ou l'airain des modernes est un alliage de cuivre
et d'étain, dans lequel il entre environ 20 ou 22 parties d'étain
sur 100.

On emploie l'étain, conjointement avec le plomb, pour la
soudure et pour l'étamage ordinaire. Les matières résineuses ou
grasses dont on a soin, dans ce cas, de saupoudrer ou d'enduire
la surface des vases que l'on veut étamer, sont destinées à opérer
la réduction des particules métalliques oxydées par l'effet de la
chaleur, c'est-à-dire, à les ramener de l'état pulvérulent où elles
refuseroient de s'unir avec la surface du vase, à l'état de liquidité
nécessaire pour mettre en jeu l'affinité qui produit la cohésion.

Le fer blanc n'est autre chose qu'un fer que l'on a étamé sur
ses deux faces, en le plongeant dans de l'étain fondu, avec la

____

(1) Recherches sur l'étain.

même précaution, pour opérer la réduction des molécules oxydées.

L'étain est susceptible d'être réduit en feuilles d'un assez grand degré de ténuité, et c'est dans cet état qu'on l'emploie pour l'étamage des glaces. Cette opération consiste, en général, à faire glisser la glace sur une couche de mercure qui recouvre exactement une feuille d'étain de même grandeur que cette glace, puis à charger celle-ci également avec des poids, dont la compression sert en même temps à faciliter l'adhérence de l'amalgame, et à exprimer le mercure excédent. La glace se trouve ainsi convertie en un véritable miroir métallique, inaccessible aux injures de l'air.

Les dissolutions d'étain par les acides sont d'un grand usage, dans l'art du teinturier, pour faire varier les nuances des couleurs dont l'application est l'objet de cet art (1). La dissolution qui a lieu par l'acide nitromuriatique, mêlée à la teinture de cochenille et autres semblables, les fait passer au rouge de feu, d'où résulte ce qu'on nomme *écarlate*.

L'oxyde d'étain, dont la calcination a été prolongée, forme une poudre blanche, dure et réfractaire, connue sous le nom de *potée d'étain*. Cette poudre, mêlée avec des matières vitrifiables, forme un émail, dont on se sert pour les couvertes de la faïence. On l'emploie aussi pour polir les pierres dures et les métaux.

* * *

PREMIÈRE ESPÈCE.

ÉTAIN OXYDÉ.

Stannum arsenico mineralisatum, etc., *Waller.*, *t. II*, *p.* 319 et suiv.; spec. 379, 380, 381 et 383. Cristaux d'étain en modi-

---

(1) Élémens de l'art de la teinture, par Bertholet, t. II, p. 128, 129, 178, 193, etc.

fications d'octaèdre à plans triangulaires isocèles, *de Lisle*, *t. III*, *p.* 416. Etain vitreux ; mine d'étain vitreuse, *de Born*, *t. II*, *p.* 238. Zinnstein, *Emmerling*, *t. II*, *p.* 421. Mine d'étain commune, Sciagr., *t. II, p.* 188. Etain minéralisé par l'air pur et la matière de la chaleur; cristaux d'étain, *ibid.*, *p.* 189. Etain brun ou noir, *Daubenton, tabl.*, *p.* 43. Common tin stone, *Kirwan*, *t. II*, *p.* 197.

Caractère essentiel. Etincelant par le choc du briquet. Aspect non métallique. Formes dérivées du cube.

Caract. phys. Pesant. spécif., 6,9009 . . . . . 6,9348.

Dureté. Etincelant par le choc du briquet.

Poussière ; d'un gris sombre ou cendré.

Electricité. Les morceaux colorés mis en communication avec un conducteur électrisé, donnent de vives étincelles à l'approche du doigt ou d'un excitateur.

Cassure, raboteuse.

Caract. géom. Forme primitive. Le cube (*fig.* 176) *pl. LXXIX*, dont deux faces opposées font la fonction de bases. Les joints naturels que j'ai cru apercevoir parallélement aux faces de ce solide, n'étoient pas assez nets, pour qu'il ne restât aucune équivoque à cet égard. Il m'a paru qu'il y en avoit d'autres situés parallélement à deux plans qui passeroient par les diagonales des bases.

Molécule intégrante. Prisme triangulaire rectangle isocèle.

Caractère chim. Traité par le chalumeau, il se réduit en globule métallique, mais difficilement.

Caractères distinctifs. 1°. Entre l'étain oxydé noirâtre et le schéelin ferruginé, vulgairement *wolfram.* Celui-ci n'étincelle pas comme l'autre, par le choc du briquet. L'étain résiste beaucoup plus à la lime, et sa poussière, qui est d'un blanc-grisâtre, passée avec frottement sur le papier, n'y laisse point de traces bien sensibles, au lieu que celle du wolfram, laquelle est brune, y forme des taches de cette même couleur. 2°. Entre l'étain oxydé rougeâtre ou jaunâtre et le zinc sulfuré. Celui-ci n'étincelle

celle pas comme l'étain sous le briquet; il se divise facilement
en lames, à l'aide du couteau, au lieu que l'étain n'est divisible que par une percussion assez forte. Le zinc sulfuré n'est
point conducteur de l'électricité, comme l'étain. 3°. Entre l'étain
oxydé blanchâtre et le schéelin calcaire. Celui-ci, outre les
divisions parallèles aux faces d'un cube, en admet d'autres dans
le sens des faces d'un octaèdre régulier, ce qui n'a pas lieu
pour l'étain oxydé. La poussière du schéelin jaunit dans les
acides; celle de l'étain y conserve sa couleur. Dans les pyramides du schéelin, l'incidence de deux faces, prise sur un même
sommet et des deux côtés opposés, est de 70ᵈ 32', comme
dans l'octaèdre régulier; elle est de 90ᵈ dans les pyramides de
l'étain, et c'est l'angle plan au sommet qui a pour mesure
70ᵈ 32'.

V A R I É T É S.

F O R M E S.

Déterminables.

Plusieurs des variétés qui vont être décrites, n'ont été observées jusqu'ici que sur des groupes provenant de la réunion en
sens contraire des deux moitiés d'un même cristal, que nous
avons supposées remises à leur place. Et comme l'accident dont
il s'agit est très-commun dans les mines d'étain, nous en avons
fait une variété à part sous le nom d'*étain oxydé hémitrope*. Nous
indiquerons les formes dérivées de cette hémitropie, et celles
qui existent sans aucun renversement.

1. Etain oxydé *pyramidé.* $\frac{M \overset{\text{ı}}{B}}{M \, s}$ (*fig.* 177). *De Lisle, t. III,*
p. 416; var. 3. Incidence de M sur M, 90ᵈ; de *s* sur *s*, 120ᵈ;
de *s* sur M, 135ᵈ. Angles plans du triangle *s*; angle du sommet, 70ᵈ 31' 44"; angles sur la base, 54ᵈ 44' 8".

Cette variété se trouve quelquefois en cristaux simples, mais
le plus souvent en cristaux *hémitropes*.

3. Etain oxydé *dioctaèdre.* $\overset{}{\underset{M}{M}}\overset{}{\underset{l}{{}^{\text{\tiny 1}}G^{\text{\tiny 1}}}}\overset{\text{\tiny 1}}{\underset{s}{B}}$ (*fig.* 178). La variété précédente émarginée longitudinalement. *De Lisle, t. III ,p.* 419; var. 4. Incidence de l sur M, 135$^\text{d}$.

Dérivé des cristaux hémitropes.

3. Etain oxydé *équivalent.* $\underset{M}{M}\,\underset{l}{{}^{\text{\tiny 1}}G^{\text{\tiny 1}}}\,\overset{\text{\tiny 1}}{\underset{s}{B}}\,\overset{\text{\tiny 2}}{\underset{o}{A}}$ (*fig.* 180)*pl. LXXX.* La variété précédente émarginée obliquement. *De Lisle , t. III, p.* 420 ; var. 5. Incidence de o sur s, 150$^\text{d}$; de o sur l, 125$^\text{d}$ 15′ 52″.

Dérivé des cristaux hémitropes.

4. Etain oxydé *dodécaèdre.* $\underset{M}{M}\,\overset{\text{\tiny 2}}{\underset{o}{A}}$ (*fig.* 179). Incidence de o sur o, 131$^\text{d}$ 48′ 36″.

Observé en cristaux simples.

5. Etain oxydé *soustractif.* $\underset{M}{M}\,\underset{l}{{}^{\text{\tiny 1}}G^{\text{\tiny 1}}}\,\underset{r}{{}^{\text{\tiny 3}}G^{\text{\tiny 3}}}\,\overset{\text{\tiny 1}}{\underset{s}{B}}\,\overset{\text{\tiny 2}}{\underset{o}{A}}$ (*fig.* 181). La variété équivalente à facettes longitudinales ternées. Incidence de r sur l, 153$^\text{d}$ 26′ 6″ ; de r sur M, 161$^\text{d}$ 33′ 54″.

Dérivé des cristaux hémitropes.

6. Etain oxydé *annulaire.* $\underset{M}{M}\,\underset{l}{{}^{\text{\tiny 1}}G^{\text{\tiny 1}}}\,\overset{\text{\tiny 2}}{\underset{o}{A}}\,\overset{\text{\tiny 1}}{\underset{s}{B}}\,\underset{P}{P}$ (*fig.* 182). Incidence de i sur l, 90$^\text{d}$.

Dérivé des cristaux hémitropes.

7. Etain oxydé *opposite.* $\underset{M}{M}\left(\underset{z}{\overset{\frac{\text{\tiny 1}}{\text{\tiny 3}}}{A}}\,B^{\text{\tiny 1}}\,B^{\text{\tiny 5}}\right)\overset{\text{\tiny 1}}{\underset{s}{B}}$ (*fig.* 183). La variété pyramidée augmentée de part et d'autre de huit facettes obliques inférieures. Incidence de z sur z, 116$^\text{d}$ 21′ 36″; de z sur z', 158$^\text{d}$ 30′ 46″ ; de z sur M, 158$^\text{d}$ 45′ 27″ (1).

Observé en cristaux simples.

---

(1) Les cristaux de cette variété et des deux suivantes que j'ai eus entre les mains, n'étoient pas assez prononcés pour permettre de mesurer les incidences des faces z, z, avec une entière précision.

8. Etain oxydé *récurrent.* $\dfrac{M}{M}\left(\overset{\frac{-2}{3}}{A}\ B^1\ \underset{z}{B^5}\right)\overset{2}{\underset{o}{A}}$ (*fig.* 184). La variété dodécaèdre augmentée de part et d'autre de huit facettes obliques inférieures. *De Lisle, t. III, p.* 424 ; var. 9.

En cristaux simples.

9. Etain oxydé *distique.* $\dfrac{M}{M}\left(\overset{\frac{1}{3}}{A}\ B^1\ \underset{z}{B^5}\right)\overset{1}{\underset{s}{B}}\overset{4}{\underset{o}{A}}$ (*fig.* 185). La variété opposite émarginée supérieurement. *De Lisle, t. III, p.* 422 *et suiv.* ; var. 7 et 8.

En cristaux simples.

10. Etain oxydé *hémitrope,* vu de côté (*fig.* 188).

Parmi les variétés composées de deux moitiés de cristaux réunies en sens contraire, il n'en est peut-être aucune, où il fut plus difficile de déterminer le sens dans lequel il falloit supposer, par la pensée, que le cristal générateur eût été coupé, pour qu'une de ses moitiés fût censée avoir ainsi tourné sur l'autre, à cause de la position singulière de cette coupe. Nous devons au Cit. Lhermina la solution de ce problème intéressant, inutilement tentée par Romé de Lisle (1).

Pour bien concevoir le jeu de cristallisation d'où dépend cette hémitropie, soit H h (*fig.* 186) un cristal semblable à celui de la variété pyramidée (*fig.* 177). Supposons un plan C D E l E' D', qui, en partant du point l, coupe le cristal parallélement ou à peu près aux arêtes hk, HK, et qui soit en même temps perpendiculaire au plan de l'hexagone HKLhkl (2). Imaginons de plus que l'une des moitiés détachées par le plan coupant dont il s'agit, la moitié supérieure, par exemple, étant immobile, l'autre moitié

---

(1) Voyez la Cristallographie de ce savant, t. III, p. 592, table des auteurs, au mot *Lhermina.*

(2) Cet hexagone est représenté séparement (*fig.* 187), avec la section cl du plan dont nous venons de parler.

ait fait une demi-révolution sur elle - même, en restant appliquée à la première. L'assemblage des deux moitiés s'offrira alors sous l'aspect représenté fig. 188, où l'on voit que les résidus s'', s'', etc., des faces pLh, $p'Lh$, PlH, $P'lH$ (*fig.* 186), forment une espèce de pyramide creuse quadrangulaire. Plus la hauteur KL (*fig.* 186) du prisme compris entre les deux pyramides du cristal générateur approchera de l'égalité avec le côté PK de la base, moins la cavité s'' s'' (*fig.* 188), sera sensible, ou réciproquement; et si l'on suppose KL (*fig.* 186) égale à PK, le prisme étant alors un cube qui représente la vraie forme primitive, la section faite dans le cristal passera par les extrémités L, l des arêtes longitudinales KL, kl, et dans ce cas la cavité s'', s'' (*fig.* 188) deviendra nulle, comme cela a lieu dans plusieurs cristaux de cette variété.

Nous avons ramené le cristal générateur à la plus grande simplicité possible, en le supposant semblable à celui de la fig. 177. Mais le plus souvent sa forme est modifiée par des facettes additionnelles, qui interceptent les arêtes n, n', (*fig.* 188), ce qui nous a fourni les variétés indiquées par les figures 178, 180 et 181.

Dans le cas où la cavité s'' s'' est nulle, et où il y a des facettes à la place des arêtes n, n', on conçoit qu'il doit se trouver un angle saillant à la jonction des mêmes facettes. Le Cit. Gillet a dans sa collection des groupes où ces facettes prennent une telle étendue aux dépens des faces M M', qu'elles deviennent dominantes; et comme elles sont aussi perpendiculaires entre elles, le groupe présente alors l'aspect de deux moitiés de cube, dont la jonction se feroit sur un plan qui passeroit par l'arête B (*fig.* 176), et par celle qui lui correspond diagonalement.

Assez souvent l'hémitropie se répète à plusieurs endroits du même groupe. Dans le cas le plus ordinaire, les insertions des différentes moitiés de cristaux se font à l'entour du plan H K L $h\,k\,l$, (*fig.* 186), en sorte qu'en faisant faire une révolution au groupe, sur un axe qui passeroit par le centre de ce plan, on voit reparoître, à plusieurs reprises, la pyramide creuse quadrangulaire. Mais dans le cas de la modification dont nous avons parlé en dernier lieu, où les faces qui interceptent les arêtes n, n' sont dominantes, les nouvelles insertions se font latéralement, et quelquefois les parties opposées à ces insertions étant à découvert, présentent un des sommets de la variété annulaire (*fig.* 182).

Nous avons dit que le plan coupant C D E l E' D' (*fig.* 186), étoit parallèle ou *à peu près* aux arêtes hk, HK. Si le parallélisme étoit rigoureux, l'angle formé par les arêtes n, n' qui interceptent les arêtes x, x' (*fig.* 188), ou par les facettes qui les remplacent, scroit exactement de 109^d 28' 16", et l'incidence de M sur M' seroit de 131^d 48' 36". Et parce que, dans tous les groupemens de ce genre, la face de jonction est toujours située, par rapport à chaque moitié de cristal, comme une facette qui résulteroit d'une loi de décroissement, on auroit ici $\overset{2}{A}$ pour la loi dont il s'agit; ce que l'on concevra facilement, en considérant que le plan C D E l E' D' qui réunit les deux moitiés de cristal seroit situé parallélement à la facette o (*fig.* 180), laquelle est produite par un semblable décroissement. Or, j'ai bien rencontré quelques groupes sur lesquels l'angle formé par les arêtes n, n' (*fig.* 188), étoit à peu près de $109^d\frac{1}{2}$; mais, dans beaucoup d'autres, cet angle, qui d'ailleurs étoit très-net, avoit pour mesure environ 113^d, et l'incidence de M sur M' approchoit de 134^d. La quantité, dont le premier angle diffère de $109^d\frac{1}{2}$, n'étant que de $5^d\frac{1}{2}$, et devant être divisée par 2, pour donner la différence entre la loi $\overset{2}{A}$ et celle qui a lieu pour l'angle de 113^d, il est visible que cette dernière loi doit-être très-composée. J'ai trouvé qu'en la supposant représentée par $\overset{\frac{3\,2}{1\,5}}{A}$, on avoit 112^d 55' 4" pour l'incidence de l'arête n sur l'arête n', et 134^d 0' 14" pour celle de M sur M', conformément à l'observation ; sur quoi l'on peut remarquer que la loi $\overset{\frac{3\,2}{1\,5}}{A}$ ne diffère de la loi $\overset{2}{A}$, qui équivaut à $\overset{\frac{6\,2}{1\,6}}{A}$, que d'une unité dans le dénominateur de l'exposant.

Ainsi la loi Å est comme la limite qui donne la coupe la plus simple du cristal générateur; et le résultat qui conduit aux angles de 113^d et de 134^d, doit être regardé comme l'effet d'une légère déviation, laquelle est cependant elle - même soumise à une loi. Au reste, si ces sortes de décroissemens intermédiaires très-composés sont rares dans les hémitropies proprement dites, j'ai observé qu'ils avoient souvent lieu relativement aux faces de jonction, dans les groupes de cristaux qui paroissent se pénétrer mutuellement, et qui par là ont un certain rapport avec les hémitropies.

Observ. Je n'ai point parlé de la sixième variété de Romé de Lisle, *t. III, p.* 6, que ce savant compare à celle que nous avons représentée fig. 180, en supprimant les facettes *l, l*, et en supposant que chacune des facettes *s, s,* soit remplacée par deux autres; en sorte que le sommet a sa surface composée de huit triangles scalènes et de quatre hexagones alongés. Il ajoute que quelquefois le sommet a une troncature perpendiculaire à l'axe. On voit effectivement dans la collection de ce savant, acquise par le Cit. Gillet, des cristaux de l'une et l'autre forme, mais sur lesquels les triangles scalènes des sommets sont trop peu prononcés pour qu'il soit possible d'en mesurer les incidences respectives.

Indéterminables.

11. Etain oxydé *concrétionné.* Minera stanni striata, *Waller.*, *t. II, p.* 322. Etain limoneux, *de Born, t. II, p.* 248. Kornisches zinnerz, *Emmerling, t. II, p.* 427. Mine d'étain mamelonée ou en stalactites, *de Lisle, t. III, p.* 428. Mine d'étain œillée, *Daubenton, tabl., p.* 43. Fibrous tin stone, wood tin ore (étain de bois) *Kirwan, t. II, p.* 198. En petites masses arrondies, dans lesquelles on aperçoit quelquefois des couches concentriques et des stries qui s'étendent du centre à la circonférence. Certains morceaux ressemblent à la mine de fer nommée *hématite*; d'autres, qui sont veinés de gris et de brun, ont l'aspect du caillou

œillé : mais leur pesanteur seule les distingue suffisamment de ces deux substances.

12. Etain oxydé *amorphe*. En masses informes plus ou moins considérables.

13. Etain oxydé *granuliforme*. En grains adhérens à différentes pierres, ou libres et sous la forme d'un sable noirâtre.

ACCIDENS DE LUMIÈRE.

Couleurs.

1. Etain oxydé *blanchâtre*. C'est, à ce qu'il paroît, la véritable couleur de l'étain oxydé, en le supposant pur. Elle est rare dans les cristaux de cette mine.

2. Etain oxydé *rouge*.

3. Etain oxydé *jaunâtre*.

4. Etain oxydé *brun*.

5. Etain oxydé *noirâtre*.

Transparence.

1. Etain oxydé *translucide*. Les cristaux d'étain jouissent rarement de cette qualité dans toute leur masse. Elle n'est, le plus souvent, sensible que dans certaines parties et jusqu'à une certaine épaisseur.

2. Etain oxydé *opaque*.

ANNOTATIONS.

1. On trouve de l'étain oxydé en Angleterre, au pays de Cornouaille; à Altenberg, en Saxe; à Schlackenwald, en Bohême, etc. Sa gangue est tantôt le quartz, tantôt un granite, tantôt une lithomarge blanchâtre ou jaunâtre. Il est souvent accompagné de fer arsenical ou mispickel, et quelquefois de schéclin, soit ferruginé ou à l'état de wolfram, soit calcaire. Celui de Saxe est entremêlé de topazes opaques d'un blanc mat.

Les plus gros cristaux de cette espèce que j'aie vus, avoient environ quatre centimètres, ou dix-huit lignes d'épaisseur.

2. L'étain oxydé est une des substances minérales, dont la cristallisation soit le plus sujette à cet accident, que nous nommons *hémitropie*. L'espèce de cavité qui a souvent lieu à la jonction des deux moitiés de cristaux, offre à un œil tant soit peu exercé un bon indice pour reconnoître cette mine, et éviter de la confondre avec d'autres substances dont elle se rapproche par son aspect.

3. Il est assez remarquable que l'étain, qui, à l'état métallique, est un des métaux les plus légers, surpasse en pesanteur spécifique, lorsqu'il est à l'état d'oxyde, la plupart des autres substances de la même classe, soit simplement oxydées, soit composées d'oxyde avec un minéralisateur. Cette pesanteur de l'étain oxydé est telle, que sa différence avec celle de l'étain métallique n'est que d'environ $\frac{1}{10}$ en moins, tandis que d'autres métaux offrent, dans les cas analogues, des différences qui vont jusqu'à une moitié ou un tiers.

4. On connoît des cristaux d'étain blanchâtre, entièrement semblables, par leurs formes, à ceux qui présentent les autres couleurs, et il n'existe point d'autre étain blanc, du moins à en juger d'après l'état actuel de nos connoissances, que celui qui produit ces mêmes cristaux grisâtres, et qui se trouve aussi en masses irrégulières. Mais il ne sera pas inutile d'entrer, à ce sujet, dans quelques détails.

On a pris pour de l'étain blanc, tantôt des morceaux de baryte sulfatée, tantôt des cristaux de topaze d'un blanc mat (1), et tantôt des cristaux de la substance métallique, nommée vulgairement *tungstène* (schéelin calcaire de notre méthode), qui affectent, comme l'on sait, la forme de l'octaèdre régulier. Mais on a prétendu de plus, qu'il existoit de véritable étain blanc sous cette dernière forme; Romé de Lisle le dit d'une manière posi-

---

(1) Voyez l'article Topaze, t. II, p. 362.

tive-

tive dans son article sur l'étain (1) , et il y revient dans sa table des matières (2) , à l'occasion d'une note ajoutée à la traduction du mémoire de Schéele , sur la tungstène (3) , dans laquelle le traducteur , après avoir remarqué que les cristaux d'étain blanc, ou le zinn-spath des Allemands, n'étoient autre chose que la tungstène elle-même , prétend que c'étoit cette substance que l'on avoit annoncée comme rendant à l'analyse 64 livres d'étain par quintal. Romé de Lisle répond que les cristaux soumis à l'analyse étoient de vrais octaèdres d'étain blanc (4) , et garantit le fait, comme en ayant été lui-même témoin.

D'après cette assertion, on seroit bien tenté de croire qu'il existe en effet de l'étain blanc en octaèdres réguliers ; car c'est cette forme qui fait toute la difficulté. Ce n'est pas qu'elle ne soit absolument possible en vertu des lois de la cristallisation ; mais jusqu'ici elle n'a point été observée dans l'espèce de l'étain , et les faces triangulaires qui, sur certains cristaux, tendent à produire un octaèdre, abstraction faite du prisme intermédiaire , ont leur angle supérieur de 70^d $31'$ $44''$, tandis que cet angle n'est que de 60^d dans l'octaèdre régulier.

Pour concilier ici Romé de Lisle avec lui-même , il faut observer d'abord que ce célèbre naturaliste, à l'endroit où il parle de la tungstène (5) , sous le nom de *wolfram de couleur blanche, jaunâtre ou rougeâtre* , n'en cite aucune forme cristalline , et dit que cette substance se trouve en masses solides , lamelleuses ou grenues : il remarque , au même endroit, qu'on a long-temps confondu la tungstène avec la vraie mine d'étain blanche ; et il pourroit avoir raison, s'il n'entendoit par *mine d'étain blanche* ,

---

(1) Cristal. , t. III , p. 414.

(2) *Ibid.* , t. III , p. 559.

(3) Journ. de phys. , 1783 , p. 124 , note 2.

(4) Il ne dit pas ici que ces octaèdres fussent réguliers , mais il le suppose tacitement.

(5) Cristal , t. III , p. 264.

que l'étain oxydé, d'une couleur grisâtre, dont nous avons parlé. Mais il regardoit les cristaux octaèdres de tungstène comme de vrais cristaux d'étain, et tomboit lui-même dans une inadvertance semblable à celle qu'il relevoit, en rapprochant ces cristaux de l'étain oxydé gris (1), tandis que, d'une autre part, il les séparoit sans fondement de la tungstène en masses lamelleuses. C'étoient sans doute des morceaux de cet étain grisâtre, d'une forme indéterminée, qui avoient été soumis à l'analyse; et si Romé de Lisle parle ici de cristaux octaèdres, c'est par ce qu'il pensoit que la substance analysée étoit susceptible de cristalliser en octaèdres réguliers; il ne vouloit qu'appuyer davantage sur son assertion, et caractériser la substance d'une manière plus précise, en la désignant par son état le plus parfait.

5. J'ai supposé que les cristaux d'étain oxydé avoient pour forme primitive un cube dont deux faces faisoient la fonction de bases. Cette hypothèse ne paroît pas se concilier avec la théorie des autres substances qui ont un noyau cubique, et dont tous les cristaux résultent de décroissemens qui ont lieu de la même manière sur toutes les faces de ce noyau. Mais ayant mesuré avec soin les incidences des faces sur les cristaux d'étain, j'ai trouvé qu'elles s'accordoient sensiblement avec celles qui résultent des décroissemens rapportés au cube. Peut-être y a-t-il, entre les véritables incidences et celles-ci, une différence trop petite pour être appréciée à l'aide du gonyomètre, en sorte que la forme primitive ne seroit pas rigoureusement un cube. Peut-être aussi la hauteur du prisme est-elle plus petite que le côté de la base, dans un rapport commensurable, auquel cas les nom-

---

(1) Il cite, à l'article de l'étain *en modifications de l'octaèdre à plans triangulaires isocèles*, des cristaux de cette couleur, qui apparemment étoient d'une forme peu prononcée, puisqu'il ajoute qu'*ils diffèrent très-peu des cristaux d'étain blanc*, comme si leur couleur, jointe à une configuration équivoque, l'eut fait balancer sur la place qu'il devoit leur assigner. Voyez le tome III de sa cristallog., p. 426, note 30.

brcs de rangécs soustraites différeroient dans la même proportion de ceux que j'ai assignés. Mais alors les lois de décroissemens seroient, en général, plus composées, et cette considération m'a déterminé à préférer la forme cubique, en attendant
des observations plus décisives. Les cristaux d'étain que j'ai tenté
jusqu'ici de diviser mécaniquement, se prêtoient d'ailleurs si peu
à cette opération, que j'ai plutôt soupçonné qu'aperçu distincte-
ment les positions des joints naturels indiqués ci-dessus. Ainsi
on pourra, si l'on veut, ne regarder, pour le moment, l'adop-
tion de la forme cubique, que comme une supposition, qui, au
défaut de preuves concluantes, a du moins le mérite de la simplicité.

IIe. ESPÈCE.

ÉTAIN SULFURÉ.

Etain sulfuré ; or mussif natif ; sulfure d'étain allié au cuivre,
de Born, t. *II, p.* 250. Etain avec une très-petite portion de
cuivre, minéralisé par le soufre ; or mussif natif, Sciagr., *t. II*,
p. 191. Zinnkiess, *Emmerling*, t. *II, p.* 418. Tin pyrites,
Kirwan, t. *II, p.* 200.

Cette substance métallique nous est encore trop peu connue,
pour que nous puissions la décrire méthodiquement. Nous nous
bornerons à citer quelques-uns des caractères que Klaproth lui
attribue (1). Suivant ce célèbre chimiste, la pesanteur spécifique de l'étain sulfuré est 4,35. Sa couleur est nuancée de gris-
pâle et de gris-foncé, et elle imite celle de l'argent aux endroits
qui paroissent les plus purs ; la cassure est grenue, et présente
le brillant métallique. Le même savant a retiré de cette mine
par l'analyse :

---

(1) De la connoissance des minéraux, t. II.

Soufre. . . . . 25.
Étain. . . . . 34.
Cuivre. . . . . 36.
Fer. . . . . 2.
Perte . . . . 3.
____
100.

Quoique le cuivre forme ici le principe le plus abondant, les naturalistes ont continué de ranger le minéral dont il s'agit parmi les mines d'étain. M. Kirwan le définit, *étain minéralisé par le soufre et associé au cuivre*. On pourroit prouver par d'autres exemples, que ce célèbre chimiste est dans l'opinion, qui me paroit très-fondée, qu'un principe qui domine par sa quantité, peut n'être qu'accessoire. La minéralogie aura fait de grands pas vers sa perfection, lorsque cette distinction entre les principes essentiels et ceux qui ne sont qu'accidentels sera appliquée avec justesse à tous les minéraux pour lesquels elle peut avoir lieu.

Bergmann, en essayant un morceau qu'on lui avoit envoyé de Sibérie, sous le nom d'*étain sulfuré*, y avoit trouvé beaucoup moins de cuivre que dans le résultat précédent (1). Mais on a reconnu depuis que ce morceau étoit un produit de l'art (2).

La combinaison artificielle de l'étain avec le soufre, produit ce que l'on appelle *or mussif*. On s'en sert pour donner une belle couleur au bronze, et aussi pour enduire les coussins des machines électriques, dont elle rend les effets beaucoup plus puissans, ce que le Cit. Chaptal attribue au mercure qui, dans le procédé ordinaire, est employé pour faciliter l'union de l'étain avec le soufre (3).

____

(1) Opuscula physica et chimica, t. III, p. 158.
(2) Kirwan, t. II, p. 200.
(3) Élémens de chimie, t. II, p. 292.

VIe. GENRE.

ZINC.

Zincum, *Waller.*, t. II, p. 212. Zinc, *de Lisle*, t. III, p. 62. *Id.*, *de Born*, t. II, p. 155. Zink des minéralogistes Allemands. Zinc, Sciagr., t. II, p. 227. *Id.*, *Daubenton*, *tabl.*, p. 40. Zinc, *Kirwan*, t. II, p. 232.

Caractères du zinc pur.

Caract. phys. Pesant. spécif., 7,1908.

Consistance. Malléable jusqu'à un certain point, et ne se brisant pas, ou que très-difficilement, par la percussion.

Tissu ; très-sensiblement lamelleux.

Couleur ; le blanc avec une nuance de bleuâtre.

Caract. chim. Soluble avec effervescence dans l'acide nitrique.

Combustible en répandant une flamme brillante, qui entraîne avec elle des flocons blancs et légers.

Quoique le zinc soit une des substances métalliques les plus communes, la nature ne nous l'a point encore offert avec le brillant métallique. On le trouve toujours, soit combiné avec l'oxygène seul, soit en oxyde minéralisé par le soufre, ou par l'acide sulfurique.

Ce métal forme comme la nuance entre les métaux ductiles et ceux qui sont fragiles, par la propriété qu'il a de se laisser aplatir sous le marteau, au point même de pouvoir être laminé, pourvu qu'il n'ait pas été auparavant trop écroui. Le Cit. Sage est parvenu ainsi à réduire le zinc en lames minces. Mais ce métal a cela de particulier, que quand on le fait chauffer le plus qu'il est possible, sans le fondre, il devient très-cassant, et peut alors être pulvérisé dans un mortier, au lieu que l'action de la chaleur augmente la ductilité des autres métaux (1).

____

(1) Fourcroy, élém. d'hist. nat. et de chimie, édit. 1789, t. III, p. 40.

Quoique le zinc ait un tissu sensiblement lamelleux, je n'ai pu parvenir jusqu'ici à déterminer sa forme primitive, à cause de la résistance qu'il oppose à la séparation de ses lames composantes. Le Cit. Brongniard, professeur au Muséum d'Histoire naturelle, a fait cristalliser la fonte du zinc en petits octaèdres groupés, de manière à former des étoiles hexagonales à rayons branchus, à peu près semblables à celles de la neige (1). Mongez le jeune, a obtenu une cristallisation artificielle du même métal en aiguilles, ou en prismes déliés qui paroissent quadrangulaires, dont les uns sont parallèles entre eux, et les autres se croisent suivant différentes directions.

Le zinc du commerce est ordinairement allié à un peu de plomb. Ce mélange est dû probablement au plomb sulfuré qui accompagnoit la blende ou le zinc sulfuré, dont on a retiré le zinc à l'état métallique. Celui qu'on nous apporte de l'Inde sous le nom de *toutenague* (2), est plus pur.

Le zinc chauffé fortement et presqu'à blanc, avec le contact de l'air, « brûle, dit Macquer, avec une flamme d'une blancheur éblouissante, que rien n'égale, et dont la vue ne peut soutenir l'éclat (3) ». Ce caractère fait ressortir le zinc non-seulement parmi les substances métalliques, mais même parmi tous les minéraux combustibles.

Le grand usage du zinc est de former le laiton par son alliage avec le cuivre, ainsi que nous l'avons dit, en traitant de ce dernier métal. Le zinc entre aussi, avec l'étain et le cuivre, dans la composition du bronze. On a proposé de l'employer au lieu d'étain pour l'étamage. Guyton a substitué, avec avantage, l'oxyde de zinc obtenu par la combustion au blanc de plomb

---

(1) De Lisle, t. III, p. 64.

(2) La véritable toutenague de la Chine est une substance métallique blanche, dont on fait des vases de diverses formes et surtout des chandeliers. On présume qu'elle est un alliage artificiel de différens métaux.

(3) Dictionnaire de chimie, au mot zinc.

employé dans la peinture. La couleur qui en résulte, sans avoir aucun inconvénient pour la santé de l'artiste, remplit parfaitement son but (1). Les feux d'artifice doivent leurs étoiles brillantes et leurs plus beaux effets, à la flamme du zinc portée au dernier degré d'activité par le concours du nitre.

PREMIÈRE ESPÈCE.

ZINC OXYDÉ.

Calamine ; chaux de zinc ; oxyde de zinc, *de Born, t. II*, *p.* 168. Calamine ou pierre calaminaire, *de Lisle, t. III, p.* 79. Zinc en chaux, privé de son phlogistique, Sciagr., *t. II, p.* 231. Galmei, *Emmerling, t. II, p.* 454. Calamine ou pierre calaminaire ; zinc en oxyde, *Daubenton, tabl., p.* 40. Zinc mineralised by oxygen, *Kirwan, t. II, p.* 233.

Caract. essent. Electrique par la chaleur. Combustible en répandant des flocons blanchâtres.

Caract. phys. Pesant. spécif., 3,5236 (2).

Dureté ; facile à pulvériser.

Couleur ; blanchâtre ou jaunâtre. Dans l'état de pureté, il est limpide.

Electricité. Les cristaux s'électrisent par la chaleur (3).

Caractère géomét. Forme primitive. Octaèdre rectangulaire (*fig.* 189) *pl. LXXXI*, dont on suppose ici les sommets en E et en E'. L'incidence de P sur la face adjacente à C est à peu près de 120^d ; et celle de M sur M' à peu près de 80^d. Les joints naturels sont nets, et la difficulté de les saisir, ainsi que

---

(1) Chaptal, élém. de chimie, 3e. édit., t. II, p. 251.

(2) Ce caractère et les suivans s'appliquent à la substance cristallisée ou dans un état qui approche de celui de pureté.

(3) Mém. de l'Ac. des Sc., 1785, p. 206 et suiv.

d'en mesurer les incidences mutuelles provient de la petitesse des cristaux.

Molécule intégrante. Tétraèdre irrégulier.

Caract. chim. Soluble en gelée dans l'acide nitrique.

Au chalumeau, il donne des flocons qui brûlent avec une flamme d'un vert-bleuâtre.

Analyse du zinc oxydé de Fribourg, par Pelletier (1).

Silice. . . . . .50 à 52.

Oxyde de zinc. . . . . 36.

Phlegme . . . . 12.
____
100.

Caract. distinctifs. 1°. Entre le zinc oxydé en petits cristaux lamelliformes et la mésotype. Celle-ci se fond au chalumeau, avec bouillonnement, en une masse spongieuse, ce que ne fait pas le zinc oxydé. 2°. Entre le même et différentes substances terreuses ou acidifères en très-petits cristaux, telles que la stilbite, la chaux carbonatée, la baryte sulfatée, la chaux sulfatée, etc. Aucune de ces substances n'est électrique par la chaleur, comme le zinc oxydé. De plus, la stilbite, la baryte sulfatée et la chaux sulfatée ne forment point de gelée dans les acides, et la chaux carbonatée s'y dissout de plus avec effervescence.

____

(1) Mémoires et observations de chimie, t. I, p. 49 et suiv. La silice fait ici plus de la moitié du poids de la masse. Mais on voit, par le mémoire même du Cit. Pelletier, que la gangue est entrée pour quelque chose dans le résultat de l'analyse.

VARIÉTÉS.

VARIÉTÉS.

FORMES.

Déterminables.

1. Zinc oxydé *unitaire.* $\overset{\mathrm{M}}{\mathrm{M}}\ \overset{\prime\mathrm{G}\prime}{r}\ \overset{\grave{\mathrm{P}}}{\mathrm{P}}$ (*fig.* 190). En prisme hexaèdre, à sommets dièdres. *De Lisle, t. III, p. 82, pl. VII, fig.* 18. Incidence de *r* sur M, 130ᵈ à peu près; de l'arête *z* sur *r*, 90ᵈ; de P sur P' 120ᵈ à peu près.

2. Zinc oxydé *trapézien* (*fig.* 191). Pelletier, *mém. et observ. de chimie, p.* 49. Ce savant dit que les cristaux dont il s'agit ici, ont souvent leurs angles solides tronqués et de nouveaux biseaux sur leur longueur. Quoique plusieurs soient d'une forme nettement prononcée, leur extrême petitesse n'a pas permis d'en évaluer les angles, même par aperçu.

J'ai des cristaux de zinc oxydé, dont la partie saillante hors de la gangue, ressemble à une pyramide quadrangulaire alongée ou à une pointe d'octaèdre.

Indéterminables.

3. Zinc oxydé *lamelliforme.*

4. Zinc oxydé *concrétionné.* En masses mamelonées ayant un aspect vitreux.

Le zinc oxydé, uni accidentellement à l'oxyde de fer et à d'autres principes étrangers, forme aussi des masses ondulées, composées de couches successives, et assez souvent cellulaires, spongieuses et comme vermoulues, qui présentent différentes teintes de jaune, de verdâtre, de rougeâtre et de brun. La même substance, encore plus éloignée de l'état de pureté, se trouve en masses tout à fait terreuses. Ces deux variétés de mélange sont proprement ce qu'on appelle *pierre calaminaire.*

On rencontre quelquefois le zinc oxydé en dodécaèdres creux, semblables par leur extérieur à la chaux carbonatée métastatique, et d'un blanc verdâtre ou d'un rouge-brun ; mais ce n'est ici qu'une forme d'emprunt, que le zinc doit à des cristaux calcaires. Suivant l'opinion de Romé de Lisle, l'oxyde de zinc étant d'abord à l'état de sulfate, auroit fait un échange d'acide avec la chaux carbonatée, et se seroit converti en zinc carbonaté, à mesure que ses molécules se déposoient autour du cristal qui a servi comme de moule. Si cette explication étoit admise, les dodécaèdres dont il s'agit n'appartiendroient point au zinc oxydé, mais à une autre substance dont nous ferons bientôt l'objet d'une discussion particulière.

ANNOTATIONS.

1. Le zinc oxydé cristallisé se trouve à Fribourg, en Brisgaw ; à Bleyberg, en Carinthie ; dans les comtés de Sommerset et de Nottingham, en Angleterre, etc. Les cristaux en pointes d'octaèdre que j'ai cités, provenoient des mines abondantes de Henri-la-Chapelle, à cinq lieues d'Aix-la-Chapelle. Le zinc oxydé concrétionné ou informe se rencontre dans les mêmes lieux. Il y en a aussi près de Strasbourg, dans la ci-devant Alsace ; à Saint-Sauveur, dans la ci-devant Normandie ; à Passy, près de Paris, etc. Les espèces d'incrustations formées sur la chaux carbonatée métastatique, ont été découvertes dans les mines du comté de Sommerset.

2. Les cristaux de zinc oxydé sont en général très-petits. Je suis parvenu à en diviser un mécaniquement, d'un volume un peu au-dessus de l'ordinaire, qui présentoit la forme de la variété unitaire, fig. 190. Mais quoiqu'il m'ait semblé que j'avois bien saisi les joints naturels, je ne puis répondre que je n'aie pas fait une erreur de quelques degrés, en mesurant les incidences respectives de ces plans, dont quelques-uns n'avoient pas un millimètre de largeur.

3. La propriété de s'électriser par la chaleur est si sensible dans les cristaux de zinc oxydé, qu'il suffit souvent, pour

l'exciter, de les présenter au feu, ou près de la flamme d'une bougie, l'espace de deux ou trois secondes. Elle persiste encore quelquefois plusieurs heures après qu'ils se sont refroidis. C'est un moyen simple et facile pour éviter de les confondre avec divers minéraux, lorsque les uns et les autres sont à ce degré de petitesse, où ils paroissent se ressembler, parce qu'ils ne ressemblent à rien. Mais cette propriété exige un soin particulier pour distinguer le zinc oxydé de la mésotype, qui la partage avec lui, et qui, comme lui, se résout en gelée dans les acides. C'étoit ce dernier caractère qui avoit fait prendre pour une zéolithe le zinc oxydé du Brisgaw, en petites lames de la variété trapézienne, avant que Pelletier eût mesuré par l'analyse la distance qui les sépare.

4. Plusieurs naturalistes modernes ont soudivisé en deux espèces les substances connues sous le nom de *calamines*, savoir: l'oxyde pur de zinc et la combinaison de cet oxyde avec l'acide carbonique, c'est-à-dire, le zinc carbonaté. D'autres, comme Romé de Lisle et Demeste (1), rangent toutes les calamines dans cette seconde espèce ; quelques-uns, au contraire, comme Monnet (2) et Chaptal (3), les rapportent toutes au zinc oxydé.

A l'égard des premiers, ils ont quelquefois attribué à une espèce, des corps qu'ils auroient dû placer dans l'autre, d'après les caractères ou la composition qu'ils leur assignoient. Ainsi, Mongez dit de la mine de zinc en chaux, qui est sa première espèce, que l'acide nitreux la dissout avec effervescence (4), ce qui convient plutôt à la seconde. De Born décrit parmi les variétés du carbonate de zinc, la calamine de Fribourg (5), quoiqu'au même endroit il cite l'analyse de Pelletier, d'après laquelle cette

------

(1) Lettre au docteur Bernard, t. II, p. 181 et suiv.
(2) Nouveau système de minéral., p. 402.
(3) Élém. de chimie, t. II, p. 246.
(4) Sciagraphie, édit. de Lametherie, t. II, p. 232.
(5) Catal., t. II, p. 168 et suiv.

mine ne contient point d'acide carbonique. Selon le Cit. Lamé-
thérie (1), le zinc minéralisé par l'acide aérien diffère de celui
qui est minéralisé par l'air pur, en ce qu'il a une apparence
spathique : et cependant c'est en partie par cette même apparence
que la calamine de Fribourg, qui n'est que du zinc minéralisé
par l'air pur, en a imposé aux premiers observateurs.

J'ai essayé, avec le Cit. Gillet, des calamines de différens pays ;
les cristaux n'excitoient aucune effervescence dans l'acide nitrique ;
il en étoit de même des fragmens informes qui avoient une apparence vitreuse : mais les portions terreuses se dissolvoient avec
une vive effervescence ; et ce qu'il y avoit de remarquable, c'est
que le même morceau présentoit l'un ou l'autre résultat, suivant
l'endroit d'où l'on avoit détaché le fragment soumis à l'expérience. Le Cit. Lelièvre a essayé depuis deux échantillons provenant, l'un de Sibérie, et l'autre d'Angleterre, dont le premier,
surtout, qui étoit transparent et pur, eût été propre à donner
un résultat concluant, s'il eut renfermé de l'acide carbonique.
Mais ni l'un ni l'autre ne produisirent d'effervescence dans l'acide
nitrique.

D'après ces observations, on seroit tenté de croire que ce qu'on
a appelé *cabonate de zinc*, n'étoit autre chose que de l'oxyde
de zinc mélangé accidentellement de matière calcaire. Au reste,
quand même il existeroit un véritable carbonate de zinc, ainsi
que l'ont pensé d'habiles chimistes, ce que j'ai trouvé jusqu'ici
dans les auteurs qui ont traité de cette substance est si peu satisfaisant, qu'il me paroîtroit sage d'attendre, pour la décrire, que
les circonstances m'eussent mis à portée de l'observer par moi-
même, et d'en étudier les caractères.

5. On emploie les calamines pour faire le cuivre janne ou le
laiton, en les stratifiant dans des creusets avec du cuivre rouge
et de la poudre de charbon. Le cuivre, dans cette opération,
s'empare du zinc, et forme avec lui un métal mixte, qui a beau-

---

(1) Schagr., t. II, p. 255.

coup de consistance, se prête facilement au travail de l'art, et est moins susceptible que le cuivre pur d'être altéré par les impressions de l'air et de l'humidité.

6. Sage a trouvé une substance naturelle qui, étant fondue sans addition, produit du laiton d'une très-bonne qualité. C'étoit une calamine des environs de Pise, en petits cristaux lamelli-. formes, d'un aspect tirant sur celui de la nacre, et recouverte de cuivre carbonaté bleuâtre pulvérulent. Cette mine, mêlée avec de la poudre de charbon, a produit, par la fonte, un culot de laiton ductile de la plus belle couleur (1).

IIᵉ. ESPÈCE.

ZINC SULFURÉ.

Sulfure de zinc des chimistes.

Zincum sulfure et ferro mineralisatum, etc., pseudo-galena, *Waller.*, *t. II, p.* 218 et suiv.; species 316....319. Blende ou mine de zinc sulfureuse, *de Lisle, t. III, p.* 64. Blende; zinc combiné avec le soufre et un peu de fer, *de Born, t. II, p.* 157. Zinc et fer minéralisés par le soufre; pseudo-galène, Sciagr., *t. II, p.* 236. Blende, *Emmerling, t. II, p.* 443. Blende, sulfure de zinc, *Daubenton, tabl., p.* 41. Zinc mineralyzed by sulphur with iron, *Kirwan, t. II, p.* 237.

Caractère essentiel. Divisible seulement en dodécaèdre rhomboïdal; tendre et très-lamelleux.

Caract. phys. Pesant. spécif., 4,1665.

Dureté. Facile à rayer avec une pointe d'acier; rayant la baryte sulfatée.

Réfraction, simple.

Eclat. Surface des lames très-éclatante. Les fragmens jaunes ou

---

(1) Journ. de phys., février, 1791.

bruns ont dans leur couleur et leur luisant une certaine ressemblance avec les substances résineuses.

Couleur de la masse, dans l'état de pureté ; le jaune de citron.

Couleur de la poussière ; ordinairement grise ; elle est d'un
brun-grisâtre, lorsque le morceau est noirâtre.

Tissu, très-lamelleux.

Phosphorescence ; quelquefois sensible par le frottement, dans
l'obscurité.

Caract. géom. Forme primitive. Le dodécaèdre rhomboïdal
(*fig.* 192) *pl. LXXXI.* Les joints naturels sont très - faciles à
saisir.

Molécule intégrante. Le tétraèdre à faces triangulaires isocèles.
Voyez, pour la manière dont le dodécaèdre divisé mécaniquement se résout en 24 de ces tétraèdres, *l'article du grenat, t. II,
p.* 392.

Molécule soustractive. Le rhomboïde obtus de 109^d 28′ 16″
et 70^d 31′ 44″.

Caract. chim. Odeur hépatique, par l'injection de la poussière dans l'acide sulfurique.

Analyse par Bergmann, d'un zinc sulfuré phosphorescent.

Zinc . . . . 64.
Soufre . . . . 20.
Fer . . . . 5.
Eau . . . . 6.
Acide fluorique . . . . 4.
Silice . . . . 1.

                                                                    100.

Caractères distinctifs. 1°. Entre le zinc sulfuré d'un brillant
qui tire sur le métallique et le plomb sulfuré. La trace d'une pointe
d'acier est terne sur le premier, et conserve l'aspect métallique
sur le second. Le zinc sulfuré, terni par la vapeur de l'haleine, ne recouvre que peu à peu son éclat par le dessèchement ; celui du plomb sulfuré reparoit à l'instant. 2°. Entre le

même d'une couleur brune ou rougeâtre et le grenat. Celui-ci a le tissu beaucoup moins sensiblement lamelleux ; il raye le verre et étincelle par le choc du briquet. Le zinc sulfuré beaucoup plus tendre, est fortement rayé par une pointe d'acier, et se brise facilement par la percussion. 3°. Entre le même et l'étain oxydé. *Id.*, pour la dureté et le tissu. L'étain a d'ailleurs une pesanteur spécifique plus forte, dans le rapport d'environ 5 à 3. Il étincelle à l'approche du doigt, lorsqu'étant isolé il communique avec un conducteur électrisé : le zinc sulfuré ne produit, dans le même cas, qu'un léger bruissement. 4°. Entre le zinc sulfuré noirâtre et le fer chromaté. Le premier ne raye pas le verre comme l'autre ; il donne une odeur hépatique par l'acide sulfurique, et n'a point, comme le fer chromaté, la propriété de colorer le borax en vert. 5°. Entre le même et l'urane oxydulé, dit *pech-blende*. Celui-ci est beaucoup plus pesant, dans le rapport d'environ 3 à 2. Sa poussière est noirâtre ; celle du zinc sulfuré est grise. L'urane oxydulé est feuilleté seulement dans un sens. Le zinc sulfuré présente des lames situées en différens sens.

VARIÉTÉS.

FORMES.

Déterminables.

1. Zinc sulfuré *primitif*. P (*fig.* 192) *pl. LXXXI.* Incidence de chaque rhombe sur ceux qui lui sont adjacens, 120d. Angle plan obtus, 109d 28′ 16″ ; angle aigu, 70d 31′ 44″. Il est rare de trouver ce dodécaèdre, sans aucunes facettes additionnelles.

2. Zinc sulfuré *octaèdre.* $\frac{^{\prime}E^{\prime}\ E}{g}^{\scriptscriptstyle 1}$ (*fig.* 193). En octaèdre régu-lier. Incidence de chaque face sur les adjacentes, 109d 28′ 16″.

3. Zinc sulfuré *tétraèdre.* $\frac{^{\prime}E^{\prime}\ E\ ^{o\cdot\prime}E^{\prime\prime\cdot o}\ E^{\prime}}{g}^{\scriptscriptstyle 1\ \ \ \ \ \ \ \ 1\cdot o}$ (*fig.* 194). En tétraèdre régulier. *De Lisle , t. III, p.* 65 ; var. 1. Incidence

de chaque face sur les adjacentes, 70^d $31'$ $44''$. Les cristaux de cette variété sont ordinairement d'une forme peu prononcée.

4. Zinc sulfuré *biforme.* $\dfrac{{}^{\text{\textquoteright}}\text{E}{}^{\text{\textquoteright}}\ \text{E}\ \text{P}}{{}^{\text{\textquoteleft}}g\ {}^{\text{\textquoteleft}}\text{P}}$ (*fig.* 195). En octaèdre émarginé, ou combiné avec des facettes qui appartiennent au dodécaèdre primitif. *De Lisle, t. III, p.* 68 ; var. 4. Incidence de g sur P, 144^d $44'$ $8''$.

5. Zinc sulfuré *triforme.* $\dfrac{{}^{\text{\textquoteright}}\text{E}{}^{\text{\textquoteright}}\ \text{E}\ \text{P}\ \text{A}\overset{1}{\text{A}}{}'}{{}^{\text{\textquoteleft}}g\ {}^{\text{\textquoteleft}}\text{P}\ {}^{\text{\textquoteleft}}s}$ (*fig.* 196). Dérivé du dodécaèdre primitif par les faces P, de l'octaèdre régulier par les faces g, et du cube par les faces s. Incidence de s sur g, 125^d $15'$ $52''$; de s sur P, 135^d.

6. Zinc sulfuré *transposé.* $\text{P}\left(\dfrac{\underset{1}{\text{A}}\text{B}{}'\text{C}^3\,\overset{1}{\text{A}}{}'\text{B}{}'^3\text{C}{}'^1}{y \qquad y'}\right)$ (*fig.* 198). *De Lisle, t. III, p.* 69 ; var. 8. Solide à 24 faces, savoir : 12 trapézoïdes P, P', et 12 triangles isocèles y, y, $y'y'$. Incidence de y sur y, ou de y' sur y', 129^d $31'$ $18''$. Angles de l'un quelconque P des douze trapézoïdes. $p = 109^d$ $28'$ $16''$; c ou $n = 90^d$; $q = 70^d$ $31'$ $44''$ (1).

Si les cristaux de cette variété avoient toutes leurs faces disposées symétriquement, sa forme seroit semblable à celle du polyèdre représenté fig. 197, qui n'est autre chose que le dodécaèdre primitif dans lequel douze arêtes sont interceptées par

---

(1) Chaque arête, telle que qn, qui fait un angle droit avec le résidu pn d'une des arêtes primitives, est le sinus de l'angle aigu du rhombe correspondant. Le décroissement intermédiaire, par des rangées de molécules triples, dépend de ce que le cosinus du même angle est le tiers du rayon. Si l'on isole, par la pensée, le rhomboïde dont le sommet correspond à q, on pourra considérer les trois triangles nqi, cqd, lqs, comme le résultat d'un décroissement par trois rangées en hauteur sur les angles inférieurs des trois rhombes réunis autour du sommet opposé à q, lequel coïncide avec le centre du dodécaèdre. C'est ce que concevront aisément ceux qui possèdent la théorie.

des

des triangles isocèles, réunis deux à deux sur une base commune, $c\,d$, $i\,n$, etc.

Considérons le dodécaèdre comme un assemblage de quatre rhomboïdes, qui auroient leurs sommets aux points p, b, a, k (*fig.* 197); il sera facile de concevoir que les triangles additionnels répondent aux six arêtes latérales de ces rhomboïdes, c'est-à-dire, à celles qui ne sont pas contiguës aux sommets; et si au lieu des angles p, b, a, k, on prend les angles q, m, g, f, on voit que chacun de ces angles est le sommet commun de trois triangles.

Mais cet assortiment n'est pas celui de la nature, au moins dans les cristaux observés jusqu'ici, et il faut y substituer celui qu'indique la fig. 198. Pour nous faire une idée nette de ce dernier, supposons que les choses étant d'abord dans l'état que représente la fig. 197, le rhomboïde qui a son sommet en a, restant fixe par ce même sommet, ainsi que par le sommet opposé, ait tourné autour de son axe, d'une quantité égale à la sixième partie d'une circonférence de cercle, en emportant avec lui les six triangles $e\,m\,h$, $e\,f\,h$, $u\,f\,x$, $u\,g\,x$, $o\,g\,r$, $o\,m\,r$, qui interceptent ses arêtes latérales. Dans ce cas, le point m, par exemple, sera venu se placer en m' (*fig.* 198), et tous les autres points ayant tourné à proportion, l'assortiment des six triangles se trouvera disposé comme sur la même figure, dont il est aisé de saisir les différences avec la précédente, d'après la correspondance des lettres.

Dans le polyèdre de la fig. 197, à chaque trapézoïde supérieur, tel que $q\,n\,p\,c$, répond, dans la partie inférieure, un autre trapézoïde $a\,e\,f\,u$, qui lui est parallèle. Mais dans le polyèdre de la fig. 198, c'est, au contraire, une arête $a\,u'$ qui répond au trapézoïde $q\,n\,p\,c$, de manière qu'elle est parallèle à la diagonale qui seroit menée de p en q.

J'ai retrouvé jusque dans des masses informes de zinc sulfuré, l'indice du déplacement d'un des quatre rhomboïdes qui composent le dodécaèdre. J'avois remarqué que les lames dont ces

TOME IV. Q

masses étoient l'assemblage, s'entrecroisoient à plusieurs endroits
où la structure étoit comme interrompue. A force de tâtonnemens, je suis parvenu à extraire un dodécaèdre semblable à
celui de la fig. 198, abstraction faite des triangles isocèles ; en
sorte que les lames qui appartenoient à l'un des rhomboïdes composans, étoient situées comme à contre-sens, par rapport à la
position qu'elles ont dans le dodécaèdre ordinaire.

Le déplacement dont il s'agit n'avoit pas échappé à Romé de
Lisle. Ce célèbre naturaliste considéroit le tétraèdre régulier
comme étant la forme primitive de la blende. Or, dans les notes
qu'il a ajoutées à ses planches de figures, il donne le polyèdre
de notre fig. 197, comme purement hypothétique (1), et admet
comme existant celui de la fig. 198, en remarquant que dans le
tétraèdre dont il dérive, *le triangle de la base alterne avec ceux
des côtés* (2).

7. Zinc sulfuré *partiel.* $\dfrac{P}{P}\left(\dfrac{AB^{\scriptscriptstyle 1}C^3,\ \overset{\scriptscriptstyle 1}{A}'B'^3C'^{\scriptscriptstyle 1}}{y \qquad y'}\right)\ {}^{\scriptscriptstyle 1}E'\ \overset{\scriptscriptstyle 1}{E}^{\scriptscriptstyle 1\cdot0}\ E'^{\scriptscriptstyle 1\cdot0}E'$
$$$$

(*fig.* 199). La variété précédente augmentée de quatre triangles
équilatéraux g, g', à la place des angles solides composés de
trois plans, qui étoient restés intacts sur la même variété. Il en
résulte, que les deux décroissemens d'où dépend cette variété,
n'agissent que partiellement, l'un sur douze des arêtes du solide
primitif, l'autre sur quatre de ses angles solides trièdres. *De Lisle,*
t. III, p. 70 ; var. 9 et 10.

Il est possible que les triangles équilatéraux g, g' prennent assez
d'étendue pour se trouver en contact avec les triangles $i\,q\,n$, $i\,h'\,n$
(*fig.* 198) ; et dans ce cas, qui est celui de la variété 10 de Romé
de Lisle, la surface du solide est composée de 28 triangles,
4 équilatéraux, 12 isocèles très - alongés, et 12 autres isocèles
plus courts.

---

(1) Ier. tableau cristallogr. , N°. 28 (e).
(2) *ibid* , N°. 29.

Le même savant dit (1) qu'il avoit d'abord regardé cette variété et la précédente, comme une modification du dodécaèdre à plans rhombes, mais que *la position renversée des quatre petits triangles équilatéraux, l'avoit fait revenir de cette erreur*. J'ai cru devoir rapporter cet aveu, parce qu'il est d'autant plus fait pour entraîner l'opinion du lecteur, qu'un savant profond ne paroît jamais plus croyable que sur les choses où il dit : je m'étois trompé.

Indéterminables.

8. Zinc sulfuré *lamellaire.*

9. Zinc sulfuré *concrétionné.*

a. Mamcloné.

b. Globuliforme.

L'intérieur des mamelons ou des globules est ordinairement strié du centre à la circonférence. Quelquefois il est seulement composé d'enveloppes concentriques, sans aucunes stries apparentes.

ACCIDENS DE LUMIÈRE.

Couleurs.

1. Zinc sulfuré *jaune-citrin.*
2. Zinc sulfuré *rouge.*
3. Zinc sulfuré *verdâtre.*
4. Zinc sulfuré *brun.*
5. Zinc sulfuré *noirâtre.*
6. Zinc sulfuré *métalloïde.* D'un gris tirant sur l'éclat métallique.

Transparence.

1. Zinc sulfuré *transparent.* Les morceaux d'un jaune-citrin.
2. Zinc sulfuré *translucide.*
3. Zinc sulfuré *opaque.*

______

(1) T. III, p. 71, note 16.

Alliages ou mélanges accidentels.

1. Zinc sulfuré *ferrifère*. Cronstedt, Bergmann et divers autres minéralogistes ont regardé le fer comme un des principes composans de la blende, qui effectivement en renferme, pour l'ordinaire, une certaine quantité. Cette opinion venoit du refus que faisoit le zinc, à l'état métallique, de s'unir avec le soufre. On pensoit que, dans la blende, le fer servoit d'intermède pour favoriser cette union (1). Mais le zinc est ici à l'état d'oxyde, et dans cet état il s'unit facilement au soufre, ainsi que le prouvent les belles expériences qui ont conduit Guyton à la synthèse de la blende (2).

2. Zinc sulfuré *aurifère*. *Waller.*, *tome II, p.* 357. 4.

3. Zinc sulfuré *argentifère. Ibid.*

Bergmann parle aussi de diverses mines de zinc sulfuré, mêlé accidentellement de cobalt, de plomb ou de cuivre (3).

A N N O T A T I O N S.

1. Le zinc sulfuré abonde dans les mines de Saxe, de Bohême et de Hongrie. On en trouve aussi en Suède, en Norwège, en Angleterre, en France, etc., et c'est, en général, une des substances métalliques les plus communes. Il a pour gangues différentes substances terreuses ou acidifères, surtout le quartz, la chaux fluatée et la chaux carbonatée. Les métaux qu'il accompagne le plus ordinairement sont le cuivre gris, le fer sulfuré, et spécialement le plomb sulfuré, avec lequel on l'a quelquefois confondu. C'est probablement ce qui l'a fait appeler *blende* ou

---

(1) *Zincum non nisi mediante ferro cum sulphure conjungi potest.* Berg., Opusc., t. II, p. 556.

(2) Fourcroy, élém. d'hist. nat et de chimie, édit. 1789, t. III, p. 64.

(3) Opusc., *ibid.*

substance trompeuse (1). On l'a nommé aussi, pour la même raison, *pseudo-galena* ou *fausse galène*. La variété en cristaux dodécaèdres, sans aucunes facettes, et celle en masses mamelonées ou globuleuses, qui l'une et l'autre sont rares, se trouvent dans les mines de plomb de la ci-devant Bretagne.

2. Cette substance métallique n'est guère un objet direct d'exploitation. On l'extrait accessoirement par la fonte des mines auxquelles elle est associée, et en particulier du plomb sulfuré (2).

3 La division mécanique du zinc sulfuré s'opère si facilement, qu'avec un peu d'habitude on réussit à en retirer successivement le noyau dodécaèdre, le rhomboïde qui soudivise ce noyau, et le tétraèdre, qui est le terme de l'opération. On peut obtenir un autre solide, qui est un octaèdre à triangles isocèles, dans lequel chaque face d'une des pyramides fait un angle droit avec celle qui lui est adjacente dans l'autre pyramide. Ce résultat, qui, au premier abord, a quelque chose de surprenant, provient de ce que, dans la division mécanique, on a supprimé les coupes parallèles aux quatre rhombes latéraux, dont deux, sur la fig. 192, sont adjacens aux arêtes A′ E, A′ F′. L'octaèdre auquel on parvient, dans ce cas, n'offre la forme primitive que d'une manière incomplète.

Nous avons vu que la molécule intégrante du zinc sulfuré étoit le tétraèdre à triangles isocèles égaux et semblables. D'une autre part, cette substance présente, parmi ses formes secondaires, le tétraèdre, dont toutes les faces sont des triangles équilatéraux ; et c'est peut-être un des phénomènes les plus remarquables de la cristallisation, que cette production du tétraèdre régulier, par un assortiment d'autres tétraèdres d'une figure

---

(1) Bergm., Opusc., t. II, p. 313.

(2) Fourcroy, élémens, etc., t. III, p. 48. Bucquet, introduct. à l'étude du règne minéral, t. II p. 138.

symétrique, réunis sans aucun vide intermédiaire, d'après la plus simple de toutes les lois de décroissement.

4. J'ai supposé que la couleur naturelle du zinc sulfuré étoit le jaune-citrin, parce que plus la substance paroît pure, et plus elle se rapproche de cette couleur, qui est aussi celle des blendes artificielles. Il se joint quelquefois à cette couleur une transparence très-nette, comme dans les cristaux que l'on trouve à Baigorry, et qui ont l'apparence des plus belles topazes.

5. Les morceaux phosphorescens de zinc sulfuré différent sensiblement entre eux, par le plus ou moins de facilité avec laquelle ils développent cette propriété. Quelques-uns exigent qu'on les frotte avec un corps dur, ou qu'on les gratte avec une pointe d'acier. D'autres n'ont besoin que d'être légérement sollicités par la pointe d'un cure-dent. On n'a point encore expliqué ce phénomène d'une manière satisfaisante; mais il ne paroît pas dépendre de l'électricité, puisqu'il a lieu sous l'eau, ainsi que Bergmann l'avoit annoncé (1), et que je l'ai moi-même vérifié plusieurs fois.

IIIe. E S P È C E.

Z I N C   S U L F A T É.

Sulfate de zinc des chimistes.

Vitriolum zinci album, nativum; vitriolum zinci. *Waller.*, *t. II, p.* 24. Vitriol de zinc, *de Lisle, t. I, p.* 340. Vitriol de zinc; zinc vitriolé; sulfate de zinc, *de Born, t. II, p.* 41. Zinc vitriolé, Sciagr., *t. I, p.* 134. Vitriol blanc, *Daubenton, tabl.,* *p.* 28. Vitriol of zinc, *Kirwan, t. II, p.* 23.

Couperose blanche, vitriol de Goslar de quelques auteurs.

Caract. essent. Soluble dans l'eau; exposé au feu, il répand des flocons blancs.

------

(1) Opusc., t. II, p. 376.

Caract. phys. Saveur ; stiptique , assez forte.

Couleur ; limpide dans l'état de pureté.

Caract. chim. Un peu plus soluble dans l'eau chaude que dans l'eau froide.

Il se boursoufle au feu, et lorsque le zinc qu'il contient se dégage, on voit une flamme brillante accompagnée de flocons blancs.

Caract. distinct. 1°. Entre le zinc sulfaté et la magnésie sulfatée. Celle-ci a une saveur amère et non stiptique ; exposée au feu, elle ne donne point de flocons blancs, comme le zinc sulfaté. 2°. Entre le même en filets capillaires et le fer sulfaté fibreux. La dissolution de celui-ci par l'eau simple , colore en noir l'écorce de chêne, ce que ne fait pas celle du zinc sulfaté. Même différence par l'action du feu.

VARIÉTÉS.

FORMES.

Déterminables.

1. Zinc sulfaté *quadrioctonal* (*fig.* 200) *pl. LXXXII.* Prisme droit rectangulaire, terminé par des pyramides à quatre faces. Incidence de *r* sur *r*, 90^d; de *r* sur *s*, 133^d à peu près.

Indéterminables.

2. Zinc sulfaté *concrétionné.*
3. Zinc sulfaté *capillaire.*

ANNOTATIONS.

1. Le zinc sulfaté est très-rarement un produit immédiat de la nature , parce que les mines de zinc sulfuré qui pourroient en fournir les principes, quoiqu'abondantes , se décomposent très-difficilement d'elles-mêmes. Mais on trouve ce sel attaché aux parois des galeries, dans les lieux où l'art l'extrait du zinc sul-

fixé, comme à Ramelsberg, près de Goslar, en Suisse ; à Idria, en Carinthie ; à Schemnitz, en Hongrie , etc. La plus grande partie de celui qui est répandu dans le commerce vient de Goslar.

2. Romé de Lisle avoit d'abord attribué au zinc sulfaté, d'après Linnæus, une forme analogue à celle de notre variété quadrioctonale (1). Mais des cristaux qui lui furent donnés par Bucquet, comme appartenant à ce sel, le firent renoncer dans la suite à son idée ; et dans la nouvelle édition de sa Cristallographie (2), il indique, pour la forme ordinaire du zinc sulfaté, celle d'un prisme à bases rhombes, dont les pans sont inclinés entre eux de 100^d d'une part, et 80^d de l'autre , terminé par des pyramides dont il ne donne pas l'inclinaison ; et il décrit plusieurs formes secondaires, qui ne sont que des modifications des précédentes.

J'hésitois sur le parti que je devois prendre , relativement à ce point de cristallographie, lorsque le Cit. Lhermina eut la complaisance de m'apporter des cristaux, que le Cit. Vauquelin reconnut pour appartenir à cette espèce. Ayant essayé de les diviser mécaniquement, je n'y ai aperçu aucun joint naturel. Les incidences de leurs faces terminales sur les pans correspondans m'ont paru un peu plus petites que 135^d. Au reste, je n'ai pu m'assurer entièrement de cette différence, qui ne seroit pas à négliger , dans le cas présent, parce qu'elle excluroit l'hypothèse d'une structure, qui offriroit un cube, dont deux faces opposées subiroient seules des décroissemens , ce qui seroit une sorte de distinction dont on ne voit pas le pourquoi. Mais si l'on supposoit que la forme primitive fût un octaèdre rectangulaire, qui eut ses faces parallèles à celles des pyramides, la difficulté seroit levée, puisqu'alors le prisme résulteroit d'un décroissement qui auroit lieu sur les quatre arêtes à la jonction des deux pyramides dont l'octaèdre seroit composé.

---

(1) Essai de cristallographie , p. 66.
(2) T. I, p. 341.

VIIe. GENRE.

BISMUTH.

Wismutum, *Waller.*, *t. II, p.* 2o3. Bismuth, *de Lisle*, *t. III,* *p.* 1o9. *Id.*, *de Born*, *t. II*, *p.* 212. *Id.*, Sciagr., *t. II, p.* 192. Wismuth, *Emmerling*, *t. II*, *p.* 434. Bismuth, *Daubenton*, *tabl.*, *p.* 34. *Id.*, *Kirwan*, *t. II*, *p.* 263.

PREMIÈRE ESPÈCE.

BISMUTH NATIF.

Wismuthum nativum, *Waller.*, *t. II, p.* 2o3. Régule de bismuth natif, *de Lisle*, *t. III, p.* 1o9. Bismuth natif, *de Born*, *t. II, p.* 214. *Id.*, Sciagr., *t. II, p.* 193. Gediegen wismuth, *Emmerling*, *t. II*, *p.* 434. Bismuth natif, *Daubenton, tabl.*, *p.* 34. Native bismuth, *Kirwan*, *t. II, p.* 264.

Caract. essentiel. Blanc-jaunâtre ; divisible en octaèdre régulier.

Caract. phys. Pesant. spécif., 9,0202. Celle du bismuth fondu est 9,8227.

Dureté. Fragile et réductible en grenaille sous le marteau.

Couleur ; blanc-jaunâtre.

Tissu, très-lamelleux.

Caract. géom. Forme primitive. L'octaèdre régulier. J'ai obtenu de ces octaèdres, qui étoient très-prononcés, en divisant mécaniquement une masse de bismuth fondu.

Molécule intégrante. Le tétraèdre régulier.

Caract. chim. Fusible à la simple flamme d'une bougie.

Soluble avec effervescence dans l'acide nitrique, en y répandant un nuage d'un vert-jaunâtre.

L'addition d'une certaine quantité d'eau pure le précipite de ses dissolutions par les acides.

Caractères distinctifs. 1°. Entre le bismuth natif et le bismuth sulfuré. La couleur de celui-ci tire sur le gris de plomb ; celle du bismuth natif est d'un blanc-jaunâtre. Le bismuth sulfuré cristallise souvent en aiguilles, ce qui est jusqu'ici une forme étrangère au bismuth natif, et de plus il ne fait point effervescence avec l'acide nitrique, au lieu que le bismuth natif en produit une sensible. Enfin, le bismuth sulfuré ne donne point d'odeur d'ail, par l'action du feu, comme cela peut arriver au bismuth natif, en vertu d'un mélange accidentel d'arsenic. 2°. Entre le même en dendrites et l'argent natif sous la même forme. Celui-ci est tout à fait blanc, en supposant que sa surface soit nette ; le bismuth a une teinte de jaunâtre. Il est fragile, et l'argent natif est ductile. La combustion du bismuth est quelquefois accompagnée d'une odeur d'ail que ne répand pas, dans le même cas, l'argent natif.

V A R I É T É S.

F O R M E S.

1. Bismuth natif *lamellaire.* En petites lames tantôt éparses dans la gangue, tantôt disposées en recouvrement, ayant une forme rectangulaire et quelquefois triangulaire.

2. Bismuth natif *ramuleux.* En dendrites ordinairement très-prononcées.

A C C I D E N S   D E   L U M I È R E.

Bismuth natif *irisé.* La 2ᵉ. variété surtout, présente souvent cet accident.

A N N O T A T I O N S.

1. On trouve du bismuth natif à Joachimsthal, en Bohême ; à Schnéeberg, en Saxe ; à Saint-Sauveur, en France, et dans les

mines de la ci-devant Bretagne. Ses gangues sont le quartz, l'argile, le jaspe, la chaux carbonatée et quelquefois la baryte sulfatée. Le bismuth ramuleux de Schnéeberg est engagé dans un jaspe rouge. On taille ce jaspe en forme de plaques, auxquelles on donne un poli, qui fait ressortir agréablement les dendrites métalliques sur la couleur rouge, qui sert de fond au tableau.

2. On a remarqué que le bismuth se rencontroit beaucoup plus communément à l'état de métal natif, qu'à celui de minérai proprement dit, en quoi il diffère de la plupart des métaux susceptibles de s'oxyder facilement.

3. La fonte du bismuth prend, par le refroidissement, des formes cristallines très-prononcées, ainsi que l'a observé, le premier, le Cit. Brongniart, professeur de chimie au Muséum d'histoire naturelle. J'ai vu de ces cristallisations qui étoient les unes en parallélipipèdes rectangles solitaires, et d'autres en octaèdres cunciformes. Mais la plupart de celles qu'on rencontre dans les collections présentent des assemblages de lames rectangulaires, un peu excavées en trémie, qui s'élèvent comme par escalier, de manière à imiter ces espèces d'ornemens d'architecture, que l'on appelle *dessins à la grecque* ou *en bâtons rompus,* et qui sont, à l'égard des figures rectilignes, ce que seroit un commencement de volute par rapport aux figures curvilignes. Le Cit. Dupouget a reconnu que, dans ces cristallisations, le bismuth étoit ordinairement allié de plomb, et que le bismuth épuré produisoit de véritables trémies semblables à celles de la soude muriatée, excepté qu'elles formoient aussi à certains endroits, surtout vers leurs bords, des inflexions en dessins à la grecque.

4. Le principal usage du bismuth consiste dans les alliages qu'on en fait avec diverses substances métalliques. Les potiers d'étain l'emploient pour donner plus de dureté, et en même temps plus d'éclat à ce dernier métal. On a présumé, à la vérité, que le bismuth, pris à l'intérieur, pourroit être aussi nuisible que le plomb ; mais comme il est beaucoup moins altérable, il

paroît qu'il n'y a point d'inconvénient à l'allier avec l'étain, dont on fait des vases pour l'usage ordinaire (1).

On a proposé de substituer le bismuth au plomb pour coupeler l'or et l'argent, parce qu'il a, comme le plomb, la propriété de se fondre en un verre, que les coupelles absorbent, et qui, en disparoissant, met à nu le métal que l'on veut obtenir dans l'état de pureté.

La propriété qu'a le bismuth de s'amalgamer parfaitement avec le mercure, pourroit le faire employer, avec avantage, dans l'étamage des glaces, en l'ajoutant à l'étain et au mercure. Le Citoyen Chaptal présume que cette propriété a suggéré le nom d'*étain de glace*, que l'on a donné au bismuth (2).

Wallerius dit qu'en alliant le bismuth avec l'étain et l'antimoine, on en compose un métal mixte qui est très-mou, et que l'on peut employer pour prendre des empreintes, comme celle d'une médaille ou d'une pièce de monnoie (3).

On savoit que le bismuth allié avec d'autres métaux les rendoit plus fusibles. Mais rien n'égale en ce genre un alliage inventé par le célèbre Darcet, et dans lequel il entre huit parties de bismuth, cinq de plomb et trois d'étain. Cet alliage fond dans l'eau échauffée seulement jusqu'au 67ᵉ degré de Réaumur, qui répond à 83ᵈ 75 du thermomètre centigrade, c'est-à-dire, sensiblement en de çà du terme de l'ébullition. Le Cit. Meusnier, de l'académie des Sciences, qui, à l'époque de cette découverte, s'occupoit d'objets relatifs à l'imprimerie, a fait fondre des caractères composés de cet alliage, et avec lesquels on a tiré de fort belles épreuves.

Le bismuth qui a été dissous par l'acide nitrique, et ensuite précipité de cette dissolution, au moyen d'une certaine quantité

---

(1) Encycl. méthod., arts et mét., article étain, p. 482.

(2) Elém. de chimie, t. II, p. 223.

(3) Systema mineral., edit. 1778, t. II, p. 210.

d'eau ajoutée à l'acide, est d'un très-beau blanc, et forme le *blanc de fard*, appelé aussi *magistère de bismuth*.

La dissolution de bismuth, par le même acide, fournit une encre sympathique, avec laquelle on trace des caractères sur le premier feuillet d'un livre. On imbibe ensuite le dernier feuillet d'un peu de sulfure alkalin liquide et, un instant après, on trouve, en ouvrant le livre à la première feuille, que les caractères ont pris une teinte d'un noir foncé. On avoit cru que, dans cette expérience, le gaz hépatique pénétroit à travers les feuillets, pour aller se mêler avec la dissolution de bismuth. Mais le Cit. Monge, en employant un livre dont tous les feuillets étoient collés par les bords, a rendu le phénomène nul, ce qui prouve que, dans le cas ordinaire, ce sont les lamelles d'air enfermées entre les feuillets du livre qui, établissant une sorte de circulation du gaz hépatique, lui servent de véhicule. Ainsi, cette expérience ne doit point être mise au nombre de celles qui prouvent la porosité des corps.

5. Plusieurs minéralogistes, et entre autres Romé de Lisle, ont parlé d'une mine de bismuth arsenicale (1). Il paroît que ce qui a donné lieu d'établir ici une nouvelle espèce, c'est surtout l'observation faite sur la mine de bismuth en dendrites engagées dans un jaspe rouge, lequel, frappé avec le briquet, étincelle en répandant une forte odeur d'ail. Mais de Born est si éloigné d'en conclure l'existence d'une mine particulière de bismuth, qu'il attribue cet effet à des grains de fer arsenical simplement interposés dans le jaspe (2).

---

(1) De Lisle, t. III, p. 115; espèce II.
(2) Catal., t. II, p. 215.

I Iᵉ. E S P È C E.

B I S M U T H   S U L F U R É.

Wismuthum sulfure mineralisatum ; minerâ albâ cœrulescente, laminosâ ; galena wismuthi, *Waller.*, *t. II, p.* 206. Mine de bismuth sulfureuse, *de Lisle*, *t. III, p.* 116. Bismuth sulfuré, *de Born*, *t. II, p.* 217. Wismuth glanz, *Emmerling*, *t. II, p.* 438. Bismuth minéralisé par le soufre, Sciagr., *t. II, p.* 197. Mine de bismuth sulfureuse, *Daubenton, tabl., p.* 34. Sulphurated bismuth, *Kirwan, t. II, p.* 266.

Caractère essentiel. Divisible en prisme quadrangulaire, qui se soudivise par deux coupes très-nettes, dans le sens d'une des diagonales de ses bases. Non volatile par le chalumeau.

Caract. phys. Dureté. Très-facile à racler avec un couteau. Cassure, légérement conchoïde.

Couleur ; le gris de plomb, quelquefois avec une teinte de jaunâtre.

Caract. géom. Divisible par des coupes parallèles aux pans d'un prisme quadrangulaire, qui se soudivise dans le sens d'une des diagonales de ses bases. Ces dernières coupes sont très-nettes à la vue simple ; les autres le deviennent par le chatoyement à une vive lumière. On en aperçoit encore d'autres dans le même cas, qui sont obliques à l'axe.

Caract. chim. Ne faisant point effervescence dans l'acide nitrique à froid. Sa dissolution en oxyde blanchâtre, s'y opère lentement.

Fusible à la simple flamme d'un bougie. Ses fragmens traités au chalumeau, répandent une vapeur adhérente au charbon, sous la forme d'un enduit jaune-roussâtre, qui passe au blanc par le refroidissement, et reprend sa première teinte, lorsqu'on

dirige de nouveau la flamme sur le charbon. Elle est persistante
à quelques endroits (1).

Sa réduction est longue et difficile. Bergmann indique, pour
la faciliter, l'addition d'une petite quantité de cobalt (2).

Le Cit. Sage a retiré de cette mine 60 parties de bismuth
sur 100, et 40 de soufre; et il est parvenu à l'imiter artificiellement (3).

Caractères distinctifs. 1°. Entre le bismuth sulfuré et le bismuth natif. Le premier ne se dissout pas, comme l'autre, rapidement et avec effervescence dans l'acide nitrique à froid; sa
division ne conduit pas à l'octaèdre régulier, comme celle du
bismuth natif; sa couleur est grise, et non d'un jaune-rougeâtre.
2°. Entre le même et le plomb sulfuré. Celui-ci ne se fond pas,
comme le bismuth, à la flamme d'une bougie; il se divise en
cube, par des coupes également nettes dans tous les sens; parmi
les joints naturels de l'autre, un seul, qui est parallèle à l'axe,
est d'une grande netteté. 3°. Entre le même et l'antimoine sulfuré.
Celui-ci, exposé au chalumeau sur un charbon, finit par s'y va-
poriser en entier; l'autre donne un résidu réductible en bismuth
pur. La vapeur de l'antimoine, dans le même cas, est beaucoup
plus abondante, et communique au charbon une couleur blanche
persistante, au lieu que celle qui provient du bismuth est rousse,
au moins dans le premier instant.

VARIÉTÉS.

FORMES.

1. Bismuth sulfuré *aciculaire.* On a comparé ses aiguilles à
celles de l'antimoine.

---

(1) Ce caractère est dû au Cit. Gillet, ainsi que le caractère distinctif
entre le bismuth sulfuré et l'antimoine sulfuré, dont il sera parlé plus bas.

(2) Sciagr., t. II, p. 198.

(3) Mém. de l'Acad. des Sc., 1782, p. 507.

2. Bismuth sulfuré *lamellaire*. On l'a comparé au plomb sulfuré.

A C C I D E N S   D E   L U M I È R E.

1. Bismuth sulfuré *irisé*.

A N N O T A T I O N S.

1. On trouve le bismuth sulfuré à Schnéeberg et à Johann-Georgenstad, en Saxe ; et à Bastnaès, en Suède. Sa gangue ordinaire est le quartz.

2. Les fragmens sur lesquels j'ai essayé la division mécanique, ont été détachés d'un morceau venant de Bastnaès, qui se trouvoit dans la collection de Romé de Lisle, acquise par le Cit. Gillet. La petitesse de ces fragmens et le peu de netteté de certaines coupes, ne m'ont permis que de tâter la structure de cette espèce de minéral

3. On a donné quelquefois le nom de *bismuth sulfureux* à du bismuth natif, qui contient accidentellement une petite quantité de soufre, mais dont les caractères ne sont pas sensiblement altérés par ce mélange.

I I Iᵉ. E S P È C E.

B I S M U T H   O X Y D É.

Wismuthum terrestre pulverulentum, flavescens; ochra wismuthi, *Waller.*, t. *II*, p. 209. Mine de bismuth calciforme, *de Lisle*, t. *III*, p. 118. Ocre de bismuth, *de Born*, t. *II*, p. 218. Bismuth en chaux, Sciagr., t. *II*, *pag.* 196. Wismuth okker, *Emmerling*, t. *II*, *p.* 440. Bismuth en oxyde, *Daubenton, tabl.*, p. 34. Bismuth ochre, *Kirwan*, t. *II*, p. 265.

Caractère essentiel. Réductible, par le chalumeau, en bismuth métallique.

Caract.

Caract. phys. Couleur; jaune-verdâtre.

Caract. chim. Facile à réduire par le chalumeau.

Caractères distinctifs. 1°. Entre le bismuth oxydé et le nickel oxydé. Celui-ci est vert, sans mélange de jaune. 2°. Entre le même et le cuivre carbonaté d'un vert pâle. *Id.*

VARIÉTÉS.

1. Bismuth oxydé *amorphe.* En masses solides, *de Lisle, t. III, p.* 119.

2. Bismuth oxydé *pulvérulent. Fleurs de bismuth, de Lisle, t. III, p.* 118.

ANNOTATIONS.

1. Le bismuth oxydé se rencontre quelquefois à la surface des mines de bismuth natif, sous la forme d'une poussière d'un jaune-verdâtre. De Born cite une variété cristallisée en feuillets quadrangulaires, luisans, sur un schiste argileux martial, et une seconde en cubes parfaits (1). Il dit qu'elles se trouvent toutes les deux à Johann-Georgenstadt, en Saxe. Mais ce naturaliste a pris très-probablement pour du bismuth oxydé, des variétés de l'urane oxydé, dont nous parlerons à l'article de cette dernière substance.

2. On peut se faire une idée de la véritable couleur du bismuth oxydé, d'après celle du nuage qui se répand dans l'acide nitrique, lorsqu'on y fait dissoudre du bismuth natif, ou du bismuth fondu. La teinte grise que le bismuth oxydé naturel présente quelquefois, est due à un mélange de terre argileuse (2).

----

(1) Catal., t. II, p. 219.
(2) De Born, catal., p. 218.

V I I I^e.   G E N R E.

C O B A L T ou C O B O L T, tiré d'un mot allemand, qui signifie *un être malfaisant*.

Cobaltum, *Waller.*, t. II, p. 173. Cobalt, *de Lisle*, t. III, p. 120. Cobalt, *de Born*, t. II, p. 174. *Id.*, Sciagr., t. II, p. 217. Kobalt des Allemands. Cobalt, *Daubenton, tabl.*, p. 33. Cobalt, *Kirwan*, t. II, p. 268.

Caractères du cobalt pur.

Caract. phys. Pesant. spécif., 8,5384.

Consistance. Cassant et facile à pulvériser.

Tissu, à grain fin et serré.

Couleur ; le blanc d'étain.

Magnétisme. Agissant par attraction sur les deux pôles de l'aiguille aimantée. Susceptible d'acquérir lui-même des pôles.

Caract chim. Très-difficile à fondre. Soluble avec effervescence dans l'acide nitrique. Son oxyde, fondu avec le borax, le colore en bleu.

Le nom de cobalt, qui signifie *un être malfaisant*, a été donné à la substance métallique dont il s'agit ici, par les mineurs Allemands, à cause des incommodités auxquelles les exposoit la vapeur de l'arsenic qui l'accompagne. Ils s'imaginoient qu'il existoit dans les mines, dont on la retiroit, un génie ennemi, qui se plaisoit à les tourmenter.

Bergmann avoit presque douté si le cobalt n'étoit pas une mine de fer dans un état particulier. Cette opinion, abandonnée depuis, a fait place à une autre, suivant laquelle le cobalt, quoique distingué du fer par sa nature, partageoit avec lui la propriété magnétique. On a même cité des aiguilles aimantées faites, par Wenzel, avec le cobalt le plus pur (1).

---

(1) Gren, manuel systématique de chimie, 2e. édit., t. III, p. 516 et suiv.

Le Cit. Tassaërt ayant analysé un fragment d'uu gros cristal de cobalt gris de Tunaberg, a employé tous les moyens que la chimie lui offroit, pour épurer le cobalt provenu de cette analyse (1), et il a observé que ce métal agissoit fortement par attraction sur chaque pôle d'une aiguille magnétique. Il eût été à désirer que le culot qu'il avoit obtenu (2) fut mis sous une forme convenable, pour qu'on pût essayer de lui communiquer le magnétisme polaire, et comparer ensuite avec son poids celui de la quantité de fer qu'il auroit été capable de porter, ainsi que je l'ai fait par rapport au nickel (3). Quoi qu'il en soit, l'attraction exercée par le culot dont il s'agit, sur l'aiguille aimantée, fournit seule une forte présomption en faveur de l'opinion que le cobalt doit être rangé aussi parmi les corps susceptibles de magnétisme, et cela d'autant plus, que le Cit. Vauquelin, témoin des expériences du Cit. Tassaërt, est persuadé de leur exactitude.

Si l'on vouloit en entreprendre de nouvelles, il faudroit éviter, à l'exemple du Cit. Tassaërt, de choisir quelqu'une des mines dans lesquelles le nickel est allié au cobalt, et qui en même temps contiennent plus ou moins de fer, parce qu'on auroit alors deux causes d'incertitude pour une, dont il faudroit débarrasser le résultat.

La cristallisation artificielle du cobalt fondu est très-difficile à obtenir ; elle n'offre, le plus souvent, que des stries superficielles, qui se croisent, et représentent une espèce de réseau. Romé de Lisle a observé dans les cavités d'une masse de cobalt qui résultoit de la fonte en grand de ce métal, des groupes de petits cristaux cubiques (4).

---

(1) Annales de chimie, N°. 82, p. 100 et suiv.

(2) C'est ce même culot qui m'a servi à déterminer la pesanteur spécifique indiquée plus haut.

(3) Voyez t. III, p. 363.

(4) Cristal., t. III, p. 122.

Le cobalt est susceptible de se convertir en un oxyde d'un gris obscur, que l'on appelle *safre*. Cet oxyde, fondu avec de la poudre de cailloux ou de sable, forme un beau verre bleu, connu sous le nom de *smalt*, et que l'on pulvérise pour en faire la matière du bleu qu'on appelle *bleu d'azur* ou *bleu de Saxe*, *de Bohême*, *de Wirtemberg*, etc., parce qu'on en prépare dans ces différens endroits (1).

On emploie ce bleu, avec beaucoup d'avantage, pour donner différentes teintes de la couleur bleue, aux matières vitreuses, à l'aide desquelles on imite diverses sortes de pierres, telles que la télésie bleue, dite *saphir*, le lazulite, etc. On fait usage du même bleu pour peindre les faïences et les porcelaines, ainsi que pour la peinture à fresque. On le mêle à l'amidon, pour former ce qu'on appelle *empois bleu*. En Allemagne, le smalt le plus grossier sert de poudre à écriture.

Une des encres sympathiques les plus curieuses, est celle que donne la dissolution du safre, dans l'acide nitromuriatique, à l'aide de la digestion. Les caractères tracés avec cette encre restent invisibles lorsque le papier est sec ; mais si l'on expose ce papier au feu, ils paroissent sous une belle couleur verdâtre. Le refroidissement suffit pour les faire disparoître, et l'on peut répéter cette expérience un grand nombre de fois, en évitant de trop chauffer le papier ; car alors la couleur des caractères reste fixe (2).

---

(1) Encyclop. méthod., arts et mét., t. I, au mot *bleu*.

(2) J'ai vu des écrans sur lesquels on avoit dessiné, avec de l'encre ordinaire, des arbres dont les branches étoient nues ; puis on s'étoit servi de l'encre de cobalt pour ajouter le feuillage, qui avoit disparu par le dessèchement. Ces sortes d'écrans, placés entre les mains des personnes assises devant le feu, leur donnoient une agréable surprise en leur offrant l'image du printemps qui succédoit à l'hiver.

PREMIÈRE ESPÈCE.

COBALT ARSENICAL.

Cobaltum ferro et arsenico mineralisatum, etc.; minera cobalti cinerea, *Waller.*, *t. II, p.* 177. Mine de cobalt arsenicale, *de Lisle, t. III, p.* 123. Cobalt arsenical, *de Born, t. II, p.* 116. Cobalt uni à l'arsenic, Sciagr., *t. II, p.* 220. Grauer speiss kobolt, *Emmerling, t. II, p.* 493. Cobalt gris et cobalt blanc, *Daubenton, tabl., p.* 33. Dull grey cobalt ore, *Kirwan, t. II, p.* 270.

Caractère essent. Blanc d'argent ; cassure à grain fin et serré. Communiquant au borax une couleur bleue.

Caract. phys. Pesant. spécif., 7,7207.

Consistance. Cassant.

Couleur. Les cristaux ont leur surface d'un blanc d'argent. Celle des morceaux informes a souvent une teinte plus ou moins apparente de rougeâtre.

Cassure ; raboteuse, à grain fin et serré.

Caract. chim. L'acide nitrique dans lequel on l'a mis fait effervescence au même instant. Ses fragmens, présentés à la flamme d'une bougie, répandent une vapeur accompagnée d'une odeur d'ail très-sensible. L'action du chalumeau rend cette vapeur plus abondante, et le fragment devient attirable à l'aimant. Fondu avec le verre de borax, le fragment lui communique une belle couleur bleue. Il contient ordinairement une certaine quantité de fer.

Caractères distinctifs. 1°. Entre le cobalt arsenical et le cobalt gris. Le tissu de celui-ci est très-lamelleux ; l'autre présente dans tous les sens une cassure granuleuse. Le cobalt gris, exposé à la simple flamme d'une bougie, sans le secours du chalumeau, ne donne point d'odeur d'ail sensible comme le cobalt arsenical. Sa pesanteur spécifique est moindre que celle du cobalt arsenical, dans le rapport de 4 à 5. 2°. Entre le même et le fer arsenical. Celui-ci fondu avec le borax, lui communique une couleur noirâtre, au lieu d'une couleur d'un beau bleu. Le cobalt arsenical mis dans l'acide nitrique, y produit aussitôt de l'effervescence, et le fer arsenical seulement au bout de quelques instans. 3°. Entre le même et l'argent antimonial. Celui-ci a une structure lamelleuse; l'autre n'a qu'une cassure granuleuse. L'argent antimonial exposé à la chaleur, ne donne point d'odeur d'ail, comme le cobalt arsenical.

VARIÉTÉS.

FORMES.

Déterminables.

1. Cobalt arsenical *octaèdre* (*fig.* 1) *pl. LXIII.* Incidence de *n* sur *n*, 109^d 28′ 16″.

2. Cobalt arsenical *cubique* (*fig.* 3). *De Lisle, t. III, p.* 124; var. 1.

3. Cobalt arsenical *cubo-octaèdre* (*fig.* 4). *De Lisle, t. III, p.* 125; var. 3 et 4. Incidence de *t* sur *r*, 125^d 15′ 52″.

4. Cobalt arsenical *triforme* (*fig.* 7). Forme dérivée du cube, de l'octaèdre régulier et du dodécaèdre rhomboïdal. *De Lisle, t. III, p.* 124; var. 2. Incidence de *u* sur *f*, 135^d.

Indéterminables.

5. Cobalt arsenical *concrétionné.* En masses mamelonées.
6. Cobalt arsenical *amorphe.*

Ce que l'on a appelé *cobalt tricoté*, paroît n'être autre chose que de l'argent natif réticulé, uni au cobalt arsenical, et à l'état de décomposition. *Voyez* l'appendice à l'argent natif.

A N N O T A T I O N S.

1. On trouve le cobalt arsenical à Annaberg et à Schnéeberg, en Saxe ; à Wittichen , dans le Wirtemberg ; à Joachimsthal , en Bohême ; à Sainte-Marie-aux-Mines et à Allemont, en France. Ses gangues sont le quartz, la chaux carbonatée et quelquefois la baryte sulfatée. Ses cristaux sont ordinairement assez petits, et n'ont guère que 4 ou 5 millimètres, ou environ deux lignes d'épaisseur.

2. Je ne sache pas que l'on ait encore analysé cette mine dans l'état de cristallisation, ce qui seroit le moyen le plus sûr pour déterminer le rapport et les fonctions des principes qui entrent dans sa composition, surtout si l'on comparoit le résultat à celui qu'auroient donné des masses informes. On sauroit, par exemple, si le fer n'y existe qu'accidentellement, comme on peut déjà le présumer. On verra encore mieux, par les détails dans lesquels j'entrerai, en parlant de l'espèce suivante, combien il seroit intéressant que la chimie nous procurât des connoissances précises sur cet objet. Nous avons, en attendant, des caractères minéralogiques qui distinguent assez nettement les deux substances l'une de l'autre, particulièrement celui que présente le tissu, qui, dans le cobalt arsenical, est granuleux, sans indice de lames, au lieu que le cobalt gris est un des minéraux dont la structure soit le plus décidément lamelleuse.

IIe. E S P È C E.

C O B A L T   G R I S.

Cobaltum ferro arsenicato cum sulfure mineralisatum, etc. ; minera cobalti tessularis, *Waller.*, *t. II*, *p.* 176 et 177 ; *a* et *c.* Mine de cobalt arsenico-sulfureuse, *de Lisle* , *t. III* , *p.* 129. Cobalt blanc , *de Born* , *t. II* , *p.* 180. Cobalt avec fer et arsenic, minéralisé par le soufre, Sciagr., *t. II* , *p.* 225. Glanz kobolt,

Emmerling, *t. II*, *p.* 488. Weisser-speiss kobolt, *ibid.*, *p.* 496. Cobalt arsenical, *Daubenton*, *tabl.*, *p.* 33. Bright white cobalt ore, *Kirwan*, *t. II*, *p.* 273.

Caractère essentiel. Blanc métallique nuancé de gris. Divisions nettes parallèles aux faces d'un cube.

Caractère physique. Pesant. spécif., 6,3391.....6,4509.

Dureté. Souvent étincelant par le choc du briquet,

Odeur par l'étincelle; odeur d'ail.

Couleur; le blanc métallique, tirant un peu sur le gris.

Tissu, très-lamelleux.

Caractères géom. Forme primitive. Le cube *(fig.* 138) *pl. LXXVI.* Les joints naturels sont très-nets et répandent un vif éclat. Peu de substances ont le tissu plus sensiblement lamelleux.

Molécule intégrante. *Id.*

Caract. chim. Soluble dans l'acide nitrique. Donnant une odeur d'ail par l'action du chalumeau.

Fondu avec le verre de borax, il lui communique une belle couleur bleue.

1ere. Analyse du cobalt gris de Tunaberg, par Klaproth (1).

Cobalt.. 44,0.

Arsenic... 55,5.

Soufre.. 0,5.
                                              100,0.

2e. Analyse de la même substance, par le Cit. Tassaërt (2).

Arsenic... 49,00.

Cobalt.. 36,66.

Fer... 5,66.

Soufre.. 6,50.

Perte... 2,18.
                                              100,00.

---

(1) Journ. de phys., avril, 1798, p. 319.

(2) Annales de chimie, N°. 82, 30 vendémiaire, an 7.

Caractères

Caractères distinctifs. 1°. Entre le cobalt gris et le cobalt arsenical. Celui-ci présente dans tous les sens une cassure granuleuse ; l'autre a le tissu très-sensiblement lamelleux. Le cobalt gris, exposé à la simple flamme d'une bougie, ne donne point d'odeur d'ail sensible comme le cobalt arsenical. Sa pesanteur spécifique est moindre, dans le rapport de 4 à 5. 2°. Entre le même et le fer sulfuré. La couleur du fer sulfuré est le jaune de bronze, et celle du cobalt gris le blanc légérement grisâtre. Le premier a le tissu beaucoup moins lamelleux. Il ne donne point d'odeur d'ail par le choc du briquet, ni par l'action du chalumeau. 3°. Entre le même et le fer arsenical. Celui-ci a la cassure raboteuse à grain serré ; l'autre a une structure très-lamelleuse. Les formes du fer arsenical dérivent d'un prisme à bases rhombes ; celles du cobalt gris se rapportent à un noyau cubique que l'on peut facilement extraire par la division mécanique. 4°. Entre le même et l'antimoine natif. Celui-ci n'étincelle point par le choc du briquet, comme cela a souvent lieu pour l'autre. Ses fractures présentent des lames diversement inclinées entre elles ; dans le cobalt elles sont toujours perpendiculaires l'une sur l'autre. Au chalumeau, l'antimoine se volatilise, et le cobalt reste fixe, à la réserve du soufre et de l'arsenic, qui s'échappent.

VARIÉTÉS.

FORMES.

Déterminables.

1. Cobalt gris *octaèdre.* $\overset{1}{\underset{d}{A}}$ (*fig.* 139). En octaèdre régulier. Incidence de d sur d, 109^d 28′ 16″.

2. Cobalt gris *dodécaèdre.* $\underset{e'' \ e'}{\overset{\frac{1}{2}}{B} \ \overset{2}{C} \ \underset{e}{G^2\,{}^2G}}$ (*fig.* 140). *De Lisle*, *t. III*, *p.* 131 ; var. 3. Incidence de e sur e, 126^d 52′ 11″.

Voyez pour les détails, l'article du fer sulfuré dodécaèdre, *p.* 49.

3. Cobalt gris *cubo-dodécaèdre.* $\overset{\frac{1}{2}}{\underset{e''}{B}}\,\overset{2}{\underset{e'}{C}}\,\underset{e}{G^{2\,2}G}\,\underset{MP}{MP}$ (*fig.* 144). *De Lisle, t. III, p.* 130, var. 1; et 131, var. 2. Les faces P, M, M sont souvent sillonnées par des stries parallèles à leurs grands côtés, comme dans le fer sulfuré cubo-dodécaèdre. Incidence de M sur e, 153^d $26'$ $5''$ $30'''$.

4. Cobalt gris *icosaèdre.* $\overset{\frac{1}{2}}{\underset{e''}{B}}\,\overset{2}{\underset{e'}{C}}\,\underset{e}{G^{2\,2}G}\,\overset{1}{\underset{d}{A}}$ (*fig.* 145). Incidence de d sur e, 140^d $46'$ $17''$. *Voyez* pour les détails, l'article du fer sulfuré icosaèdre, p. 54.

5. Cobalt gris *cubo-icosaèdre.* $\overset{\frac{1}{2}}{\underset{e''}{B}}\,\overset{2}{\underset{e'}{C}}\,\underset{e}{G^{2\,2}G}\,\overset{1}{\underset{d}{A}}\,\underset{MP}{MP}$ (*fig.* 147). *De Lisle, t. III, p.* 132; var. 4. Il est souvent strié suivant les mêmes directions que la 3ᵉ· variété.

6. Cobalt gris *partiel* (1). $\overset{2}{B}\,\underset{e'}{E^{\frac{1}{2}}}\,\underset{r}{^{\frac{1}{2}}E}\,\underset{M}{M}$ (*fig.* 167) *pl. LXXVIII.* Octaèdre cunéiforme, dont les arêtes extrêmes sont interceptées chacune par une facette rectangulaire e'. Incidence de r sur r, 96^d $22'$ $44''$; de r sur e', 138^d $11'$ $22''$.

Cette variété est très-singulière par le défaut de symétrie dans les actions des lois qui la déterminent. C'est un de ces cas très-rares, qui doivent dépendre de quelque circonstance particulière, dont la cause nous échappe dans l'état actuel de nos connoissances. Je n'ai vu que deux cristaux qui présentassent cette modification, et tous leurs caractères s'accordoient à indiquer leur place dans l'espèce du cobalt gris

Indéterminables.

7. Cobalt gris *amorphe.*

---

(1) Le signe se rapporte au noyau représenté fig. 166.

ANNOTATIONS.

1. Les plus belles cristallisations de cobalt gris sont celles de la mine de Tunaberg, en Suède ; elles y sont souvent accompagnées de fer sulfuré. De Born cite la même substance comme se trouvant aussi en Norwège ; à Schladming, en Stirie ; à Schnéeberg, en Saxe, où elle est, dit-il, cristallisée en cubes tronqués aux huit angles solides (1). Mais il parle à l'article du cobalt arsenical, de cristaux semblables de cette dernière mine, provenant du même endroit (2), ce qui pourroit faire soupçonner qu'il y a ici un double emploi.

Les cristaux de cobalt gris ont quelquefois jusqu'à 30 millimètres, ou au-delà d'un pouce d'épaisseur. Les reflets éclatans que lance leur surface, la netteté de leurs formes, qui sont quelquefois d'une grande perfection, et qui, par elles-mêmes, ont un air de symétrie dont l'œil est flatté, conspirent à en faire une des portions les plus intéressantes de la série des corps réguliers qu'offre la nature.

2. On a pu remarquer que la cristallisation du cobalt arsenical, qui est l'objet de l'article précédent, se trouvoit limitée à un petit nombre de formes très-simples originaires du cube ou de l'octaèdre, et qui sont communes à beaucoup de substances métalliques. Le cobalt gris franchit ces limites, en passant aux formes du dodécaèdre, de l'icosaèdre, du solide cubo-dodécaèdre, etc., qui ne se retrouvent que dans le fer sulfuré ; et ce qu'il y a encore ici de remarquable, c'est que les faces parallèles à celles du noyau soient, dans l'une et l'autre espèce, chargées de stries longitudinales suivant trois directions perpendiculaires entre elles ; en sorte que le cobalt gris a copié la cristallisation du fer sulfuré, non-seulement dans les variétés qui paroissent appartenir à celui-ci d'une manière plus spéciale, mais jus-

______

(1) Catal., t. II, p. 181.
(2) *Ibid.*, p. 179.

148   T R A I T É

que dans certains accidens qui ont, par eux-mêmes, quelque chose de singulier, en ce qu'ils présentent des stries sur des faces parallèles aux faces primitives (1).

A en juger d'après l'observation que présentent certains cristaux de cobalt gris, qui sont accompagnés de fer sulfuré adhérent à leur surface, et quelquefois incrusté dans leur intérieur, on pourroit être tenté de croire que l'identité de formes dont je viens de parler, seroit due à une certaine proportion de fer sulfuré que le cobalt auroit admis dans sa composition, et qui lui auroit imprimé le caractère de sa propre cristallisation. Effectivement, le Cit. Tassaërt a trouvé dans le cobalt gris du fer et du soufre : mais outre que l'ensemble de ces deux principes ne formoit qu'environ $\frac{1}{10}$ de la masse, leur rapport étoit différent de celui qui a lieu dans le fer sulfuré (2). Après tout, la théorie relative à la structure des cristaux n'est point intéressée dans cette discussion, puisque le cube étant une des formes primitives qui donnent des limites, est susceptible de se rencontrer, avec des modifications semblables, dans des substances différentes par leur nature. Mais les accidens qui, dans le cas présent, étendent la ressemblance jusqu'aux nuances les plus légères, s'ils ne font pas une difficulté réelle, ne peuvent du moins être remarqués sans exciter quelque surprise.

Une autre réflexion qui sort de tout ce que j'ai dit par rapport à cette espèce et à la précédente, c'est qu'on ne voit pas encore bien clairement en quoi elles diffèrent chimiquement l'une de l'autre, et j'ai cru, en conséquence, devoir éviter, au moins

---

(1) Voyez ce que nous avons dit sur ce sujet, à l'article du fer sulfuré triglyphe, ci-dessus, p. 51.

(2) J'avois remis moi-même au Cit. Tassaërt le morceau qu'il a soumis à l'analyse, et il auroit été difficile d'en trouver un qui fût mieux caractérisé. Cette analyse a été faite sous les yeux du Cit. Vauquelin, qui en a reconnu les produits. Cependant le résultat de Klaproth n'indique que 0,8 de soufre, c'est-à-dire, $\frac{1}{125}$ de la masse, et le fer n'y entre pour rien.

à l'égard de la seconde, une dénomination plus précise que ne le comporte l'état présent de la science.

3. Le cobalt gris est une des mines de ce métal les plus recherchées pour la préparation du bleu d'azur employé dans la coloration de la porcelaine. On en fait usage depuis long-temps à la manufacture de Sèvres, près Paris.

Observ. Les minéralogistes ont parlé d'une mine de cobalt sulfureuse : mais ils ne sont d'accord entre eux ni sur la composition, ni sur les caractères de cette substance, dont nous n'avons été à portée de voir aucun morceau.

C'est à Bastnaès, près de Riddarhyttan, en Suède, qu'elle a été découverte par Brandt (1). La plupart des auteurs y admettent le fer, outre le cobalt et le soufre. Selon Cronstedt, qui a été suivi par Wallerius, le cobalt y est minéralisé par le fer sulfuré (2) ; et suivant Romé de Lisle, ce seroit du cobalt mêlé d'un peu de fer, et minéralisé par le soufre (3).

Bergmann regarde le cobalt et le fer comme étant ici simplement souillés d'acide vitriolique (4) ; et il remarque que le fer y abonde, mais que l'acide y est en trop petite quantité pour former du cobalt vitriolé, puisque la mine présente l'aspect métallique (5) : il admet d'une autre part un cobalt sulfuré, mais qui ne diffère du cobalt natif que par une très-petite quantité de soufre (6).

A l'égard du baron de Born, ce qu'il appelle *mine de cobalt sulfureuse*, n'est point, de son propre aveu, la même substance dans laquelle Bergmann a trouvé de l'acide vitriolique ; c'est un oxyde de cobalt combiné avec le soufre ; et les différens mor-

---

(1) Mém. de l'Acad. d'Upsal, 1742, et de Stockolm, 1746.
(2) Syst. mineral., édit. 1778, t. II, p. 178.
(3) Cristal., t. III, p. 134.
(4) Sciagr., édit. de Lametherie, t. II, p. 224.
(5) Opusc. physica et chimica, t. II, p. 415.
(6) Ib., p. 411.

ceaux qu'il en cite, provenoient des mines de la Hongrie, de l'Autriche et de la Bohême (1).

Il y a aussi de la diversité dans les caractères extérieurs attribués à la mine de cobalt sulfureuse. Suivant Wallerius, elle est peu brillante ; et le Cit. Mongez le jeune la dépeint comme la plus belle et la plus brillante des mines de cobalt (2) ; il la nomme, en conséquence, *mine de cobalt spéculaire*. De Born, qui se sépare ici des autres naturalistes et se plaint de l'ambiguité de leurs descriptions, en donne une qui elle-même seroit susceptible d'éclaircissement : il suppose par tout que le cobalt sulfureux, qui n'est, selon lui, qu'un oxyde sulfureux de cobalt, jouit de l'éclat métallique. Il en cite une variété en cubes, dont les bords et les angles sont tronqués, ce qui paroît indiquer la forme du solide cubo-icosaèdre, que présente communément l'espèce précédente.

Tout ceci est une nouvelle preuve de l'embarras dans lequel on est souvent jeté par l'état d'imperfection où se trouve encore à certains égards la minéralogie, lorsqu'on se propose de faire un Traité, et non pas simplement un livre. Ce qui paroît résulter de plus clair de cette discussion, c'est l'existence d'une mine de cobalt exempte d'arsenic ; et si l'on s'en tient au sentiment de Bergmann, qui a fait sur l'objet dont il s'agit, des expériences particulières (3), on pourra présumer que les substances qu'on a appelées le plus généralement *mine de cobalt sulfureuse*, se rapprochent beaucoup du cobalt natif, ou d'un simple alliage de cobalt et de fer.

---

(1) Catal., t. II, p. 183.
(2) Sciagr., édit. de Lametherie, *ibid.*
(3) Opusc., t. II, p. 445.

A L'ÉTAT D'OXYDE.

IIIᵉ. ESPÈCE.

COBALT OXYDÉ NOIR.

Schwarzer-erdkobolt, *Emmerling*, t. *II*, p. 498. Black cobalt ore, *Kirwan*, t. *II*, p. 275.

Caractère essentiel. Noir ou d'un bleu-noirâtre. Colorant en bleu le verre de borax.

Caract. phys. Couleur ; le noir ou le bleu-noirâtre.

Surface intérieure. La plupart des morceaux deviennent éclatans aux endroits où l'on a fait passer avec frottement un corps dur et uni.

Caract. chim. Exposé au chalumeau avec le borax, il colore celui-ci en bleu.

Caract. distinct. Le cobalt oxydé noir est distingué des autres substances de la même couleur, telles que l'argent noir, le manganèse oxydé terreux, etc., par la propriété qu'il a de communiquer au verre de borax une belle couleur bleue. Le manganèse le colore en violet.

VARIÉTÉS.

1. Cobalt oxydé noir *mameloné.*

2. Cobalt oxydé noir *terreux.* Oxyde de cobalt d'un bleu foncé, tirant sur le noir, en masse friable, *de Born*, t. *II*, p. 190. V. D. *d.* 1. Compacte ou sous forme pulvérulente.

3. Cobalt oxydé noir *vitreux.* Cobaltum mineralisatum, minerâ colore nigrescente vel glauco, scoriis simili, *Waller.*, t. *II*, *pag.* 180. Cobalt en efflorescence de couleur noire, *de Lisle*, t. *III*, p. 224. Cobalt en chaux, Sciagr., t. *II*, p. 221. Semblable à une scorie vitreuse, ou en masse compacte, à cassure luisante.

A N N O T A T I O N S.

1. On trouve le cobalt oxydé noir à Kitzbichel, dans le Tyrol; à Saalfeld, en Thuringe; à Freydenstadt, dans le duché de Wirtemberg; à Schnéeberg, en Saxe, etc. En le brisant, on observe quelquefois à l'intérieur des taches rougeâtres de cobalt arseniaté.

2. Un des meilleurs caractères pour reconnoître cette mine, lorsqu'il existe, est le brillant qui paroît à la surface, lorsqu'on l'a frottée avec un corps dur et lisse, tel qu'une lame de couteau. J'ai vu cet effet d'une manière très-sensible sur des morceaux de cobalt oxydé, les uns mamelonés, les autres terreux, qui m'ont été donnés par M. Codon, pensionnaire de la cour d'Espagne, et que ce savant avoit rapportés de Saalfeld en Thuringe.

3. Le cobalt oxydé noir, dans l'état de pureté, est fort recherché, en ce qu'il se trouve comme tout préparé par la nature, pour fournir un beau bleu de smalt, au moyen de sa fusion avec une matière siliceuse.

IVe. E S P È C E.

C O B A L T A R S E N I A T É.

Cobaltum arsenico mixtum, colore rubro vel flavo efflorescens. Flos cobalti, *Waller.*, *t. II, p.* 181. Mine de cobalt en efflorescence, ou fleurs de cobalt, *de Lisle, t. III, p.* 145. Oxyde de cobalt rouge; fleurs de cobalt; mine de cobalt en efflorescence, *de Born, t. II, p.* 185. Cobalt minéralisé par l'acide arsenical, Sciagr., *t. II, p.* 222. Rother-erdkobolt, *Emmerling, t. II, p.* 506. Cobalt mineralized by the arsenical acid, *Kirwan, t. II, p.* 278.

Caractère essentiel. Rouge mêlé de violet. Colorant en bleu le verre de borax.

Caract. phys. Couleur; rouge-violet, tirant sur la couleur de
lie

lie de vin, lorsqu'il est vif, et sur celle des fleurs de pêcher, lorsqu'il a peu d'intensité.

Poussière obtenue par la trituration. Sa couleur est semblable à celle de la masse.

Caract. chim. Exposé au chalumeau avec le verre de borax, il colore celui-ci en bleu.

Caract. distinct. 1°. Entre le cobalt arseniaté aciculaire et l'antimoine hydrosulfuré. Celui-ci est d'un rouge sombre, et sous la forme de filamens plus longs et plus déliés; il ne colore point en bleu le verre de borax. 2°. Entre le même et le cuivre oxydé rouge soyeux. Celui-ci est d'un rouge plus vif, et a un luisant qui manque à l'autre; il forme au lieu d'aiguilles, des filamens capillaires très-déliés; il ne colore point en bleu le verre de borax. 3°. Entre le même à l'état pulvérulent et le fer oxydé rouge, le mercure sulfuré, etc., sous la même forme. La couleur de ceux-ci ne tire point sur le rouge de fleur de pêcher, comme celle du cobalt. Même différence par l'union avec le borax, au chalumeau.

V A R I É T É S.

F O R M E S.

1. Cobalt arseniaté *aciculaire.* En aiguilles souvent divergentes, qui partent d'un centre commun, et forment de jolies rosettes à la surface de la gangue. Romé de Lisle a cru reconnoître que ces aiguilles étoient des prismes hexaèdres terminés par des sommets dièdres ou même tétraèdres (1).

2. Cobalt arseniaté *pulvérulent.*

____

(1) Cristal, t. III, p. 146.

A C C I D E N S   D E   L U M I È R E.

1. Cobalt arseniaté *translucide.* La variété en aiguilles l'est assez communément.

2. Cobalt arseniaté *opaque.*

A N N O T A T I O N S.

1. Le cobalt arseniaté existe souvent à la surface ou auprès des mines de la même substance à l'état métallique ; dans ce dernier cas, on le trouve sur différentes gangues pierreuses, telles que le quartz blanc, l'argile, la baryte sulfatée, la chaux carbonatée ferrifère, ou même sur d'autres substances métalliques, comme le cuivre gris, le cuivre carbonaté bleu, etc.

2. On a attribué la formation du cobalt arseniaté à la décomposition du cobalt arsenical ; et ce qui paroît confirmer cette opinion, c'est que le cobalt arsenical, exposé à l'action de l'air et de l'humidité, se couvre d'une efflorescence rougeâtre qui a tous les caractères du cobalt arseniaté. On parvient même à imiter artificiellement cette dernière substance, en faisant dissoudre du cobalt arsenical dans l'acide nitrique bouillant. Cet acide, en se décomposant, fournit de l'oxygène et à l'arsenic qui s'acidifie, et au cobalt qui s'oxyde.

A P P E N D I C E.

COBALT ARSENIATÉ TERREUX ARGENTIFÈRE.

Minera argenti mollior diversicolor, *Waller.*, *t. II, p.* 346. *a.* Mine de cobalt terreuse, dite *mine d'argent merde d'oie, de Lisle, t. III, p.* 150. Argent terreux dans l'ocre ferrugineuse parsemée de taches jaunes, brunes et vertes. Mine d'argent merde d'oie, Sciagr., *t. II, p.* 80. Mine d'argent fiente d'oie, *Daubenton, tabl., p.* 33. Greenish and reddish black silver ore, *Kirwan, t. II, p.* 125.

Le cobalt arseniaté tenant argent, et mêlé avec le cobalt oxydé noir, le nickel oxydé, et quelquefois des terres argileuses et ocreuses, compose des masses qui présentent des teintes variées de rouge, de verdâtre, de brun, etc. ; on aperçoit quelquefois de l'argent natif capillaire à la surface. Ce mélange ne mériteroit guère d'être cité, si les mineurs n'y avoient attaché de l'importance, en l'exploitant comme mine d'argent, dans les endroits où il renferme une quantité notable de ce métal, comme à Schemnitz en Hongrie, et à la montagne des Chalanches, près d'Allemont, dans le ci-devant Dauphiné. Schreiber, qui en a analysé un morceau provenant de cette dernière localité, a retiré de 100 parties, 12,75 d'argent, 3,5 de fer, 43 de cobalt, 4,75 de mercure, 15,25 d'eau et d'acide sulfurique, et 20,75 d'arsenic.

IXe. GENRE.

ARSENIC (1).

Arsenicum, *Waller.*, t. II, p. 157. Arsenic, *de Lisle, t. III,* p. 18. *Id., de Born, t. II, p.* 192. *Id.*, Sciagr., *t. II, p.* 206. Arsenik des Allemands. Arsenic, *Daubenton, tabl., pag.* 31. Arsenic, *Kirwan, t. II, p.* 254.

---

(1) On prétend que ce nom est tiré d'un mot grec qui signifie *mâle*, et qu'il a été donné à l'arsenic, à cause de la grande énergie avec laquelle agit ce métal.

A L'ÉTAT MÉTALLIQUE.

PREMIÈRE ESPÈCE.

ARSENIC NATIF.

Arsenicum nativum formâ metallicâ, nigrum ; arsenicum nativum nigrum, *Waller.*, *t. II, p.* 161. Régule d'arsenic natif, *de Lisle, t. III, p.* 24. Arsenic testacé ; régule d'arsenic natif, *de Born, t. II, p.* 94. Arsenic natif uni au fer, Sciagr., *t. II,* p. 211. Gediegen-arsenik, *Emmerling, t. II, p.* 548. Arsenic natif, *Daubenton, tabl., p.* 31. Native arsenic, *Kirwan, t. II,* p. 255.

Caractère essentiel. Gris d'acier ; répandant une forte odeur d'ail par l'action du feu.

Caract. phys. Pesanteur spécifique de l'arsenic fondu, 8,308, selon Bergmann (1) ; de l'arsenic natif, 5,7249........ 5,7633, suivant Brisson (2).

Consistance. Très-cassant.

Couleur ; le gris d'acier, susceptible de se ternir promptement par le contact du feu.

Caract. chim. Répandant une forte odeur d'ail par l'action du feu.

Caractères distinctifs. L'arsenic est facile à distinguer du fer, du schéelin ferruginé ou wolfram, et des autres substances métalliques avec lesquelles on pourroit être tenté de le confondre, par la facilité qu'il a de se ternir à l'air, et par l'odeur d'ail qui s'en dégage lorsqu'on le chauffe.

---

(1) Sciagr., t. II, p. 206.

(2) Le même physicien donne 5,0534, pour celle de l'arsenic tuberculeux ; mais il y a apparence que le morceau qu'il a pesé avoit des cavités à l'intérieur, ou n'étoit pas pur.

VARIÉTÉS.

1. Arsenic natif *concrétionné*. En tubercules composés de couches concentriques. Arsenic testacé, *de Lisle, t. III, p.* 25.

Ses tubercules renferment quelquefois un noyau d'argent antimonié sulfuré.

2. Arsenic natif *amorphe*. Sa fracture récente présente une multitude de petites écailles, qui ont des reflets comme satinés, lorsqu'on la fait mouvoir à la lumière. On en rencontre aussi en masses terreuses et friables. C'est ce qu'on appelle communément *poudre à mouches* et *pierre volante*.

ANNOTATIONS.

1. L'arsenic natif se trouve à Sainte-Marie-aux-Mines, en France; à Freyberg, en Saxe; à Joachimstal, en Bohême; dans le Bannat de Temeswar, en Hongrie, etc.

2. L'arsenic paroît tenir un rang à part, entre les métaux, par l'ensemble de ses propriétés. A l'état de pureté, il présente tous les caractères d'une substance métallique ; mais ses combinaisons avec l'oxygène le rapprochent des corps salins. Le premier degré de cette union produit un oxyde blanc, qui déjà diffère des autres oxydes métalliques par sa saveur caustique, par sa solubilité dans l'eau, et par sa volatilité, lorsqu'on le chauffe dans des vaisseaux fermés ; mais un feu violent le ramène à l'analogie avec ces mêmes oxydes, en le faisant passer à l'état de verre. Une plus grande quantité d'oxygène que celle qui est nécessaire pour former l'oxyde, convertit l'arsenic en un véritable acide, sous forme concrète, dont la découverte est due à Schéele.

3. La fonte de l'arsenic forme des masses lamelleuses, qui paroissent composées d'aiguilles prismatiques irrégulieres. Lorsque l'oxyde blanc de ce métal, traité dans des vaisseaux fermés, se sublime en repassant à l'état métallique, il produit de petits

cristaux qui, selon Romé de Lisle (1), sont des octaèdres réguliers, et il est assez remarquable que cette cristallisation soit aussi
celle de l'oxyde lui-même.

4. L'arsenic ne se rencontre pas souvent isolé dans la nature ;
mais il fait la fonction de minéralisateur à l'égard de différens
métaux, tels que le fer et surtout le cobalt. Lorsque le composé
est assez dur pour étinceler par le choc du briquet, l'odeur
d'ail qui accompagne l'étincelle, suffit pour déceler la présence
de l'arsenic. Dans les autres cas, le plus petit fragment exposé
au chalumeau produit le même effet. Vauquelin a remarqué, à
la vérité, que l'odeur de l'antimoine avoit quelque chose d'analogue à celle de l'arsenic ; mais elle est beaucoup moins énergique
et moins pénétrante, et l'on peut dire que ce sont deux degrés
d'une même qualité, presqu'aussi faciles à distinguer, que si
c'étoient deux qualités toutes différentes.

5. L'espèce que nous décrivons ici renferme les substances
auxquelles on doit appliquer en chimie la dénomination pure
et simple d'*arsenic*, en se conformant aux principes d'une exacte
nomenclature. Mais dans le langage commun, on désigne par
arsenic, l'oxyde blanc, de ce métal dégagé des mines cobal-
tiques et autres qu'on nomme *arsenicales*, et tel qu'on le débite
dans le commerce ; et c'est surtout dans ce sens que le nom
d'*arsenic* a par lui-même quelque chose d'effrayant, et semble
fait pour rappeler de grands crimes et de funestes méprises.
La méfiance est ici d'autant mieux placée, que les dehors de
ce terrible poison lui donnent de la ressemblance avec des
substances innocentes ou même salutaires. Les principaux symp-
tômes qui en annoncent les effets, sont un serrement de gosier
considérable, un crachement involontaire, des douleurs vives à
l'estomac, des vomissemens, des sueurs froides et des convul-
sions dont le seul spectacle est lui-même une espèce de tourment.

---

(1) Cristal., t. I, p. 254.

On a employé, comme antidotes, le lait, l'huile douce et différens mucilages. Navier a proposé le sulfure de potasse, délayé
dans l'eau, pour neutraliser l'arsenic, par son union avec le
soufre (1).

6. La poudre à mouches du commerce est l'arsenic natif
friable pulvérisé. On remplit une assiette d'eau avec laquelle on
mêle la poudre, pour faire périr les mouches qui boivent de
cette eau.

7. Les teinturiers font usage de l'oxyde d'arsenic. On l'emploie
aussi, comme fondant, pour la fabrication du verre appelé
cristal; mais il a l'inconvénient de rendre le verre trop tendre,
et susceptible de s'altérer par l'impression de l'air, pour peu
qu'il y entre en proportion trop considérable (2).

A L'ÉTAT D'OXYDE.

IIe. ESPÈCE.

ARSENIC OXYDÉ.

Arsenicum nativum album, salino calcareum ; arsenicum
nativum album, *Waller.*, *t. II, p.* 160. Arsenic blanc cristallin
natif, *de Lisle, t. III, p.* 40. Arsenic oxydé, *de Born, t. II,
p.* 204. Arsenic en chaux, privé simplement de son phlogistique,
Sciagr., *t. II, p.* 212. Naturlicher - arsenikkalk, *Emmerling,
t. II, p.* 566. Arsenic en oxyde, *Daubenton, tabl., p.* 31.
Arsenic mineralized by oxygen, *Kirwan, t. II, p.* 258.

Caract. essent. Soluble dans l'eau ; odeur d'ail par l'action
du feu.

___

(1) Contre-poisons de l'arsenic, du sublimé corrosif, du vert de gris et
du plomb. Paris, 1777.

(2) Bucquet, introduction à l'étude du règne minéral, t. I, p. 91.

Caract. phys. Pesant. spécifique, 3,706 . . . . . 5, suivant de Born.

Couleur ; blanche.

Caract. chim. Soluble dans l'eau ; volatile par le feu, en répandant une odeur d'ail. Traité par le chalumeau, sur un charbon, il couvre celui-ci d'un enduit blanc qui passe au noir, si l'on y fait tomber le cône intérieur de la flamme (1).

Caractères distinct. 1°. Entre l'arsenic oxydé et la chaux arseniatée. Celle-ci n'est point solubledans l'eau comme l'arsenic oxydé ; traitée par le chalumeau, elle laisse un résidu, qui est la chaux, au lieu que l'arsenic oxydé se volatilise en entier. 2°. L'arsenic oxydé est suffisamment distingué des autres substances blanches, avec lesquelles il a des rapports extérieurs, telles que la chaux carbonatée pulvérulente, l'oxyde blanc d'antimoine, etc., par la forte odeur d'ail qu'il exhale, lorsqu'on l'expose à l'action du feu ; on peut encore éviter de le confondre avec l'antimoine, en ce que la poussière blanche dont celui-ci tapisse le charbon, par l'action du chalumeau, conserve sa couleur, lorsqu'on y porte le cône intérieur de la flamme (2).

V A R I É T É S.

1. Arsenic oxydé *aciculaire.* En aiguilles ordinairement divergentes.

2. Arsenic oxydé *pulvérulent.*

A N N O T A T I O N S.

1. L'arsenic oxydé se trouve à la surface ou dans le voisinage de certaines mines arsenicales, et en particulier de celles de cobalt. De Born dit qu'à Joachimsthal, en Bohême, on en voit en prismes quadrangulaires, sur de la baryte sulfatée écail-

---

(1) Sciagr., t. II, p. 213.
(2) *Ibid.*

leuse ;

leuse ; et qu'à Rusina-Baptista, en Transilvanie, l'arsenic blanc est engagé dans une argile ferrugineuse qui contient aussi du nickel oxydé. Wallerius, en parlant de celui qui est cristallisé, remarque qu'il n'est point sujet à s'altérer, par le contact de l'air, comme les cristaux artificiels de la même substance. La forme de ces derniers, suivant Romé de Lisle, est l'octaèdre régulier, qui est quelquefois prismé.

2. On obtient accidentellement, à l'aide de la sublimation, l'arsenic oxydé du commerce, en faisant fondre des mines, où ce métal est uni à un autre, dont le traitement est l'objet direct de l'opération. Telles sont les mines de cobalt arsenical et les mines d'étain qui contiennent du fer arsenical (1). Quant à l'arsenic oxydé naturel, on ne le rencontre qu'en peu d'endroits, et en petite quantité ; et sa rareté n'est pas un sujet de regret pour les naturalistes.

IIIᵉ. ESPÈCE.

ARSENIC SULFURÉ.

PREMIÈRE VARIÉTÉ.

ARSENIC SULFURÉ ROUGE.

Arsenicum nativum sulfure mixtum rubrum ; risigallum, *Waller.*, *t. II, p.* 163. Rubine d'arsenic ; réalgar natif ; soufre rouge des volcans, *de Lisle*, *t. III, p.* 33. Réalgar natif ; sandarac ; oxyde d'arsenic ; soufre rouge ; rubine d'arsenic, *de Born*, *t. II, p.* 199. Réalgar natif, Sciagr., *t. II, p.* 214. Rothes - rauschgelb, *Emmerling*, *t. II, p.* 563. Réalgal ; arsenic rouge ; orpin rouge, *Lemery*, *dict.*, *p.* 739. Réalgal, *Daubenton*, *tabl.*, *p.* 31. Réalgar, *Kirwan*, *t. II, p.* 261.

---

(1) Henckel, Pyritol., traduct. franç., p. 27.

Caractère essentiel. Rouge ; idio-électrique ; acquérant l'électricité résineuse par le frottement.

Caract. phys. Pesant. spécif., 3,3384.

Dureté. Il s'éclate aisément, par la pression de l'ongle.

Couleur ; rouge, souvent avec une teinte d'orangé.

Transparence. Ordinairement translucide ; quelquefois transparent.

Poussière. Elle est d'une couleur orangée.

Electricité. Acquérant l'électricité résineuse par le frottement, sans avoir besoin d'être isolé.

Cassure ; conchoïde et brillante.

Caract. géom. Forme primitive. Octaèdre à triangles scalènes (*fig.* 208) *pl. LXXXIII*, qui, suivant la remarque de Romé de Lisle, paroit être une modification de celui du soufre (1). Il est à présumer que c'est le même. Mais la petitesse des cristaux n'a pas permis de vérifier cette conjecture par l'observation de la structure et par la mesure des angles. Dans la description des variétés, j'indiquerai, autant qu'il sera possible, ce qu'elles paroissent avoir de commun avec les formes du soufre.

Caract. chimiques. Volatile par le feu , en répandant une odeur d'ail et de soufre. Il perd sa couleur dans l'acide nitrique.

Analyse de l'arsenic sulfuré rouge de Pouzzol, par Bergmann.

    Oxyde d'arsenic........................... 90.

    Soufre. .... 10.

                                  100.

Caractères distinctifs. 1°. Entre l'arsenic sulfuré rouge et l'argent antimonié sulfuré, dit *argent rouge*. La poussière de celui-ci

---

(1) Cet octaèdre est mis ici en projection, de manière que l'angle formé par les arêtes D , D', en supposant le rapprochement exact, est celui de 77ᵈ 19' 12''; cette position a paru plus commode pour faire bien concevoir les formes secondaires. Dans la figure qui représente l'octaèdre du soufre (voyez l'article de ce minéral, t. III, p. 197), c'est, au contraire, l'angle de 102ᵈ 40' 48'' qui est tourné en avant.

est rouge; celle du réalgar est orangée. L'argent rouge a une pesanteur spécifique plus grande, dans le rapport de 5 à 3. Tenu entre les doigts et frotté, il ne s'électrise point, tandis que le réalgar, dans le même cas, acquiert l'électricité résineuse. Au chalumeau, l'argent rouge est réductible, et le réalgar volatile en entier. 2°. Entre le même et le plomb chromaté. La pesanteur spécifique de celui-ci est plus forte, dans le rapport de 9 à 4. Il offre la même différence que l'argent rouge, relativement à l'électricité. Il se réduit au chalumeau, au lieu de s'y volatiliser.

VARIÉTÉS.

FORMES.

Déterminables.

1. Arsenic sulfuré rouge *émoussé*, dont le signe paroît être $P \overset{C}{\underset{n}{\overset{\text{'}}{P}}}$ (*fig.* 209). *De Lisle, t. III, p.* 34, *pl. VII, fig.* 11. C'est l'octaèdre primitif (*fig.* 208), dans lequel les arêtes C sont interceptées par deux larges faces *n*, *n'* (*fig.* 209), en sorte que le cristal, situé convenablement, se présente comme un prisme quadrilatère dont ces mêmes faces formeroient les pans, avec des sommets tétraèdres. Si l'analogie présumée entre la structure du réalgar et celle du soufre étoit réelle, le cristal seroit entièrement semblable au soufre émoussé; l'incidence de *n* sur *n'* seroit de 123ᵈ 49′ 54″; celle de P sur P′, de 143ᵈ 7′ 48″; et celle de *n* sur P, de 132ᵈ 12′ 2″.

2. Arsenic sulfuré rouge *sexoctonal*, dont le signe paroît être $P \overset{C\,A}{\underset{n\,r}{\overset{\text{' '}}{P}}}$ (*fig.* 210). *De Lisle, t. III, p.* 35; var. 2. En supposant toujours la même analogie, l'incidence de *r* sur *n* seroit de 118ᵈ 5′ 3″. De Lisle dit que quelques cristaux lui ont paru des prismes hexagones à sommets dièdres, ce qui feroit une nouvelle variété.

X 2

    T R A I T É

3. Arsenic sulfuré rouge *dioctaèdre*, dont le signe paroît être
$\frac{P \ 'I' \ C \ A}{P \ k \ \overset{1}{n} \ \overset{1}{r}}$ (*fig.* 211). *De Lisle, t. III, p.* 36; var. 3. Dans le
cas de la même analogie, l'incidence de *n* sur *k* seroit de 161^d
33′ 55″.

4. Arsenic sulfuré rouge *octodécimal* (*fig.* 212). *De Lisle,*
t. III, p. 36; var. 4. La face *r* de la variété précédente est
remplacée par deux faces obliques *t*, *t*, qui doivent résulter
d'un décroissement intermédiaire sur l'angle A, fig. 208.

5. Arsenic sulfuré rouge *octoduodécimal* (*fig.* 213). *De Lisle,*
t. III, p. 36; var. 5. L'arête de jonction des faces *t*, *t* (*fig.* 212),
est remplacée par une facette, qui, probablement, a la même
position que *r* (*fig.* 210).

6. Arsenic sulfuré rouge *surcomposé* (*fig.* 214). *De Lisle,*
t. III, p. 34; var. 1. La variété émoussée (*fig.* 209), dans
laquelle les angles solides au sommet et à la base des faces P,
P′, sont interceptés par des facettes.

Indéterminables.

7. Arsenic sulfuré rouge *concrétionné.*
8. Arsenic sulfuré rouge *amorphe.*

A N N O T A T I O N S.

1. On trouve de l'arsenic sulfuré rouge à la bouche de plusieurs volcans, où il a été produit par sublimation, en particulier à la Solfatare, près de Naples, et à la Guadeloupe, où
il porte le nom de *soufre rouge*. Il n'est pas rare de le rencontrer aussi dans la dolomie, au Saint-Gothard et dans d'autres
montagnes primitives. Quelquefois il a pour gangue le quartz, la
baryte sulfatée, etc. Il existe dans plusieurs mines, telles que
celles de Nagyag, en Transilvanie; de Felsobanya, en haute
Hongrie; de Joachimsthal, en Bohême; de Marienberg, en
Saxe, etc.

2. Nous avons dit que l'arsenic sulfuré rouge acquéroit, par le frottement, l'électricité résineuse , sans avoir besoin d'être isolé. Cette propriété est remarquable , en ce qu'elle convient aussi au soufre, et n'existe d'ailleurs que dans un petit nombre de minéraux, dont aucun n'appartient à la classe des substances métalliques. S'il étoit, de plus, bien prouvé que le réalgar et le soufre eussent la même forme primitive, il seroit très - singulier que l'arsenic, en s'unissant à cette dernière substance, par une de ces combinaisons intimes d'où naissent des espèces proprement dites , ne portât aucune atteinte à ses caractères physiques et géométriques, tandis que le même principe combiné, par exemple, avec le fer dans le mispickel, lui enlève sa propriété magnétique et le fait passer à des formes toutes particulières. Mais d'une autre part, le soufre qui a ici une influence si marquée n'est, d'après l'analyse de Bergmann, que la dixième partie de la masse. Il s'agiroit donc de savoir si le principe auquel on doit avoir égard, dans la classification, est celui qui abonde le plus dans une substance, ou celui qui la marque de son empreinte. En attendant que la chimie et la minéralogie, trop long-temps isolées l'une à l'égard de l'autre, se réunissent pour décider en commun les questions de cette nature , et travailler de concert à la perfection de la méthode, j'ai suivi l'exemple de la plupart des naturalistes, qui placent le réalgar dans le genre de l'arsenic.

3. J'ai essayé de polir un morceau transparent d'arsenic sulfuré rouge, pour reconnoître si sa réfraction étoit double ; mais il est devenu presqu'opaque dans cette opération , et sa surface, vue sous un certain aspect , avoit une teinte de brillant métallique.

4. Les Chinois emploient le réalgar en masses pour faire des pagodes et des vases de différentes formes. Lorsqu'ils veulent se purger, ils laissent séjourner, pendant quelques heures , dans ces vases , du vinaigre ou du jus de citron, qu'ils avalent ensuite. On a remarqué que chez ces peuples, qui ont un air composé et exempt d'émotion, la sensibilité des organes paroissoit comme

émoussée, ce qui peut servir à expliquer pourquoi un médicament capable de déranger une organisation plus irritable, n'agit sur eux qu'avec le degré d'énergie qu'il doit avoir pour produire un effet salutaire.

5. On se sert du réalgar dans la peinture, après l'avoir broyé en poudre très-fine sur le porphyre.

SECONDE VARIÉTÉ.

ARSENIC SULFURÉ JAUNE.

Arsenicum nativum, sulfure mixtum, planis micans, flavum; auripigmentum, *Waller.*, *t. II, p.* 163. Orpiment natif, orpin ou arsenic jaune fossile, *de Lisle*, *t. III, p.* 39. Orpiment, oxyde d'arsenic sulfuré jaune, *de Born*, *t. II, p.* 202. Orpiment natif, Sciagr., *t. II, p.* 214. Gelbesrauschgelb, *Emmerling*, *t. II, p.* 559. Orpiment; orpin; arsenic jaune, *Lemery, diction.*, *p.* 100. Orpiment, *Daubenton, tabl., p.* 31. Orpiment, *Kirwan*, *t. II, p.* 261.

Caractère essentiel. Jaune - citrin luisant; idio - électrique, acquérant l'électricité résineuse par le frottement.

Caract. phys. Pesant spécif., 3,4522.

Consistance. Tendre et un peu flexible.

Tissu; composé de lames translucides, brillantes et quelquefois d'un poli vif.

Couleur; jaune-citrin, tirant un peu sur le verdâtre.

Poussière; de la même couleur que la masse.

Electricité. Idio-électrique; acquérant l'électricité résineuse par le frottement.

Caract. chim. Odeur d'ail et de soufre, par le chalumeau.

Caractères distinctifs. 1°. Entre l'arsenic sulfuré jaune et le mica jaune. La poussière de celui-ci est grise; celle de l'arsenic sulfuré est jaune. Le mica acquiert l'électricité vitrée par le frottement, et l'arsenic sulfuré l'électricité résineuse; le mica se fond en émail, sans odeur; l'arsenic sulfuré se volatilise en grande partie, au feu, en répandant une odeur de soufre et d'ail. 2°. Entre le même et le soufre natif. Celui-ci n'a point, comme l'arsenic sulfuré, un tissu très-sensiblement lamelleux, ni une surface d'un beau luisant : il ne répand point d'odeur d'ail, comme lui, par l'action du feu ; il s'enflamme par le simple contact avec un corps embrasé, ce que ne fait pas l'arsenic sulfuré.

FORMES.

1. Arsenic sulfuré jaune *laminaire*.
2. Arsenic sulfuré jaune *lamellaire*.

ANNOTATIONS.

1. On trouve de l'arsenic sulfuré jaune à Moldava, en Hongrie, où il accompagne un filon de cuivre pyriteux ; à Ohlalapos, en Transilvanie, où, suivant de Born (1), il est en globules testacés ; à Thajoba, en Hongrie, cristallisé, selon le même savant, en octaèdres complets ou tronqués, dans une argile ferrugineuse bleuâtre. Il ajoute que la plupart de ces cristaux sont très-difformes.

2. L'arsenic sulfuré jaune du commerce nous est apporté de diverses contrées du Levant. On obtient artificiellement cette substance, suivant le Cit. Monnet (2), à l'aide d'un mélange de pyrite arsenicale et de pyrite ferrugineuse, qui donne lieu à l'arsenic et au soufre de se combiner en se sublimant, dans des vaisseaux d'une forme convenable. Wallerius dit qu'on emploie aussi à cette opération l'oxyde blanc d'arsenic avec la pyrite ordinaire (3).

3. On avoit pensé que l'arsenic sulfuré rouge différoit du jaune par une plus grande proportion de soufre. Mais diverses

----

(1) Catal., t. II, p. 203.
(2) Nouveau systême de minér., p. 412.
(3) System. miner., édit. 1778, t. II, p. 164.

expériences ont prouvé depuis que cette différence dépendoit de la quantité d'oxygène, en sorte que si l'on augmente celle qui a lieu dans l'arsenic sulfuré rouge, on le fait passer à la couleur jaune, et réciproquement une diminution d'oxygène ramène l'arsenic jaune à l'état d'arsenic rouge.

4. L'arsenic sulfuré jaune est d'un grand usage dans la peinture, et delà sans doute le nom d'orpiment (auri - pigmentum) qu'on lui a donné, et qui signifie *peinture d'or*. Wallerius dit que quelques artistes l'emploient pour faire prendre à certains bois blancs la couleur du buis. Il ajoute que les Turcs et les autres Orientaux le font entrer dans les dépilatoires dont ils se servent pour se rendre chauves sur le sommet de la tête (1).

X^e. GENRE.

MANGANÈSE.

Magnesia, *Waller.*, t. I, p. 340. Manganèse, *de Lisle*, t. III, p. 88. *Id.*, *de Born*, t. II, p. 123. *Id.*, Sciagr., t. II, p. 251. Braunstein, *Emmerling*, t. II, p. 522. Manganèse, *Daubenton*, tabl., p. 25. Manganèse, *Kirwan*, t. II, p. 288.

Caractères du manganèse pur.

Caract. phys. Pesant. spécif., 6,85.

Ductilité. Un peu malléable.

Couleur; blanc métallique.

Caract. chim. Très - difficile à fondre, peut - être même plus que le fer, selon Bergmann.

Exposé au feu avec le contact de l'air, il s'y réduit en oxyde, d'abord blanchâtre, qui passe par degrés au noir.

Son oxyde colore en violet le verre de borax.

Le manganèse, comme plusieurs autres substances rebelles

---

(1) System. miner., édit. 1778, t. II, p. 165.

aux

aux efforts de l'art pour en déterminer la nature, s'est présenté d'abord à l'opinion des naturalistes et des chimistes, sous diverses faces trompeuses. Henckel le regardoit comme une mine de fer, qui, à raison des matières étrangères dont elle étoit mélangée, ne rendoit qu'une petite portion de fer de mauvaise qualité (1). Wallerius, qui avoit commencé par être du même sentiment, place le manganèse au rang des pierres, dans la dernière édition de sa minéralogie, comme n'étant autre chose, aussi-bien que le wolfram qu'il lui associe, qu'une combinaison de matière calcaire avec un principe colorant qu'il ne détermine pas (2). Suivant Romé de Lisle, le manganèse provenoit de l'union intime de l'oxyde du zinc avec une petite portion de fer et de cobalt (3), et ce mixte, à l'état de cristallisation, étoit minéralisé par l'acide méphitique, le même que l'acide carbonique de la nouvelle chimie. Les expériences de Schéele, sur le manganèse, ont développé plusieurs propriétés remarquables de cette substance, qui ont mis les chimistes sur la voie, pour arriver à la connoissance de sa véritable nature. Mais Bergmann paroit avoir avancé, le premier, que le manganèse noir, tel qu'on le trouvoit dans le sein de la terre, renfermoit l'oxyde d'une nouvelle substance métallique (4); et Gahn, l'un de ses disciples, vérifia depuis cette idée, et parvint à obtenir le manganèse à l'état de métal proprement dit.

Le citoyen Fourcroy a observé que les fragmens de ce métal, exposés à l'air pendant quelques minutes, de blancs qu'ils étoient devenoient d'un rouge de rose, auquel succédoient le rouge pourpré, le violet et le brun. Cette dernière couleur se change à la longue en un brun-noirâtre (5). Ces phénomènes rappellent le

---

(1) Pyritol., trad. franç., p. 54.
(2) Syst. miner., t. I, p. 540 et suiv.
(3) Cristal., t. III, p. 100.
(4) Opusc., t. II, p. 201.
(5) Elém. d'hist. nat. et de chimie, t. II, p. 489 et 490.

mot de Schéele, qui appeloit *caméléon minéral,* une combinaison d'oxyde de manganèse et de potasse, dont la couleur devenoit verte dans l'eau chaude, et rouge dans l'eau froide.

Cependant plusieurs auteurs assurent avoir conservé longtemps, sans altération sensible, du manganèse métallique, obtenu par l'art. De Born dit que Klaproth s'est assuré que le manganèse réduit, selon la méthode de Bergmann, après avoir été dissous dans l'acide nitrique et précipité par la potasse, s'effleurissoit à l'air, tandis que le manganèse révivifié, sans avoir été dissous, ne s'effleurissoit pas (1). M. Kirwan remarque que le manganèse, semblable en cela au fer, absorbe du charbon pendant sa fusion, et il pense que c'est ce principe qui, absorbant à son tour l'humidité et l'oxygène, est la cause de l'altération que subit le manganèse, et que le métal qui échappe à l'oxydation doit sa conservation à l'absence du charbon (2).

Le citoyen Picot Lapeyrouse est jusqu'ici le seul naturaliste qui ait cité du manganèse natif (3). La substance regardée comme telle, par ce savant, étoit sous la forme de boutons un peu aplatis, malléables jusqu'à un certain point, ayant le tissu lamelleux, avec une sorte de divergence dans la disposition de ses lames. Il l'a trouvée dans les mines de fer de la vallée de Viedessos, au ci-devant comté de Foix. Il seroit intéressant, si l'on rencontroit de nouveau cette substance, de vérifier, par des expériences directes, son identité avec le manganèse à l'état métallique, obtenu par des moyens artificiels.

Depuis long-temps, le manganèse oxydé retiré de ses mines, est d'un grand usage dans les manufactures de verre blanc et de glaces. Ces matières, lors même qu'on a apporté le plus grand soin à leur fabrication, ont assez souvent des teintes de verdâtre, d'olivâtre ou de jaunâtre, qui altèrent leur limpidité. Le manga-

---

(1) Catal., t. II, p. 122.
(2) Elements of mineralogy, t. II, p. 288 et 291.
(3) Journ. de phys., janvier, 1786, p. 68.

nèse, mêlé en petite quantité à la matière vitreuse, a la propriété de l'éclaircir, et d'en faire disparoître les fausses couleurs (1). C'est pour cette raison qu'on l'a nommé *le savon du verre* ou *des verriers*. Au contraire, si l'on ajoute à la matière vitreuse une quantité de manganèse plus grande que celle qui suffit au but qu'on se propose, le verre prend une couleur violette ou pourprée. Il paroît que, dans le premier cas, le manganèse décolore le verre, en cédant tout son oxygène aux principes étrangers dont les couleurs s'effacent par l'effet de leur union avec cet oxygène, tandis que le manganèse lui-même, qui est naturellement blanc, après sa réduction, devient incapable d'altérer la netteté du verre ; mais si l'oxyde est trop abondant, il n'aura besoin que de céder une partie de son oxygène pour saturer les principes colorans ; il restera donc à l'état d'oxyde ; et comme il étoit originairement noirâtre, et que le violet et le pourpre précèdent la couleur noire à mesure que l'oxydation avance, la perte d'une portion d'oxygène ramenera le manganèse à la couleur violette ou pourprée, qu'il communiquera au verre. Ainsi, ce qui est un excès à éviter dans la fabrication des glaces donne, au contraire, la juste mesure de ce qu'il faut employer lorsqu'on se propose de colorer le verre ou la porcelaine en violet.

C'est au moyen du même oxyde de manganèse que s'opère naturellement la coloration de certaines substances minérales, telles que l'axinite, la chaux fluatée, etc., d'une couleur violette.

Le manganèse est devenu intéressant sous un nouveau point de vue, depuis la découverte de la véritable nature de l'acide muriatique oxygéné, due aux recherches et à la sagacité de Berthollet, et dont ce savant célèbre a su tirer un parti si avantageux pour le blanchiment des fils et des toiles (2).

---

(1) Macquer, diction. de chimie, au mot *vitrification.*

(2) Voyez l'article de la soude muriatée, t. II, p. 362.

M A N G A N È S E   O X Y D É.

Oxyde de manganèse, *de Born*, *t. II, p.* 125. Manganèse en chaux, privée de son phlogistique, Sciagr., *t. II, p.* 254. Manganèse en oxyde, éclatant et terne, *Daubenton, tabl.,* *p.* 36 et 37, Nᵒˢ. 3 et 4. Manganese mineralized by oxygen, *Kirwan, t. II, p.* 291.

Caractère essentiel. Colorant en violet le verre de borax.

Caract. phys. Pesant. spécif., 3,7076....4,756.

Certaines variétés en masses noirâtres, tachant aisément les doigts, sont beaucoup plus légères.

Dureté. Tendre, ou même friable, à moins qu'il ne soit uni à une autre substance.

Couleurs : le blanc, le rouge de rose, le violet, le brun, le noir, ou le gris métallique semblable à celui du fer.

Tachure. Les masses noirâtres et celles d'un gris métallique tachent les doigts et le papier en noir.

Caractères géom. Divisible en prisme rhomboïdal, d'environ 100ᵈ et 80ᵈ, lequel se soudivise dans le sens des petites diagonales de ses bases. Les coupes qui donnent le prisme sont assez nettes ; les autres le sont beaucoup plus. Mais les cristaux que j'ai observés étoient si petits, que je n'ai pu estimer, qu'à quelques degrés près, les incidences des pans les uns sur les autres.

Caract. chim. Exposé au chalumeau, avec le borax, il colore celui-ci en violet.

Caractères distinctifs. 1°. Entre le manganèse en aiguilles ayant l'aspect métallique et l'antimoine sulfuré. Si l'on fait passer celui-ci avec frottement sur une pierre d'une couleur foncée, comme sur une ardoise, et qu'ensuite on essuye légérement, avec le doigt, l'endroit frotté, pour enlever les particules grossières de métal qui y sont disséminées, la tache aura un brillant métallique

assez sensible ; dans le même cas, l'impression laissée par le manganèse aura un aspect terne et mat (1). L'antimoine sulfuré se
fond à la simple flamme d'une bougie, et non le manganèse ;
il ne colore pas, comme ce dernier, le verre de borax en violet. 2°. Entre le manganèse mameloné et le fer hématite de la
même forme. L'intérieur des mamelons de fer hématite offre
communément des stries qui vont du centre à la circonférence ;
le manganèse ne forme souvent qu'une couche ondulée autour
d'un noyau dont la cassure est raboteuse et irrégulière. La poussière du fer hématite est, en général, rougeâtre ou jaunâtre ;
celle du manganèse est noire. Le fer hématite ne colore pas le
verre de borax en violet, comme le manganèse. Ce dernier caractère peut aussi servir à distinguer le manganèse de quelques
autres substances, comme le fer oxydé écailleux, le cobalt oxydé
noir, etc.

VARIÉTÉS.

1. Manganèse oxydé *argentin*. Vulgairement , *fleurs de manganèse*. Il s'étend ordinairement par couches très-minces, d'un
blanc argentin, sur la surface du fer oxydé hématite , et quelquefois sur celle de la chaux carbonatée ferrifère.

2. Manganèse oxydé *brun*.

a. Massif.

b. Pulvérulent. Dans les interstices de certains morceaux de
fer oxydé hématite.

3. Manganèse oxydé *noir*.

a. Pseudoprismatique. En petites masses légères, très-tendres ,
qui tachent les doigts , à l'aide du moindre frottement, et se présentent sous la forme de prismes à quatre, à cinq et à six pans ;
mais ces prismes, toujours mal prononcés, sont l'effet du retrait

---

(1) De Born indique à tort , pour caractère distinctif entre les deux
substances , la propriété qu'a le manganèse de tacher les doigts. L'antimoine produit le même effet , quoique moins sensiblement.

que la matière du manganèse a éprouvé en se desséchant, comme cela a lieu par rapport à l'argile. Le Cit. Chaptal a observé cette variété à Saint-Jean de Gardonenque, dans les Cévennes, où elle a pour gangue un granite (1).

b. Concrétionné. Magnesia fuliginosa hemispherica, **Waller.**, *t. II, p.* 343. Manganèse en concrétion, *Daubenton, tabl.*, *p.* 37. Ordinairement sous la forme de mamelons, qui imitent de très-près ceux du fer oxydé hématite.

c. Ramuleux. Il forme des dendrites, sur la surface de certaines pierres.

d. Pulvérulent.

4. Manganèse oxydé *métalloïde*. Tirant sur le gris de fer. Manganèse cristallisé, *de Lisle*, *t. III*, *p.* 101. Strahliges graubraunsteinerz, *Emmerling*, *t. II*, *p.* 522.

a. Rhomboïdal. En prismes droits, à bases rhombes, dont les angles, suivant Romé de Lisle, sont de 115^d et 65^d (2). Je n'ai point encore observé cette forme parmi les cristaux de manganèse.

b. Quadrioctonal (*fig.* 201) *pl. LXXXII*. En prisme droit octogone, avec des sommets à deux faces, qui naissent sur deux arêtes opposées de ce prisme. Incidence approximative de **M** sur **M**, 80^d; de *s* sur *s*, 127^d; de *g* sur *g*, 115^d.

c. Dioctaèdre (*fig.* 202). La variété précédente à sommets tétraèdres. Incidence des arêtes *x*, *x*, l'une sur l'autre; elle paroit être la même que celle des facettes *g*, *g* (*fig.* 201), c'est-à-dire, d'environ 115^d; de *o* sur *o'*, 170^d. Les cristaux de cette variété et de la précédente que j'ai observés, n'avoient guère que deux millimètres dans le sens de leur plus grande épaisseur.

d. Aciculaire. Il est tantôt *radié*, ou en aiguilles divergentes, quelquefois disposées avec beaucoup de régularité autour d'un centre commun, et tantôt *entrelacé*, ou en aiguilles qui se

____

(1) Élémens de chimie, t. II, p. 257.
(2) Cristal., *ibid.*

croisent dans toutes les directions. Magnesia fuliginosa striata,
Waller., *t. II*, *p.* 343. *c.* Oxyde de manganèse fibreux, d'un
éclat métallique, *de Born*, *t. II*, *p.* 129 *et suiv*. Manganèse en
aiguilles, *Daubenton*, *tabl.*, *pag.* 36.

On peut consulter sur les variétés du manganèse oxydé, un
mémoire intéressant du Cit. Picot Lapeyrouse, inséré dans le
journal de physique, *janvier*, 1780, *p.* 67 *et suiv.*

Manganèse oxydé, uni accidentellement à différentes substances.

1. Manganèse oxydé blanc *silicifère.*
a. Mameloné. Il accompagne le tellure aurifère de Nagyag.
b. Amorphe. A cassure raboteuse, qui, examinée à une vive
lumière, présente à certains endroits des parcelles brillantes de
quartz. Se trouve dans la mine de Kapnic, en Transilvanie,
avec le cuivre gris, l'antimoine sulfuré et le zinc sulfuré phosphorescent.

2. Manganèse oxydé rose *silicifère.* D'un rouge de rose ordinairement peu intense.
a. Mameloné. A Nagyag, où il fait aussi partie de la gangue
du tellure.
b. Amorphe. Roth-braunsteinerz, *Karsten, mineral tabellen ,*
p. 54. Il se trouve dans le même lieu que le manganèse oxydé
blanc amorphe. M. Esmark m'a envoyé un morceau provenant
de la mine de Kapnic, dont certaines parties offroient cette
variété, et d'autres celle de couleur blanche (1).

3. Manganèse oxydé violet *silicifère.*
a. Fasciculé. Il est composé de longues aiguilles prismatiques,
sensiblement lamelleuses dans le sens parallèle à leur axe, étroitement serrées les unes contre les autres, et assez faciles à séparer.
On le trouve dans la vallée d'Aost, en Piémont. Le chevalier

---

(1) Voyez le voyage en Hongrie, en Transilvanie et dans le Bannat,
publié par ce savant.

Napione en a retiré par l'analyse, sur 100 parties, 26,125 de silice, 23 de chaux, 0,781 d'alumine, 45,281 de manganèse oxydé mêlé de fer, et 5 d'eau et d'acide carbonique.

4. Manganèse oxydé noir *barytifère*. Ayant un tissu à grain fin et serré ; souvent assez dur pour rayer le verre ; réduit en poudre, il tache les doigts comme le manganèse noir ordinaire. Il y a des morceaux qui sont entremêlés de chaux fluatée violette. On trouve cette sous-variété à Romanèche, près de Mâcon. Dolomieu l'a décrite dans le *journal des mines*, N°. 19, *p*. 27 *et suiv.* L'analyse qu'il en a faite conjointement avec Vauquelin, a donné sur 100 parties, 14,7 de baryte, 1,2 de silice, 0,4 de carbone, 50 d'oxyde de manganèse et 33,7 d'oxygène.

On trouve aussi, en différens lieux, le manganèse oxydé noir formant des masses plus ou moins dures, par son union avec diverses autres substances ; telle est la variété nommée *pierre de Périgueux*. Elle est mêlée de beaucoup de fer qui la rend souvent attirable à l'aimant.

A N N O T A T I O N S.

1. Le manganèse oxydé est commun dans une multitude d'endroits, en particulier dans la Hongrie, la Saxe, le Piémont, la partie méridionale de la France, etc. Il accompagne souvent les mines de fer, et entre accidentellement dans la composition de celle que l'on a nommée *fer spathique*.

2. Parmi les minéraux dont les couleurs sont inhérentes à leurs molécules, il n'en est point qui présente des teintes aussi diversifiées que celui-ci ; c'est l'effet des différentes proportions d'oxygène avec lesquelles il se combine. Si l'on fait abstraction du mélange de silice et autres substances accidentelles, les variétés que nous avons citées donneront la série suivante de couleurs, blanc, rose, violet, brun, noir, qui correspond à une gradation croissante de quantités d'oxygène. Mais jusqu'ici cette gradation n'existe que partiellement dans les variétés de manga-

nèse

nèse pur, ou à peu près ; en sorte que pour la compléter, il faut avoir égard aux variétés mêlées de principes hétérogènes.

3. Le manganèse pseudoprismatique des Cévennes, est une des mines de ce métal les plus pures qui soient connues. Le Cit. Chaptal ayant exposé à une forte chaleur 122 grammes de cette mine, en a retiré environ 8,5 $^{\text{decim. cubes}}$ de gaz oxygène. Ce qui restoit dans la cornue étoit un oxyde gris, dont une partie étoit incrustée dans le verre fondu, et lui avoit communiqué une très-belle couleur violette (1).

Le manganèse métalloïde jouit aussi communément d'une grande pureté. Vauquelin en a analysé, dans lequel il n'a point trouvé de fer ; et il paroît que c'est sans fondement que l'on a attribué à la présence de ce dernier métal l'aspect métallique de la variété dont il s'agit.

4. On avoit reconnu depuis long-temps l'existence de la baryte dans certaines masses de manganèse. Les expériences de Vauquelin et de Dolomieu sur celui de Romanèche, ont fait penser à ces deux savans que, dans cette substance, la baryte étoit réellement combinée avec l'oyde de manganèse (2), ce qui sembleroit être indiqué par la dureté de la masse, sensiblement plus grande que celle de l'un ou l'autre des principes composans. Nous n'avons cependant pas fait de cette substance une espèce distincte, parce qu'il n'est pas prouvé que l'union de la baryte avec le manganèse constitue ici une molécule intégrante d'une forme particulière. Il semble, au contraire, que le manganèse soit à nu, et ne forme avec la baryte qu'une de ces associations, qui, pouvant avoir lieu dans toutes sortes de rapports, ne présentent point le type d'une véritable espèce.

----

(1) Elém. de chimie, t. II, p. 256.
(2) Journ. des mines, N°. 19, p. 43.

XI⁰. GENRE.

ANTIMOINE.

Antimonium, *Waller.*, *t. II*, *p.* 194. Stibium, *Lin.*, *syst. nat.*, *edit.* 13, curâ *Jo. Frid. Gmelin*, *t. III*, *p.* 299. Antimoine , *de Lisle*, *t. III*, *p.* 44. *Id.*, *de Born*, *t. II*, *p.* 136. *Id.*, Sciagr., *t. II*, *p.* 242. Spiessglanz, *Emmerling*, *t. II*, *p.* 464. Antimoine, *Daubenton*, *tabl.*, *p.* 39. Antimony, *Kirwan*, *t. II*, *p.* 244.

PREMIÈRE ESPÈCE.

ANTIMOINE NATIF.

Antimonii regulus nativus , *Waller.*, *t. II*, *p.* 196. Antimoine natif, *de Born* , *t. II*, *p.* 137. *Id.*, Sciagr., *t. II*, *p.* 246. Gediegen - spiess glanz, *Emmerling*, *t. II*, *p.* 464. Native antimony, *Kirwan*, *t. II*, *p.* 245.

Caract. essent. Divisible à la fois en octaèdre régulier, et en dodécaèdre rhomboïdal.

Caract. phys. Pesant. spécifique de l'antimoine du commerce , 6,7021.

Consistance. Très-fragile.

Tissu ; très-lamelleux.

Couleur ; le blanc d'étain.

Caractère géométr. Divisible à la fois parallélement aux faces d'un octaèdre régulier et à celles d'un dodécaèdre rhomboïdal.

Caract. chim. Evaporable en fumée par le chalumeau.

Soluble par l'acide nitrique , en laissant un dépôt blanchâtre dans la liqueur.

Caract. distinct. 1°. Entre l'antimoine natif et l'antimoine sulfuré. Celui-ci se divise par une seule coupe très-lisse et très-éclatante ; l'antimoine natif a des joints nets dans plusieurs sens ; traité au chalumeau , il ne donne point d'odeur sulfureuse comme l'antimoine sulfuré. 2°. Entre le même et le fer arsenical. La cassure de celui-ci est à grain fin et serré , sans indice de lames; celle de l'antimoine est très-sensiblement lamelleuse. Le fer arsenical étincelle par le choc du briquet , en répandant une odeur d'ail ; l'antimoine , beaucoup plus fragile , saute en éclats , par l'effet du même choc. 3°. Entre le même et l'argent antimonial. Celui-ci se réduit facilement au chalumeau ; l'antimoine s'y évapore en fumée.

V A R I É T É S.

Antimoine natif *lamellaire*. En petites lames brillantes, disposées confusément.

A N N O T A T I O N S.

1. L'antimoine natif a été découvert par Swab , à Salberg, en Suède (1), et depuis le Cit. Schreiber, inspecteur des mines , en a trouvé près d'Allemont , en Dauphiné. Celui-ci fut pris pendant quelque temps pour de la pyrite arsenicale, par différens naturalistes , entre autres par le Citoyen Sage , qui depuis en a déterminé la véritable nature.

J'ai reçu de Suède un morceau d'antimoine natif de Salberg , dont les lames sont engagées dans une chaux carbonatée blanche. Celui d'Allemont a le quartz pour gangue.

2. La structure de l'antimoine natif est la plus compliquée que j'aie encore observée. J'ai employé, pour la déterminer, des masses d'antimoine épuré par des fusions réitérées. Quoique les joints naturels fussent très-sensibles, comme il y en avoit dans vingt directions différentes, ainsi que nous le verrons bientôt, la percussion qui n'en mettoit jamais à découvert qu'une partie sur un même fragment, faisoit naître des combinaisons qui

____

(1) Mém. de l'Acad. de Stockolm , an 1748 , p. 99.

varioient sans cesse, d'où résultoient différens solides plus ou moins irréguliers ; en sorte qu'il n'étoit pas facile d'apercevoir le terme où devoit aboutir la division mécanique, dans le cas où elle eût présenté l'ensemble de toutes les faces cachées dans l'intérieur de la masse. Il a fallu beaucoup de tâtonnemens pour reconnoître que le métal étoit divisible parallélement aux faces d'un octaèdre régulier, et en même temps d'un dodécaèdre rhomboïdal.

Cette première recherche finie, il s'en présentoit une seconde, pour savoir quelle forme de molécule intégrante devoit être adoptée de préférence ; car dans ces sortes de cas, que l'on peut assimiler aux problèmes indéterminés de la géométrie, on est réduit à faire une hypothèse, qui aura en sa faveur un grand degré de probabilité, si elle est d'une simplicité remarquable. Voici le résultat auquel je me suis arrêté.

Supposons d'abord que l'on se borne aux huit coupes qui produisent l'octaèdre régulier A G (*fig.* 203) *pl. LXXXII.* En raisonnant de cet octaèdre comme de celui de la chaux fluatée (1), on pourra le concevoir comme uniquement composé d'une infinité de petits tétraèdres réguliers, réunis par leurs bords. Mais pour plus de simplicité, ne considérons l'octaèdre que comme formé de huit tétraèdres, dont deux sont représentés sur la figure, et choisissons, comme exemple, celui qui a pour face extérieure le triangle *abd,* et dont les faces intérieures sont les triangles *abc, adc, bdc,* qui ont leurs sommets situés au centre de l'octaèdre. On voit séparément ce tétraèdre, fig. 204.

Remarquons, avant d'aller plus loin, que pour transformer l'octaèdre en dodécaèdre rhomboïdal, on pourroit supposer des plans coupans qui, en partant des douze arêtes, s'avançassent parallélement à eux-mêmes jusqu'à ce que toutes les faces de l'octaèdre eussent disparu. Il faudroit de plus, que chaque plan fût perpendiculaire au carré, dont l'arête de départ seroit un

----

(1) T. II, p. 177 et suiv.

des côtés ; ainsi, le plan qui seroit parti de l'arête AD, devroit être perpendiculaire au carré ADGB.

Imaginons que ces différens plans, au lieu de s'arrêter au terme qui donneroit le dodécaèdre, continuent de s'avancer jusqu'à ce qu'ils soient arrivés au centre de l'octaèdre. Dans cette position, il y en aura toujours quelques-uns qui passeront par chaque tétraèdre, et il s'agit de déterminer la manière dont ils soudiviseront ce tétraèdre.

Or, il est visible d'abord que comme il y a toujours deux plans parallèles l'un à l'autre, tels que ceux qui ont les arêtes AD, BG pour lignes de départ, ces deux plans se confondent au centre ; et ainsi au lieu de douze plans, nous n'en n'avons que six à considérer. Nous choisirons ceux qui sont censés être partis des six arêtes AD, DM, GM, AB, BM, AM.

Or, le plan qui est parti de AD, et qui passe maintenant par le centre c, doit en même temps passer par la ligne acs, qui coupe AB, GD en deux parties égales, et qui est parallèle à AD. De plus, il doit être perpendiculaire sur le carré ABGD, d'où l'on conclura qu'il doit passer par le point M. Donc sa section dans le tétraèdre $abcd$ coïncidera : 1°. avec l'arête ac de ce tétraèdre ; 2°. avec la ligne an menée de l'angle a sur le milieu de bd ; 3°. avec la ligne cn qui joint les deux précédentes, d'où il suit que cette section sera le triangle acn.

En appliquant le même raisonnement au plan qui est parti de l'arête DM, on concevra qu'il doit passer par l'arête bc du tétraèdre, par la ligne bz menée de l'angle b sur le milieu de ad, et par la ligne cz qui joint les deux précédentes, c'est-à-dire, que la section est le triangle bcz.

Enfin, il sera facile de voir que le plan qui est parti de l'arête GM doit passer par l'arête cd du tétraèdre, par la ligne do menée de l'angle d sur le milieu de ab, et par la ligne co qui joint les deux précédentes, en sorte que la section est le triangle dco.

Les trois plans que nous venons de considérer soudivisent la

face *abd* du tétraèdre en six triangles rectangles égaux et semblables, au moyen des sections *an*, *do*, *bz*. De plus, ils passent
par les trois arêtes *ac*, *bc*, *dc*, contiguës d'une part aux trois
sections et de l'autre à l'angle solide *c*, opposé au triangle *abd*.
Donc ils soudivisent le tétraèdre en six autres tétraèdres égaux
et semblables entre eux. Il sera aisé aux géomètres de déterminer les quatre triangles rectangles qui composent la surface
de chaque tétraèdre partiel.

Le tétraèdre *sfcg* ayant sa base *gsf* opposée et parallèle à
celle du tétraèdre *abcd*, et son sommet pareillement situé au
centre de l'octaèdre, les mêmes plans qui soudivisent le premier
opèrent nécessairement dans le second des divisions semblables.

A l'égard des trois autres plans, qui partent des arêtes AB,
BM, AM, ils n'entament point le tétraèdre *abcd*. Par exemple,
il est évident que celui qui a l'arête AB pour ligne de départ,
passant nécessairement par le point M et par les milieux des
lignes BG, AD, ne fait que toucher l'angle solide *c* du tétraèdre, et il en est de même des deux autres plans.

En général, chacun des six plans dont nous avons parlé,
passe nécessairement par quatre tétraèdres. Ainsi, le plan qui
est parti de AD, et qui passe par le tétraèdre *abcd*, ainsi que
nous l'avons vu, soudivise de même le tétraèdre opposé *sfcg*,
et, de plus, les deux tétraèdres qui ont leurs faces extérieures
situées l'une sur le triangle DGM, l'autre sur le triangle ABI.
Or, il y a six plans et huit tétraèdres, dont chacun subit trois
sections, ce qui fait en tout vingt-quatre sections. Donc, divisant le nombre des sections par le nombre des plans coupans,
on a quatre sections pour chaque plan, ou, ce qui revient au
même, chaque plan soudivise quatre tétraèdres.

Si nous supposons maintenant que l'octaèdre AG soit composé
d'un nombre presqu'infini de petits tétraèdres réguliers réunis
par leurs bords, dont chacun soit l'assemblage de six tétraèdres plus petits réunis par leurs faces, il y aura dans le cristal
un nombre presqu'infini de joints parallèles les uns aux faces des

tétraèdres réguliers, les autres aux faces des tétraèdres qui composent ceux-ci; et comme les premiers joints seront en même temps parallèles aux faces de l'octaèdre total, et les seconds à celles d'un dodécaèdre rhomboïdal, on voit comment la division mécanique peut conduire ici au double résultat que nous avons annoncé.

3. La fonte de l'antimoine natif a une forte tendance vers la cristallisation, au point que sa surface même, après un refroidissement lent et gradué, se trouve ornée d'une espèce d'étoile très-apparente, à rayons branchus, surtout si cette surface a une certaine convexité. Mais lorsqu'elle n'a qu'une courbure insensible, on remarque, au lieu d'une étoile, des empreintes qui ont quelque rapport avec les feuilles de fougère. La surface des autres métaux présente bien quelque chose de semblable, mais avec un dessin beaucoup plus léger.

Au reste, ces étoiles et ces dendrites superficielles qui ont paru si merveilleuses dans un temps où l'on ne connoissoit rien de mieux, n'étoient qu'une foible ébauche du travail de la cristallisation, lorsqu'on fait fondre l'antimoine dans un creuset que l'on survide ensuite, pour mettre à nu les cristaux qui se sont formés sous la croûte du métal. Ces cristaux, suivant les circonstances, sont ou des cubes, ou des parallélipipèdes rectangles alongés, ou des ramifications composées de petits octaèdres implantés l'un dans l'autre, et qui, par leur ensemble, imitent une pyramide triangulaire, dont les faces scroient creusées en gouttière.

4. Le Cit. Gillet a trouvé que l'antimoine natif, traité au chalumeau, produisoit un effet semblable à celui d'une jolie expérience que l'on avoit déjà faite avec l'étain.

On saisit le moment où le globule d'antimoine étant en pleine fusion sur le charbon, l'éclat de sa surface n'est offusqué par aucune particule oxydée, et on le jette aussitôt à terre. Le globule s'enflamme, en s'emparant de l'oxygène de l'air qu'il traverse, et se soudivise, au moment de sa chute, en une multitude d'autres globules de métal enflammé, qui s'élancent de tous les côtés, comme autant de petites étoiles d'artifice.

5. L'antimoine est employé dans la fonte des caractères d'imprimerie, et dans la composition des miroirs métalliques. On le mêle à l'étain pour lui donner de la dureté. Ce qu'on a apellé *métal de prince* et aussi *étain de Cornouaille*, étoit un alliage d'antimoine et d'étain dans le rapport d'environ 18 à 100. Les couverts fabriqués avec cet alliage furent d'abord recherchés de toutes parts, et l'on en chargea des vaisseaux entiers pour l'Espagne, l'Amérique et les Indes. Mais il paroît qu'une des principales raisons qui en ont fait tomber l'usage, est le déchet considérable de matière occasionné par l'antimoine, lorsqu'on est obligé de les refondre (1).

6. Aucun métal n'a plus exercé que celui-ci l'art des alchimistes, qui fondoient principalement sur lui l'espérance de parvenir à la découverte de la pierre philosophale. Par une espèce de bonheur, dont on pourroit citer d'autres exemples dans des genres différens, il est arrivé qu'en poursuivant une chimère, ils ont trouvé sur la route des réalités ; et c'est à la constance avec laquelle ils ont, pour ainsi dire, tourmenté ce métal de toutes les manières, que l'art de guérir est redevable d'une multitude de préparations qui forment une partie de ses plus puissantes ressources.

Les préparations antimoniales (2) ont sur l'économie animale une action dont les effets sont plus ou moins évidens. L'une, est celle qui est caractérisée par la propriété émétique, ou vomitive, et purgative ; l'autre se fait reconnoître par une augmentation dans l'action de certains organes dépendans du système lymphatique, tels que l'organe de la peau et l'organe pulmonaire ; ce qui fait qu'on les emploie dans les affections catarrhales du

---

(1) Voyez l'art du potier d'étain par Salmon, faisant partie de la suite des arts et métiers, publiés par l'Académie des sciences.

(2) Article communiqué par le Cit. Hallé.

poumon,

poumon, et dans les maladies cutanées de la nature de la gale et des dartres.

Les différens états de l'antimoine et ses diverses combinaisons jouissent plus ou moins de l'une ou de l'autre de ces propriétés, souvent de toutes les deux.

1°. Les oxydes incomplets, le métal pur, appelé autrefois *régule*, et presque toutes les combinaisons salines sont émétiques et purgatives. Parmi celles-ci, on se sert spécialement du tartrite de potasse et d'antimoine, connu sous le nom d'*émétique*. Les verres d'antimoine ou oxydes d'antimoine vitreux étoient employés jadis, ainsi que le régule, qu'on prenoit en un bol qui, par son seul passage dans les intestins, produisoit un effet purgatif.

2°. Les combinaisons de l'antimoine, dans l'état d'oxyde, avec le soufre, sont également émétiques. La plus employée est l'oxyde d'antimoine sulfuré brun, ou le *kermès minéral*. Il est employé soit comme émétique, soit dans les affections catarrhales de la poitrine, pour accélérer l'expectoration, quand on ne craint pas de porter un certain degré d'irritation sur cet organe.

3°. Les combinaisons de l'antimoine pur avec le soufre, n'ont aucun effet émétique. On les croit diaphorétiques, c'est-à-dire, déterminant en plus grande abondance la transpiration insensible, et favorisant la sortie des éruptions cutanées. Le sulfure d'antimoine ou l'antimoine cru a été souvent employé dans cette intention, ainsi que les préparations dans lesquelles il se forme des sulfures de potasse et d'antimoine.

4°. Enfin, les oxydes saturés d'antimoine paroissent avoir perdu toute propriété émétique, par cette saturation ; mais l'opinion vulgaire, parmi les médecins, est qu'ils conservent la propriété diaphorétique. Tel est l'oxyde blanc d'antimoine par le nitre, connu sous le nom d'*antimoine diaphorétique*.

A P P E N D I C E.

ANTIMOINE NATIF ARSENIFÈRE.

Mine d'antimoine blanche ou arsenicale. *De Lisle , t. III , p.* 47. Antimoine arsenical, régule d'antimoine uni à l'arsenic, *de Born , t. II , p.* 138. Antimoine en minérai par l'arsenic, *Daubenton , tabl. , p.* 39.

V A R I É T É S.

1. Antimoine natif arsenifère *ondulé*. Formant des espèces de croûtes, dont la surface est relevée par de légères ondulations.

2. Antimoine natif arsenifère *lamellaire*.

On trouve ces deux variétés à Allemont. Suivant les expériences de Sage, l'arsenic y est quelquefois dans le rapport de 16 sur 100 ; mais Mongez le jeune en a examiné des morceaux dans lesquels l'arsenic entroit à peine pour deux ou trois centièmes de la masse.

II.º E S P È C E.

A N T I M O I N E S U L F U R É.

Antimonium sulfure mineralisatum, *Waller. , t. II , p.* 196 *et suiv.;* spec. 302, 304 *et* 305. Mine d'antimoine grise ou sulfureuse, *de Lisle , t. III , p.* 49. Antimoine minéralisé par le soufre, Sciagr., *t. II , p.* 248. Antimoine sulfuré, *de Born , t. II , p.* 139. Grau - spiessglanzerz, *Emmerling , t. II , p.* 468. Antimoine en minérai par le soufre, *Daubenton, tabl. , p.* 39. Sulphurated antimony, *Kirwan , t. II , p.* 246.

Caractère essent. Divisible par des coupes très-nettes, dans un seul sens parallèle à l'axe des cristaux ; fusible à la flamme d'une bougie.

Caract. phys. Pes. spécif., 4,1327 . . . . . 4,5165.

Dureté. Fragile, par la simple pression de l'ongle.

Couleur; tirant sur le gris d'acier.

Tachure. Tachant le papier en noir, surtout lorsqu'on l'y écrase.

Odeur; le frottement en dégage une sulfureuse.

Caract. géom. Une coupe longitudinale très-nette et très-brillante, avec d'autres situées en différens sens, et qui s'aperçoivent surtout par le chatoyement à la lumière d'une bougie. Le défaut d'observations assez précises, relativement à la mesure des angles des cristaux secondaires, ne m'a pas encore permis de bien déterminer la forme primitive. Je donnerai, dans les annotations, les résultats des recherches que j'ai faites jusqu'ici sur cet objet.

Caract. chim. Fusible à la simple flamme d'une bougie, même sans avoir besoin d'être réduit en fragmens très-minces.

Caract. distinctifs. 1°. Entre l'antimoine sulfuré en aiguilles et le manganèse oxydé de même forme. Celui-ci n'est pas fusible comme l'autre à la flamme d'une bougie. Si l'on fait passer successivement l'un et l'autre avec frottement sur une pierre d'une couleur foncée, telle qu'une ardoise, et qu'ensuite on essuie légèrement avec le doigt l'endroit frotté, pour enlever les particules grossières de métal qui se sont détachées, la tache de l'antimoine aura un brillant métallique sensible ; celle du manganèse n'aura qu'un aspect terne et mat. 2°. Entre le même et l'antimoine natif. Celui-ci présente dans ses fractures des joints naturels très-apparens, diversement inclinés ; l'autre ne se divise très-nettement que dans un seul sens. La couleur de l'antimoine natif est le blanc d'étain, et celle de l'antimoine sulfuré le gris tirant sur celui de l'acier. Le premier ne tache point le papier et ne donne point d'odeur sulfureuse par le frottement ou par la chaleur, comme l'autre.

V A R I É T É S.

F O R M E S.

Déterminables.

1. Antimoine sulfuré *quadrioctonal* (*fig.* 205) *pl. LXXXII.*
Incidence de *s* sur *s'*, 88ᵈ, suivant Romé de Lisle ; de *l* sur *l'*,
106ᵈ 30′ à peu près ; de *l* sur *s*, 146ᵈ à peu près.

2. Antimoine sulfuré *sexoctonal* (*fig.* 206). *De Lisle, t. III,*
p. 49, *pl. VII, fig.* 13. Incidence de *n* sur *s*, 154ᵈ à peu près.

Indéterminables.

3. Antimoine sulfuré *cylindroïde.*

4. Antimoine sulfuré *aciculaire.* En aiguilles tantôt divergentes,
tantôt fasciculées.

5. Antimoine sulfuré *capillaire.* Minera antimonii plumosa
cærulescens, *Waller., t. II, p.* 198 (*e*). Minera argenti plumosa,
ibid., p. 339. Mine d'antimoine en plumes grises tenant argent,
laquelle porte aussi le nom de *mine d'argent en plumes, de*
Lisle, t. III, p. 56. Mine d'antimoine en plumes, *de Born,*
t. II, p. 145. *Id.,* Sciagr., *t. II, p.* 249, *n°.* 2. Argent avec
fer, arsenic et antimoine, minéralisé par le soufre, *ibid., p.* 84.
Federerz, *Emmerling, t. II, p.* 475. Haarformiges grau-spiess-
glanzerz, *Karsten, mineral. tabell., p.* 52. Plumose antimonial
ore, *Kirwan, t. II, p.* 230. En fibres d'un gris sombre, soyeuses
et élastiques.

On est partagé sur la nature des principes unis à l'antimoine
dans cette mine. Nous avons suivi de Born et Karsten, qui en
font une variété de l'antimoine sulfuré. De Born observe que
celle de la haute Hongrie ne contient pas d'argent (1).

____

(1) Catal., t. II, p. 145.

6. Antimoine sulfuré *amorphe*. En masses informes, qui ont quelquefois des espèces de nodosités.

ACCIDENS DE LUMIÈRE.

Antimoine sulfuré *irisé*. Ce sont surtout les cristaux aciculaires et capillaires qui ont, assez souvent, leur surface ornée des plus belles couleurs d'iris.

ANNOTATIONS.

1. L'antimoine sulfuré est commun dans différens endroits de la Hongrie, comme à Cremnitz et à Schemnitz. La variété capillaire se trouve à Felsobanya, dans le même pays. L'Espagne, la Toscane, la Saxe, l'Angleterre, la Sibérie, etc., ont aussi des mines de ce métal. Il y en a plusieurs en France, particulièrement dans la ci-devant Auvergne. Celui de Hongrie adhère à des cristaux de baryte sulfatée, et souvent pénètre dans leur intérieur. Ailleurs on le trouve assez communément sur des gangues quartzeuses ou argileuses, et quelquefois sur le quartz-agathe calcédoine. J'ai des échantillons de la variété capillaire, dont les fibres recouvrent des cristaux de chaux carbonatée dodécaèdre.

2. Les cristaux d'antimoine sulfuré aciculaire ont quelquefois un décimètre et demi de longueur, et au-delà. Parmi ceux qui sont plus décidément prismatiques, quelques-uns ont plus d'un centimètre d'épaisseur, et lorsque ces prismes sont fracturés, leurs lames, mises à découvert, font la fonction de miroirs. La beauté de leur poli paroît avoir fait illusion à plusieurs naturalistes, lorsqu'ils ont donné les fragmens dont il s'agit pour une variété particulière, sous le nom *d'antimoine spéculaire*.

3. La détermination exacte de la structure des cristaux qui appartiennent à cette espèce, présente des difficultés qui ne pourront être levées que par des observations beaucoup plus précises que je n'ai été jusqu'ici à portée d'en faire. J'ai dit que

ces cristaux se divisoient très-nettement dans le sens longitudinal. Cette division est parallèle au pan n (*fig.* 206). J'en ai aperçu de beaucoup moins nettes, les unes parallèles aux pans s, s', d'autres parallèles aux arêtes x, x', et qui sembloient être perpendiculaires sur n, d'autres encore perpendiculaires à l'axe ; et d'autres enfin qui paroissoient parallèles aux arêtes z, z'. Celles qui interceptent les arêtes x, x', sont les moins apparentes, et se laissent seulement entrevoir lorsqu'on fait mouvoir à une vive lumière un cristal fracturé dans la partie où elles sont situées.

Il est évident que les divisions parallèles au pan n, à l'arête x, et à la base de la pyramide terminale, tendent à former un parallélipipède rectangle. D'une autre part, si l'on réunit par la pensée les autres divisions parallèles à s, s' et à z, z', on aura un octaèdre (*fig.* 207), dont je suppose les sommets situés en b et en b', et dans lequel les faces abo, $ab'o$, seront le résultat des divisions qui interceptent les arêtes z, z' (*fig.* 206), et les faces obs, $ob's$ (*fig.* 207), celui des divisions faites parallélement aux pans s, s' (*fig.* 206). De plus, il est aisé de voir que le quadrilatère qui passe par les points a, o, s, o', et sépare les deux pyramides qui ont leurs sommets en b et b', sera un rectangle. Or, d'après les mesures d'angles indiquées ci-dessus, l'incidence de $ab'o$ sur abo, ainsi que celle de obs sur $ob's$, diffèrent peu de 90^d.

Si l'on combine les divisions qui donnent le parallélipipède rectangle avec celles d'où résulte l'octaèdre, on trouvera qu'elles soudivisent ce dernier solide suivant trois plans, dont l'un bcb' passe par le milieu de l'arête ao, un second bub' passe par le milieu de l'arête os, et le troisième coïncide avec le plan $aoso'$. Ces soudivisions sont analogues à celles qui ont lieu pour le zircon (1), abstraction faite de la troisième, qui n'affecte point les petits tétraèdres composans.

____

(1) Voyez l'article de cette substance, t. II, p. 335.

Si l'incidence de s sur s' (*fig.* 206) étoit rigoureusement de 90ᵈ, et celle de l sur s, de 144ᵈ 44′ 8″, auquel cas les faces l, l' appartiendroient à un octaèdre régulier, les deux pyramides qui ont leurs sommets en b et en b' (*fig.* 207), auroient leurs faces exactement perpendiculaires l'une sur l'autre aux endroits des arêtes ao, os, c'est-à-dire, que l'octaèdre seroit semblable à celui que l'on extrait du dodécaèdre à plans rhombes, en se bornant à soudiviser celui-ci parallélement aux faces qui se réunissent autour de deux angles solides opposés, pris parmi les six qui sont formés de quatre plans (1). Mais il seroit singulier qu'une structure aussi assortie par elle-même à la régularité, s'écartât d'ailleurs si sensiblement de l'analogie des autres cristaux, en offrant une différence très-marquée de poli entre les coupes, dont l'une passe par bub' perpendiculairement à l'axe du cristal (*fig.* 206), et l'autre par bcb' (*fig.* 207), parallélement à n (*fig.* 206), quoique ces coupes parussent devoir être semblables en tout, à cause de la symétrie des pyramides qu'elles soudivisent. C'est ce que l'on concevra encore mieux si l'on considère que, dans l'hypothèse présente, le parallélipipède qui résulte des divisions dont nous avons parlé d'abord, seroit un cube, dans lequel les joints naturels, situés dans le sens de n, auroient un poli incomparablement plus vif et seroient beaucoup plus faciles à saisir que ceux qui regarderoient les autres faces.

Ces observations doivent faire présumer une diversité dans les mesures d'angles relatives aux parties semblablement situées, en sorte, par exemple, que les faces s, s' pourroient bien être inclinées entre elles de 88ᵈ d'une part, et de 92ᵈ de l'autre, ainsi que l'indique Romé de Lisle; et alors la différence d'étendue entre les faces primitives aideroit à concevoir celle que présentent leur poli et leur netteté.

---

(1) Voyez ci-dessus, p. 125, N°. 5.

Dans la même hypothèse, l'inclinaison de l sur l' ne seroit plus la même que celle de l'une ou l'autre sur la face de retour, et cette nouvelle différence semble être indiquée par des mesures prises sur un cristal assez net, qui appartient au Cit. Gillet. Ces mesures donnent pour l'incidence de l sur l', à peu près $106^{\mathrm{d}} \frac{1}{2}$; d'où il résulteroit que l'incidence de l'une ou l'autre sur la face de retour, seroit d'environ $109^{\mathrm{d}} \frac{1}{2}$ (1).

J'ai cru devoir différer de prendre un parti à cet égard, jusqu'à ce que des cristaux d'un plus grand fini m'ayent mis à portée de constater l'existence ou la nullité d'une différence qui est assez peu de chose en elle-même, mais qui n'est pas sans intérêt par son influence sur la théorie.

L'espèce précédente nous a offert un nœud, pour ainsi dire, encore plus embrouillé, mais que je crois être parvenu à résoudre entièrement. L'illustre Lavoisier m'avoit annoncé qu'à ces modes simples de structure, qui résultoient de mes premiers travaux, il pourroit en succéder quelque jour de beaucoup plus composés, et que l'art consisteroit à démêler, au milieu de cette espèce de dédale, une forme de molécule qui eut toujours la simplicité à laquelle on doit arriver, lorsque l'on remonte des combinaisons à leurs élémens.

---

(1) Si l'on suppose que le sinus de la moitié de l'incidence de s sur s' (*fig.* 205), soit au cosinus comme $\sqrt{13} : \sqrt{14}$, et que dans la pyramide la perpendiculaire menée du centre de la base sur l'un quelconque des côtés de cette base, soit à la hauteur de la même pyramide comme $2 : 3$, on aura les mesures suivantes : incidence de s sur s', $87^{\mathrm{d}} 54'$; de l'une ou l'autre sur le pan de retour, $92^{\mathrm{d}} 6'$; de l sur l', $106^{\mathrm{d}} 22'$; de l'une ou l'autre sur la face de retour, $109^{\mathrm{d}} 28'$; de l sur s, ou de l' sur s', $146^{\mathrm{d}} 18'$.

APPENDICE.

ANTIMOINE SULFURÉ ARGENTIFÈRE.

Mine d'antimoine grise tenant argent, dite *mine d'argent grise
antimoniale, de Lisle, t. III, p.* 54.

Cette mine forme des cristaux en prismes peu prononcés,
terminés par des sommets dièdres ; leur surface est sillonnée
longitudinalement par des stries si déliées, qu'ils paroissent composés de fibres. On a trouvé cette mine à Himmelsfurst, près
de Freyberg, où ses cristaux sont accompagnés de fer carbonaté
en petits rhomboïdes primitifs. J'en ai vu de très-beaux groupes
qui venoient du Mexique.

III.e ESPÈCE.

A N T I M O I N E   O X Y D É.

Muriate d'antimoine, *de Born, t. II, p.* 147. Chaux d'antimoine native, Sciagr., *t. II, p.* 248. Weiss-spiessglanzerz, *Emmerling, t. II, p.* 480. Antimoine en oxyde blanc, *Daubenton,
tabl., p.* 39. White antimonial ore, *Kirwan, t. II, p.* 251.

Caractère essentiel. D'un blanc nacré ; fusible à la simple
flamme d'une bougie.

Dureté ; très-facile à entamer avec le couteau.

Structure ; lamelleuse dans un seul sens.

Couleur ; le blanc nacré.

Caract. chim. Fusible à la simple flamme d'une bougie.

Décrépitant sur un charbon ardent.

Evaporable en fumée au chalumeau.

Analyse par Vauquelin , de celui d'Allemont.

Oxyde d'antimoine........................ 86.

Oxyde d'antimoine, mêlé d'oxyde de fer...... 3.

Silice.................................... 8.

Perte.................................... 3.

100.

Caractères distinctifs. On ne pourroit guère confondre l'antimoine oxydé qu'avec la stilbite et la mésotype; mais il en diffère très-sensiblement en ce qu'il se fond à la simple flamme d'une bougie , sans boursouflement, tandis que les deux autres substances ne sont fusibles qu'à l'aide du chalumeau, en se boursouflant.

V A R I É T É S.

1. Antimoine oxydé *laminaire*. En lames rectangles.

2. Antimoine oxydé *aciculaire*. En aiguilles divergentes.

Quelquefois l'antimoine oxydé prend à sa surface une couleur jaune, qui est due probablement à la présence de quelque principe étranger. De Born, qui soupçonne que ce principe est le plomb, admet ici une nouvelle espèce, sous le nom *d'oxyde d'antimoine et de plomb combiné avec l'acide muriatique* (1).

A N N O T A T I O N S.

1. Le premier naturaliste qui ait parlé de l'antimoine oxydé, est le Cit. Mongez le jeune, qui en avoit fait la découverte aux Chalanches, montagne de la mine d'Allemont, dans le ci-devant Dauphiné (2). Il avoit la forme de la variété aciculaire, et accompagnoit l'antimoine natif. On a trouvé, depuis, la variété laminaire à Przibram en Bohême, et à Braunsdorf en Saxe (3),

____

(1). Catal. , t. II , p. 149.

(2) Journ. de phys. , 1783 , p. 66.

(3) Annales de chimie , t. I , p. 238.

sur du plomb sulfuré, et la variété aciculaire à Malazka en Hongrie, où elle avoit pour gangue une argile, qui contenoit aussi de l'antimoine sulfuré et hydrosulfuré (1).

2. Mongez avoit désigné l'antimoine blanc d'Allemont sous le nom de *chaux d'antimoine native;* mais les chimistes qui examinèrent depuis celui de Bohême et de Saxe, crurent y reconnoître les caractères du muriate d'antimoine (2). Selon de Born, ce n'étoit qu'un soupçon fondé sur une analyse imparfaite. Néanmoins, l'opinion que cette substance étoit du muriate d'antimoine, devint presque générale dans la suite, et l'on regardoit ici l'antimoine d'Allemont comme étant de la même nature ; mais Vauquelin, qui a récemment analysé celui-ci, avec l'intention d'y chercher l'acide muriatique, n'a pu en reconnoître la moindre trace, ce qui tendroit à jeter des doutes sur l'existence de cet acide dans l'antimoine blanc de Bohême et de Hongrie.

Cependant M. Karsten indique, d'après Klaproth, l'antimoine et l'acide muriatique, comme étant les principes composans du weiss-spiessglanzerz, ou de la mine d'antimoine blanche (3). C'est aux chimistes à décider si les deux substances, qui ont beaucoup de rapports entre elles par leurs caractères minéralogiques, forment deux espèces essentiellement distinguées l'une de l'autre.

----

(1) De Born, catal., t. II, p. 148 et 149.
(2) Annales de chimie, *ibid.*
(3) Mineral. tabell., p. 55.

IVᵉ. ESPÈCE.

ANTIMOINE HYDROSULFURÉ.

Oxyde d'antimoine, combiné avec l'acide arsenique et le soufre, *de Born, t. II, pag.* 150. Mine d'antimoine en plumes (et pulvérulente), Sciagr., *t. II, p.* 249. Roth-spiessglanzerz, *Emmerling, t. II, p.* 477. Oxyde rouge arsenical d'antimoine, *Daubenton, tabl., p.* 40. Red antimonial ore, *Kirwan, t. II, p.* 250.

Caractère essentiel. Couleur d'un rouge sombre. Mis dans l'acide nitrique, il se couvre d'un enduit blanchâtre.

Caract. phys. Couleur ; le rouge sombre tirant sur le more-doré.

Poussière obtenue par la trituration ; même couleur.

Caract. chim. Dans l'acide nitrique, il se couvre d'un enduit blanchâtre.

Evaporable en fumée par le chalumeau.

Caractères distinctifs. 1°. Entre l'antimoine hydrosulfuré en aiguilles et le cuivre oxydé rouge soyeux. Celui-ci est d'un rouge vif qui n'a rien de sombre ; il se dissout avec effervescence dans l'acide nitrique, en y répandant un nuage verdâtre ; l'antimoine s'y couvre d'un dépôt blanchâtre. 2°. Entre le même et le cobalt arseniaté aciculaire. Celui-ci est d'un rouge lilas, et l'antimoine d'un rouge sombre ; le cobalt colore en bleu le verre de borax, ce que ne fait pas l'antimoine.

V A R I É T É S.

1. Antimoine hydrosulfuré *aciculaire.* Minera argenti plumosa, fibris rubris, *Waller., t. II, p.* 197. Mine d'antimoine en plumes rouges ; *soufre doré natif strié, de Lisle, t. III, p.* 58 ; var. 2. En aiguilles ordinairement luisantes, plus ou moins déliées, qui divergent en partant d'un centre commun.

2. Antimoine hydrosulfuré *amorphe*. Mine d'antimoine rouge granuleuse ; *kermès minéral natif, de Lisle, t. III, p.* 60 ; esp. 6. En masses granuleuses d'un rouge mat.

1. On trouve l'antimoine hydrosulfuré à Braunsdorf, en Saxe ; à Felsobanya, en Hongrie ; à Kapnick, en Transilvanie, etc. Il accompagne souvent l'antimoine sulfuré, et Romé de Lisle dit que les interstices des cristaux de cette dernière mine, occupés par la variété amorphe, sont communément incrustés de petits octaèdres de soufre natif (1).

2. Le Cit. Bertholet a prouvé, dans un mémoire lu à la classe des sciences physiques et mathématiques de l'Institut national, que le kermès, soit natif, soit artificiel, étoit une combinaison d'oxyde d'antimoine, de soufre et d'hydrogène ; mais quels que soient les agens que la nature emploie pour déterminer cette combinaison, il paroît qu'elle n'a pas été produite comme d'un premier jet, et que la mine dont il s'agit ici étoit originairement de l'antimoine sulfuré, qui a été converti par degrés en antimoine hydrosulfuré. On voit quelquefois sur le même groupe des cristaux qui présentent l'aspect du premier, sans aucune altération, avec d'autres qui sont d'un rouge more-doré seulement à la surface ; et en comparant divers morceaux, on suit comme de l'œilles différens passages à l'état où la substance primitive se trouve entièrement changée en un nouveau composé.

---

(1) Cristal., t. III, p. 61.

XIIe. GENRE.

URANE.

Uranium de Klaproth, dérivé d'un mot grec, qui signifie *ciel*.

Uranit, uranium, Sciagr., *t. II, p.* 262. Uran des minéralogistes Allemands. Uranite, *Daubenton, tabl., p.* 37. Uranite, *Kirwan, t. II, p.* 301.

Caractères de l'urane pur.

Caract. phys. Pesant. spécif., 6,44.

Couleur ; gris foncé un peu éclatant.

Dureté ; assez tendre pour être entamé par le couteau.

Caract. chim. Soluble dans l'acide nitrique.

Ce métal a été découvert, en 1789, par le célèbre Klaproth, dans une substance que l'on regardoit comme une variété de la blende, et qui forme la première espèce de ce genre. Il l'a retrouvé depuis dans un minéral en petites lames vertes, qui sera notre seconde espèce, et dont la plupart des minéralogistes faisoient un muriate de cuivre. Rien n'honore davantage la chimie, que ce pouvoir de lier dans une même espèce des minéraux, que leurs caractères extérieurs sembloient placer si loin l'un de l'autre ; et ces réunions ont un double intérêt, lorsqu'elles enrichissent d'un nouvel être la science qu'elles éclairent.

PREMIÈRE ESPÈCE.

URANE OXYDULÉ.

Blende informe compacte, noire, d'une cassure luisante ; pechblende ou blende de poix, *de Born, t. II, p.* 159. Uranit minéralisé par le soufre, Sciagr., *t. II, p.* 264. Schwarz - uranerz, *Emmerling, t. II, p.* 580. Pecherz, *Karsten, mineral. tabellen,*

p. 56. Uranite en minérai par le soufre, *Daubenton, tabl., p.* 37.
Uranite mineralised by sulphur, *Kirwan, t. II, p.* 305.

Caract. essentiel. Pesanteur spécifique, au moins de 6 ; couleur
de la masse et de la poussière, le brun-noirâtre.

Caractères phys. Pesant. spécif., 6,3785...6,5304...7,5 (1).

Dureté ; assez difficile à entamer avec le couteau.

Couleur ; le brun-noirâtre, avec un luisant qui tire un peu
sur le métallique, à certains endroits.

Poussière obtenue par la trituration ; même couleur que celle
de la masse.

Structure, quelquefois un peu feuilletée dans un sens ; feuillets
à surface inégale, un peu ondulée.

Electricité. Etincelles sensibles à l'approche d'un excitateur,
lorsque le minéral communique avec un conducteur électrisé.

Caract. chim. Soluble dans l'acide nitrique, en commençant
par y faire effervescence.

Analyse de l'urane oxydulé de Joachimstal, par Klaproth.

Urane................................... 86,5.
Plomb sulfuré............................. 6,0.
Fer oxydé................................. 2,5.
Silice.................................... 5,0.

$$\overline{100,0\ (2).}$$

Caract. distinct. 1°. Entre l'urane oxydulé et le zinc sulfuré
brun. La pesanteur de celui-ci est plus foible, au moins dans le
rapport de 2 à 3 ; sa poussière est grise ; celle de l'urane oxydulé est noirâtre. Le zinc sulfuré présente des lames situées en
différens sens ; l'urane oxydulé est feuilleté dans un seul sens.
2°. Entre le même et le schéelin ferruginé. La poussière de celui-ci
est d'un brun tirant sur le violet ; celle de l'urane oxydulé est

---

(1) Le premier résultat est du Cit. Guyton ; j'ai obtenu le second : le
troisième est de Klaproth.

(2) Journ. de phys., avril, 1798, p. 316.

noirâtre. Le premier présente des coupes nettes dans deux sens
perpendiculaires entre eux ; l'autre n'a qu'un tissu feuilleté , dans
un sens unique. 3°. Entre le même et le fer chromaté. Celui-ci
a une pesanteur spécifique plus petite, au moins dans le rapport
de 2 à 3. L'urane oxydulé n'a point comme lui la propriété de
communiquer une belle couleur verte au borax, avec lequel on
le fond au chalumeau.

V A R I É T É S.

Urane oxydulé *amorphe.*

A N N O T A T I O N S.

1. On trouve l'urane oxydulé à Joachimsthal, en Bohême ; et
à Johann-Georgenstadt, en Saxe. Ce dernier est accompagné de
baryte sulfatée et de cobalt gris.

2. Ce minéral a été pris d'abord pour une variété de zinc
sulfuré , que l'on nommoit *pech-blende* ou *blende de poix*, à
cause de sa couleur noire jointe à un certain luisant. Werner
l'ayant examiné de plus près, remarqua très-bien qu'il ne pouvoit appartenir à la blende ; mais il le considéra d'abord comme
une mine de fer , et ensuite comme un wolfram. Klaproth fixa
enfin l'opinion des minéralogistes sur ce minéral, en découvrant
le nouveau métal dont il étoit composé. On crut, pendant quelque temps, que c'étoit une combinaison d'urane et de soufre ;
mais le même chimiste, en ayant répété l'analyse, a fini par
regarder le soufre comme appartenant au plomb sulfuré, qui se
trouvoit uni accidentellement à la substance principale. Il pense
de plus, que l'urane n'est combiné ici qu'avec une très-petite
portion d'oxygène (1) ; et c'est ce que confirme une observation
faite par Vauquelin sur de l'urane oxydé jaune appartenant à
l'espèce suivante, dont la couleur passoit au brun, à mesure

____

(1) Journ. de phys., avril, 1798 , p. 316.

qu'il

qu'il perdoit de l'oxygène. L'effervescence que l'urane oxydulé produit d'abord dans l'acide nitrique est due au gaz nitreux qui se dégage, tandis que le métal s'oxyde davantage, en enlevant de l'oxygène à l'acide.

IIᵉ. ESPÈCE.

URANE OXYDÉ.

Cuivre corné ; muriate de cuivre, *de Born*, *t. II*, *p.* 342. Oxyde de bismuth micacé, en feuillets quadrangulaires luisans, d'un jaune-verdâtre, etc., *ibid.* ; en cubes parfaits, *ibid.*, *p.* 219, VIII, C. 3, 4 ? Uranite minéralisé par l'acide aérien ; chaux jaune d'uranite, Sciagr., *t. II*, *p.* 265. Grün-uranerz, *Emmerling*, *t. II*, *p.* 584. Urane en oxyde, *Daubenton*, *tabl.*, *p.* 37. Uranitic ochre, *Kirwan*, *t. II*, *p.* 303.

Caractère essentiel. Divisible en prismes droits à bases carrées. Soluble dans l'acide nitrique.

Caract. phys. Pesanteur spécifique, 3,1212 (1).

Dureté. Très-fragile.

Caract. géom. Forme primitive. Prisme droit à bases carrées. Les divisions parallèles aux bases sont assez nettes ; les autres ne s'aperçoivent qu'à une vive lumière.

Caract. chim. Soluble sans effervescence dans l'acide nitrique, auquel il communique une couleur d'un jaune-citrin.

Caract. distinct. 1°. Entre l'urane oxydé et le mica. Les lames de celui-ci sont élastiques, et résistent à la percussion, sans se diviser. Celles de l'urane oxydé n'ont aucune souplesse et sont très-fragiles. Le mica n'est pas soluble dans l'acide nitrique, comme l'urane oxydé. 2°. Entre le même d'une couleur verte

____

(1) Cette pesanteur a été déterminée, avec soin, par le Cit. Champeaux, ingénieur des mines.

et le cuivre muriaté. Celui-ci projeté sur la flamme, lui communique une couleur en partie bleue et en partie verte, ce que ne fait pas l'urane oxydé.

VARIÉTÉS.

FORMES.

1. Urane oxydé *primitif.* En prismes courts qui se présentent sous la forme de lames rectangulaires.

2. Urane oxydé *octaèdre.* Dolomieu a dans sa collection un morceau où les octaèdres sont très-prononcés, mais si petits, qu'il est impossible d'en déterminer les angles.

3. Urane oxydé *trapézien.* La forme primitive, dont chaque base est entourée de quatre trapèzes, qui résultent d'un décroissement sur les bords.

4. Urane oxydé *flabelliforme.* Composé de lames divergentes en manière d'éventail.

5. Urane oxydé *lamelliforme.* En petites lames irrégulières, disséminées sur la gangue.

6. Urane oxydé *pulvérulent.* Il recouvre assez souvent la surface de l'urane oxydulé.

ACCIDENS DE LUMIÈRE.

Couleurs.

1. Urane oxydé *jaune.* Lorsqu'on l'humecte, il prend une nuance de *vert.*

2. Urane oxydé *vert.* On a attribué sa couleur au cuivre.

Transparence.

Urane oxydé *translucide.*

ANNOTATIONS.

1. On trouve de l'urane oxydé à Eibenstock et à Johann-Georgenstadt, en Saxe ; à Saska , en Hongrie, etc. Sa gangue est tantôt l'urane oxydulé, tantôt le quartz, tantôt une argile ferrugineuse, etc. On connoissoit ici, depuis quelques années, des morceaux de ce minéral, que l'on disoit avoir été trouvés en France , mais sans en indiquer le gisement. Le Cit. Champeaux, ingénieur des mines , d'après quelques renseignemens qui lui firent présumer que cette découverte avoit été faite dans le département de Saône et Loire, du côté d'Autun, entreprit d'y chercher l'urane oxydé. Il visita toutes les parties du sol indiqué , avec une constance soutenue par l'espoir du succès ; et enfin , une fouille faite à huit décimètres de profondeur, lui procura une récolte abondante. Une partie de l'urane formoit des groupes de cristaux de la variété primitive ; l'autre présentoit la variété flabelliforme. La couleur étoit en général d'un jaune-citrin ; cependant quelques lames étoient d'un beau vert. Le minéral avoit pour gangue une roche désagrégée , à base de feld-spath rougeâtre , avec du quartz gris , et du mica blanc et noir. Des expériences que le Cit. Champeaux a faites sur cette substance , à son retour, ont prouvé que l'urane n'y étoit combiné qu'avec l'oxygène (1).

2. On a pu voir combien cette substance qui touche de si près, par sa composition , à l'espèce précédente, s'en écarte par son aspect ; aussi les fausses idées que l'on s'étoit faites de sa nature n'avoient-elles rien de commun avec celles que l'on avoit conçues de l'urane oxydulé. Bergmann la regardoit comme un cuivre mêlé d'argile, minéralisé par l'acide muriatique (2). Werner l'avoit appelée *calcholithe* , et les minéralogistes Français la dé-

---

(1) Bulletin des Sc. de la Soc. phil., floréal , an 8 , p. 107.

(2) Sciagr. , t. II, p. 155.

signoient par le nom de *cuivre corné*, suivant l'usage où l'on étoit ici d'appeler *mines cornées*, celles où le métal étoit combiné avec l'acide muriatique. On apporta depuis en France différens morceaux d'urane oxydé, sous la dénomination de *glimmer vert* ou *mica vert*, suggérée sans doute par l'aspect lamelliforme des cristaux. Ce sont de ces mêmes lames, d'un vert-jaunâtre, que de Born paroît avoir prises pour du bismuth oxydé. Enfin, comme les cristaux trapéziens se rapprochoient, par cette configuration, de la variété de baryte sulfatée, nommée *spath pesant en table;* Sage, en réunissant ce rapport avec le résultat de quelques expériences chimiques, présuma que le cuivre corné de Bergmann n'étoit autre chose qu'un spath pesant, coloré par une chaux de cuivre (1). Klaproth, en analysant, dans la suite, la même substance, a donné une extension à la découverte qu'il avoit déjà faite de l'urane dans la pech-blende.

XIIIe. GENRE.

MOLYBDÈNE.

Molybdène, *de Born, t. II, p.* 115. Molybdan, *Emmerling, t. II, p.* 541. Molybdène, *Daubenton, tabl., p.* 32. Molybdenite, *Kirwan, t. II, p.* 319.

Caractères du molybdène pur.

Caract. phys. Couleur ; le gris métallique.

Caract. chimiques. Très-réfractaire ; ses grains s'agglutinent seulement un peu, par un feu violent.

Réductible en oxyde blanc, soit par l'acide nitrique, soit par la chaleur, à l'air libre.

Schéele, en comparant les substances que l'on nommoit indifféremment *plombagine* et *molybdène*, reconnut qu'elles for-

____

(1) Mém. de l'Acad. des Sc., 1785, p. 258.

moient deux espèces distinctes. Nous avons vu, en parlant de
la première, désignée aujourd'hui sous le nom de *fer carburé*,
jusqu'à quel point cet illustre chimiste avoit approché des véritables connoissances sur la nature de ce minéral. Il obtint,
relativement à l'autre substance, des résultats encore plus im-
portans, d'après lesquels il annonça qu'elle étoit composée de
soufre et d'un acide concret particulier, qu'il appela acide molybdique (1). Mais il ne put réduire cet acide en métal, à l'aide
du charbon et de l'huile ; seulement, il le dépouilla d'une partie
de son oxygène. Hielm, disciple de Bergmann, a fait le dernier
pas, en mettant l'acide molybdique sous une forme métallique.

Jusqu'ici on n'a pu obtenir le molybdène qu'en petits grains
détachés. On ne connoit pas la pesanteur spécifique de ce métal.
Bergmann indique 3,46o pour celle de son acide.

E S P È C E   U N I Q U E.

M O L Y B D È N E   S U L F U R É.

Sulfure de molybdène des chimistes.

Molybdène, *de Lisle*, *t. III*, *p.* 4, note 3. Molybdène sul-
furé ; sulfure de molybdène, *de Born*, *t. II, p.* 119. Phlogistique
uni avec les acides vitriolique et molybdique, etc. ; molybdène,
Sciagr., *t. II*, *p.* 12. Wasserblei, *Emmerling*, *t. II*, *p.* 541.
Molybdène en minérai par le soufre, *Daubenton*, *tabl.*, *p.* 32.
Molybdenite mineralized by sulphur, *Kirwan*, *t. II*, *p.* 322.

Caractère essentiel. Gris de plomb ; communiquant à la cire
d'Espagne ou à la résine, l'électricité vitrée par le frottement.

Caract. phys. Pesant. spécif., 4,7385.

Consistance. Facile à gratter avec le couteau ; composé de
lames séparables, flexibles sans élasticité.

---

(1) Journ. de phys., 1782, p. 542.

Couleur; gris de plomb, avec une teinte plus claire.

Action sur le tact. Surface onctueuse au toucher.

Tachure. Tachant le papier en gris métallique. Il forme des traits verdâtres sur la faïence ou sur la porcelaine.

Electricité. Corps conducteur, acquérant une électricité résineuse très-sensible, lorsqu'on le frotte étant isolé; communiquant à la résine ou à la cire d'Espagne l'électricité vitrée, par le frottement, en même temps qu'il y laisse son empreinte métallique.

Caractères géométr. Forme primitive présumée (*fig.* 215) *pl. LXXXIII.* Prisme droit à bases rhombes, dont les angles sont de 120^d et 60^d. La division mécanique a lieu avec facilité dans le sens des bases, et quelquefois la surface des lames est marquée de lignes qui se croisent sous les angles dont on a parlé, et paroissent indiquer la forme primitive.

Molécule intégrante. *Id.* (1).

Caract. chim. Volatile en fumée blanche, par l'action du chalumeau, avec une odeur sulfureuse.

Caract. distinct. 1°. Entre le molybdène sulfuré et le fer carburé. Le premier a ordinairement le tissu feuilleté; il se réduit par la trituration en lames très-minces; le fer carburé a, presque toujours, le tissu granuleux, et se pulvérise lorsqu'on le broie. Les traits que forme le molybdène sulfuré sur la porcelaine sont verdâtres; ceux du fer carburé conservent la couleur propre à ce minéral. Le molybdène sulfuré communique à la résine et à la cire d'Espagne l'électricité vitrée par le frottement; le fer carburé ne lui en communique aucune. Celui-ci est d'ailleurs, en général, d'une couleur plus sombre, et sa surface a moins d'éclat. 2°. Entre le même et le fer oligiste écailleux, dit *fer micacé.* Celui-ci ne tache point le papier, si ce n'est lorsqu'il est mêlé de particules à l'état d'hématite, qui forment des traits rouges,

---

(1) Aucune observation, jusqu'ici, ne donne le rapport entre la hauteur du prisme qui représente cette molécule et le côté de la base.

au lieu que ceux du molybdène sont d'un gris métallique. Le fer micacé, fortement trituré, se réduit en poussière rouge ; le molybdène sulfuré couvre de son enduit métallique la substance sur laquelle on le broie. Le fer micacé, exposé à l'action du chalumeau, s'y convertit en aimant ; le molybdène sulfuré s'y dissipe en fumée. A l'égard des rapports que l'on a cru apercevoir entre le molybdène sulfuré et les substances talqueuses, il ne peut y avoir lieu à aucune méprise, d'après le brillant métallique, l'opacité et la propriété tachante du premier.

VARIÉTÉS.

FORMES.

Déterminables.

1. Molybdène sulfuré *prismatique.* P M T 'H' (*fig.* 216). En prisme ordinairement très-court et semblable à une lame hexagonale. *Pelletier, mém. et observ. de chimie, t. I, p.* 194.

2. Molybdène sulfuré *trihexaèdre* (*fig.* 217). *Schmeisser, a system of mineralogy, t. II, p.* 258. Ce savant définit les cristaux de cette variété, *des prismes à six pans terminés en pyramides à six faces, par double troncature* (1). Nous supposons qu'il a voulu dire que ces cristaux étoient des prismes hexaèdres, tronqués sur les arêtes des deux bases, de manière à faire disparoître ces bases. Il dit en avoir vu un échantillon chez M. Raspe.

Indéterminables.

3. Molybdène sulfuré *lamellaire.*

———————————————————————

(1) In sex sided prisms, terminating in sex sided pyramids, by double truncation. *Ibid.*

A N N O T A T I O N S.

1. On trouve du molybdène sulfuré à Altenberg, en Saxe ;
à Schlaggenwald et à Zinnwald, en Bohême ; à Norberg, en
Suède, etc. Cette substance n'est pas étrangère au sol de la France.
Le Cit. Lelièvre en a recueilli des échantillons dans les halles de
la mine nommée *Grande-Montagne* de Château-Lambert, près
le Tillot (1). Le Cit. Cordier, ingénieur des mines, m'en a remis
un morceau qu'il avoit trouvé sur l'aiguille de Taléfie, dans la
chaîne du Mont-Blanc, et qui avoit pour gangue un granite.
En général, le molybdène sulfuré adhère souvent au quartz ;
j'en ai un échantillon dans une pierre de cette nature, recouverte, en partie, d'un léger enduit de soufre. Le même minéral
accompagne quelquefois d'autres mines métalliques, telles que
les mines d'étain, de fer, de cuivre pyriteux, etc.

2. Le molybdène sulfuré, confondu pendant long-temps avec
le fer carburé, tantôt sous le nom commun de *plombagine*,
tantôt sous celui de *molybdène*, l'a suivi dans tous ses écarts,
et a été regardé, ainsi que lui, successivement comme une mine
de zinc, un fer micacé, une variété du mica ou du talc.

Romé de Lisle, en le comparant à ces deux dernières substances, auxquelles il l'associoit, remarque qu'il cristallise comme
elles en lames hexagonales, et qu'il a l'onctuosité du talc. Il
pensoit que les traces luisantes que laisse le molybdène sur le
papier, étoient l'effet d'un principe ferrugineux, ou peut-être
d'une légère portion d'étain qui s'y rencontroit (2). Il persista
dans son opinion, même après que le célèbre Schéele eut publié ses recherches sur la composition du molybdène sulfuré (3).
Mais quoiqu'aujourd'hui cette substance, mise à sa véritable
place, se trouve à une grande distance du talc, il n'est peut être

____

(1) Pelletier, mémoires et observations de chimie, t. I, p. 222.
(2) De Lisle, t. II, p. 500.
(3) *Id.*, t. III, p. 3, note 5.

pas inutile de remarquer les nouvelles ressemblances que des recherches postérieures m'ont fait connoître entre l'un et l'autre, au moins comme un exemple de ces analogies inattendues, par lesquelles la nature lie quelquefois des êtres qui, à d'autres égards, présentent des contrastes frappans. Non-seulement le molybdène cristallise comme le talc, mais il paroît qu'il se divise dans le même sens, en rhombes de 120^d et 60^d. L'observation et le calcul prouveront, sans doute, un jour, que le rapport entre les dimensions de la molécule intégrante n'est pas le même de part et d'autre. De plus, le talc partage avec le molybdène la propriété de communiquer à la résine l'électricité vitrée, à l'aide du frottement. Enfin, tous les deux, étant isolés et frottés, acquièrent l'électricité résineuse dans un degré très-marqué (1). Ordinairement c'est la première vue qui en impose, lorsque l'on confond deux substances différentes, et les recherches qui tiennent de plus près à la science, servent à rectifier l'erreur. Ici, au contraire, elles tendroient plutôt à inspirer des doutes, et les caractères qui décident l'observateur sont ceux qui parlent à l'œil ; je veux dire, d'une part une couleur blanchâtre ou légèrement verdâtre à la surface d'un corps translucide, et de l'autre, un luisant métallique réfléchi par un corps opaque.

––––––––––––––––––––

(1) Cette propriété existe aussi dans les autres métaux à l'état métallique, mais d'une manière beaucoup moins sensible.

XIVe. G E N R E.

T I T A N E.

Titanium de Klaproth, nom emprunté de celui des Titans.

Les premiers indices du nouveau métal qui va nous occuper, remontent aux expériences faites, il y a un certain nombre d'années, par Gregor, sur une substance granuliforme, découverte dans la vallée de Menacan, au comté de Cornouaille, et composée de l'oxyde du métal dont il s'agit, avec un mélange d'une certaine quantité de fer (1). Gregor avoit soupçonné qu'elle renfermoit une matière métallique toute particulière. Mais il y avoit loin de cet aperçu aux résultats, à l'aide desquels le célèbre Klaproth a mis depuis dans un plus grand jour l'existence et les propriétés du même métal, en opérant sur des substances rangées alors parmi les pierres, et qui ne paroissoient avoir aucun rapport avec le minéral de la vallée de Menacan. Ce métal, qu'il a nommé *titanium*, et sur lequel Vauquelin a fait, de son côté, différentes recherches, n'a pu encore être amené de l'état d'oxyde sous lequel il se présente toujours, à l'état vraiment métallique. Mais tout concourt à confirmer son existence, et à lui assigner d'avance une place parmi les métaux cassans et oxydables immédiatement (2).

PREMIÈRE ESPÈCE.

T I T A N E   O X Y D É.

Schorl rouge, *de Lisle, t. II, p.* 421. Schorl cristallisé opaque, rouge, *de Born, t. I, p.* 168. IX. A. *a.* 23. Schorl rouge,

---

(1) Voyez l'appendice placé à la suite de cette espèce.
(2) Journal des mines, N°. 15, p. 26.

Sciagr., *t. I, p.* 288. Spath adamantin (brun-rougeâtre), *annales de chimie, par Morveau, Lavoisier, etc., t. I, p.* 188. Titanerz, *Emmerling, t. III, p.* 373. Titanite, *Kirwan, t. II, p.* 329. Adamantine spar, 3d varety, *id., t. I, p.* 336. Titane en oxyde, *Daubenton, tabl., p.* 38.

Caract. essent. Rouge-brun ; divisible parallélement aux pans d'un prisme rectangulaire, lequel se soudivise sur les diagonales de ses bases.

Caractère phys. Pesant. spécif., 4,1025....4,2469.

Dureté. Rayant le verre et quelquefois même le quartz. Une partie des cristaux étincellent sous le briquet ; d'autres se réduisent facilement en petits fragmens ; mais on reconnoît leur dureté , à ce que ces fragmens rayent le verre, et sont difficiles à broyer.

Couleur ; rouge - brunâtre , tirant quelquefois sur le rouge-aurore.

Transparence. Opaque, en général ; les fragmens minces, et les cristaux aciculaires sont quelquefois translucides.

Électricité ; médiocrement électrique par communication.

Caract. géom. Forme primitive ; prisme droit à bases carrées (*fig.* 218) *pl. LXXXIV*; divisible suivant des plans qui passent par les diagonales des bases. Les joints parallèles à l'axe ont beaucoup de netteté ; la position des bases n'est que présumée.

Molécule intégrante ; prisme triangulaire rectangle isocèle (1).

Cassure ; transversale, raboteuse.

Caract. chim. Infusible sans addition ; fondu avec le borax, il se dissout, en formant beaucoup de bulles, et produit un verre jaunâtre.

Caract. distinct. 1°. Entre le titane oxydé et le titane siliceo-calcaire ; le premier raye le verre, ce que l'autre ne fait pas. La division mécanique du titane oxydé donne un prisme rectangu-

---

(1) D'après des données dont je parlerai dans les annotations, il est probable que le rapport entre chacun des côtés de la base adjacens à l'angle droit et la hauteur du prisme, est celui de $\sqrt{5}$ à $\sqrt{12}$.

laire qui se soudivise sur les diagonales de ses bases ; celle du titane siliceo-calcaire, beaucoup moins nette, donne un prisme rhomboïdal. 2°. Entre le même et l'étain oxydé brun. Celui-ci a une pesanteur spécifique, plus grande dans le rapport de 3 à 2. Son tissu est beaucoup moins sensiblement lamelleux.

V A R I É T É S.

F O R M E S.

Déterminables.

1. Titane oxydé *géniculé* (*fig.* 219, 220 et 221). Composé de deux cristaux, dont les prismes se réunissent en formant une espèce de genou, de manière que les sommets semblent être engagés dans l'intérieur du groupe.

Soit $c\,z$ (*fig.* 222) la forme primitive, alongée dans le sens de son axe. Concevons un plan coupant $f\,m\,u\,n$, qui s'abaisse en dessous de la base $c\,d\,f\,p$, parallélement à une face produite en vertu d'un décroissement par une rangée sur l'angle $d\,c\,p$ de cette base. Si l'on suppose deux cristaux groupés de manière que leur face de jonction soit dans le sens de ce même plan, on aura une idée de cette variété. Les deux prismes subissent, dans leurs contours, différentes lois de décroissement, qui donnent les sous-variétés suivantes.

a. Bis-unitaire (*fig.* 219). Le signe relatif aux pans est $\frac{M\ \ ^{1}H^{1}\ ^{1}G^{1}}{M\ \ l\ \ \ r}$. Incidence de M sur M, ou de m sur m, 90^{d} ; de l sur M, ou de l' sur m, 135^{d} ; de l sur l', $114^{d}\ 18'$; de r sur M, ou de r' sur m, 135^{d}.

b. Ternaire (*fig.* 220). Le signe relatif aux pans est $\frac{^{3}H^{3}}{s}$. Incidence de s sur s, ou de s' sur s', $126^{d}\ 52'$; de l'arête z sur l'arête z', $114^{d}\ 18'$.

c. Soustractif (*fig.* 221). Le signe relatif aux pans est $\frac{^{1}H^{1}\ ^{5}H^{5}\ ^{1}G^{1}}{l\ \ \ s\ \ \ r}$. Incidence de l sur s, ou de l' sur s', $133^{d}\ 26'$.

Les cristaux de titane ont rarement une forme prononcée.
Je n'ai rien vu, dans ce genre, qui approchât davantage de
la régularité, qu'un groupe de cristaux de Hongrie que le
Cit. Dolomieu a bien voulu me prêter, et qui appartient à la
sous-variété *c*.

Indéterminables.

2. Titane oxydé *cylindroïde*.

3. Titane oxydé *aciculaire*. En aiguilles, qui ont quelquefois
plusieurs centimètres de longueur.

4. Titane oxydé *réticulaire*. Sagenite, *Saussure, voyage dans
les Alpes*, N°. 1894.

5. Titane oxydé *amorphe*.

A N N O T A T I O N S.

1. Le titane oxydé le plus anciennement connu, a été trouvé
en haute Hongrie, dans la partie des Monts Crapacks, qui
sépare les plaines du comitat de Zips de celles du comitat de
Neusohl. Il a pour gangue un quartz micacé. On avoit perdu la
trace de ce gisement, lorsque le Cit. Lefebvre, sur des indications vagues que lui donna le baron de Born, entreprit d'aller à la
recherche du titane ; et c'est à la récolte qui a été le fruit de ses
attentions éclairées, que nous devons une grande partie des cristaux de Hongrie, que l'on voit ici dans différentes collections (1).

On rencontre aussi du titane oxydé en France, dans le canton
de Saint Yrieix, département de la haute Vienne. Ses cristaux
sont épars sur la terre, et jusqu'ici, l'on n'a pu découvrir leur
gîte naturel. Quelques morceaux offrent des indices de la gangue
quartzeuse, à laquelle ils adhéroient. Ce titane a beaucoup plus

____

(1) Voyez les observations du même savant, sur la nature des Monts
Crapacks et sur le gisement du Titane, journ. des mines, N°. 12, p. 49
et suiv.

de consistance que celui de Hongrie, et ne se brise pas comme lui, par une légère percussion.

M. Henry Umâna, qui a rapporté d'Espagne des cristaux, les uns géniculés, les autres aciculaires, de la même substance, provenant de ce pays, a bien voulu les placer dans ma collection, et me donner en même temps des détails relatifs à leur situation géologique, d'après un savant mémoire publié sur ce sujet, par le célèbre Herrgen, dans un ouvrage Espagnol qui a pour titre : *Annales des sciences naturelles* (1). Ces cristaux ont été trouvés dans la nouvelle Castille, près d'un endroit nommé *Buytrago*, sur une montagne composée de gneiss, et coupée par une multitude de veines et de rognons de quartz jaunâtre. C'est ce même quartz qui sert de gangue au titane oxydé. Quelquefois ce quartz se présente sous la forme de cristaux réguliers, dans lesquels sont engagés des cristaux de titane et de tourmaline, avec des parcelles de mica.

Au Mont Saint-Gothard, le titane forme des espèces de réseaux qui s'étendent sur la surface du gneiss, du feld-spath, du mica cristallisé ou du quartz. Quelquefois cette dernière substance renferme de ces réseaux, qui étant vus à travers sa masse transparente, produisent un effet très-agréable. D'autres morceaux de quartz sont traversés par de simples aiguilles qui prennent différentes directions.

On rencontre aussi la même variété réticulée dans la vallée de Rauris, au pays de Salzbourg; elle y tapisse les interstices d'un assemblage de cristaux prismatiques de mica, verdâtres à l'intérieur, d'un brun-noirâtre à la surface, disposés par groupes qui imitent des mamelons. Un superbe échantillon de ce titane faisoit partie d'un envoi très-intéressant que m'a adressé M. le baron de Moll, si avantageusement connu par ses *Annales de la science du mineur et du métallurgiste.*

Enfin, le Cit. Beauvois a trouvé beaucoup de titane oxydé

---

(1) N°. 1, p. 17.

amorphe dans la Caroline du sud, principalement au comté de Pendleton, en de çà des montagnes Bleues. Il paroissoit avoir été entraîné par des courans d'eau qui l'avoient déposé dans une terre ferrugineuse mêlée de mica jaune.

2. Le titane oxydé a été regardé, pendant long-temps, comme une substance pierreuse, que l'on désignoit sous différens noms. Celui de Hongrie étoit appelé *schorl rouge*, dénomination suffisamment motivée dans les principes de l'ancienne minéralogie, par le caractère que de Born lui assigne, et qui consiste dans sa cristallisation, en prisme chargé de cannelures longitudinales. Klaproth remarque que l'on avoit aussi rangé le titane parmi les grenats, d'après sa cassure et sa couleur (1). Saussure regardoit la variété réticulaire, qu'il avoit observée au Saint-Gothard, comme une espèce particulière de pierre, qu'il appeloit *sagenite*, dérivé de *sagena*, qui signifie un filet.

Quant au titane de France, il y en avoit depuis long-temps des morceaux entre les mains de plusieurs naturalistes; et le fils du célèbre Wedgwood, à qui le Cit. Guyton en fit voir un, qu'il avoit trouvé à Pont-James ou les Noyers, crut y reconnoître les caractères du spath adamantin ou corindon (2). C'est d'après cette opinion que plusieurs auteurs ont cité le Poitou, parmi les gisemens du spath adamantin (3).

Enfin, Klaproth, dont les recherches chimiques ont eu, plus d'une fois, le double mérite de dissiper une erreur par la découverte d'une vérité, reconnut dans le prétendu schorl rouge de Hongrie, la présence d'un métal particulier, auquel il donna le nom de *titanium*. Quelque temps après, l'examen des propriétés physiques et de la structure d'un cristal rapporté de

---

(1) Journ. des mines, N°. 15, p. 2.

(2) Annales de chimie, t. I, p. 189.

(3) Kirwan, t I, p. 356; Gmelin, nouvelle édit. de Linnæus, t. III. p. 213. M. Emmerling indique la même localité avec un point de doute. t. I, p. 11.

Saint Yrieix, me fit conjecturer qu'il pourroit bien être de la même nature que le schorl rouge de Hongrie, dont le célèbre chimiste de Berlin venoit de dévoiler la véritable composition (1); et cette conjecture fut bientôt vérifiée, d'après l'analyse faite de la même substance, par les Cit. Vauquelin et Hecht (2).

3. Je n'ai encore vu aucun cristal simple de titane oxydé qui fut régulièrement terminé. Les facettes qu'on auroit pu prendre pour celles d'un sommet, sembloient être plutôt l'effet d'un groupement semblable à celui que représentent les fig. 219 et suiv., dans lequel un des cristaux étoit surmonté par les pans d'un second cristal ou même de plusieurs entés sur lui. Cette disposition des cristaux de titane à se réunir ordinairement deux à deux, en forme de genou, est presque générale dans ceux des différens pays. Je m'en suis servi, au défaut d'observations directes, pour déterminer, au moins d'une manière vraisemblable, le rapport entre les dimensions de la molécule intégrante, d'après le principe, que dans tous les cristaux qui paroissent se pénétrer mutuellement, le plan de jonction est dans le sens d'une face qui résulteroit d'une loi de décroissement, que j'ai supposée ici être la plus simple (3).

4. Nous avons appris du Cit. Darcet que, pendant long-temps, on s'étoit servi du schorl rouge ou titane oxydé, à la manufacture de Sèvres, pour colorer la porcelaine en brun. C'est avec cette substance qu'a été coloré, entre autres, le grand et beau vase connu sous le nom de *cordelier*, qui attire les regards dans la galerie du Muséum des tableaux. On a cessé de s'en servir, parce qu'il étoit extrêmement difficile d'obtenir une teinte uniforme (4).

---

(1) Journ. des mines, N°. 12, p. 46, note 2.
(2) *Idem*, N°. 15, p. 10 et suiv.
(3) Voyez t. I, p. 71.
(4) Note du Cit. Lelièvre, insérée dans le journal des mines, N°. 15, p. 27.

APPENDICE.

A P P E N D I C E.

TITANE OXYDÉ FERRIFÈRE.

Nigrin, *Karsten, mineral. tabell., p.* 56.

D'une couleur noirâtre ; agissant par attraction sur le barreau aimanté, et quelquefois ayant lui-même des pôles. Certains morceaux ont le tissu lamelleux, et en essayant de les diviser mécaniquement, j'y ai reconnu des joints naturels situés comme dans le titane oxydé ordinaire, mais moins nets.

V A R I É T É S.

1. Titane oxydé ferrifère *granuliforme.* Menakanite, *Lametherie, théor. de la terre,* 2ᵉ. *édit., t. I, p.* 417. Menachanite, *Kirwan, t. II, p.* 326.

2. Titane oxydé ferrifère *massif.*

A N N O T A T I O N S.

Le titane oxydé ferrifère, en masses plus ou moins considérables, se trouve à Spessart, près d'Aschaffenbourg ; à Ohlapian, en Transilvanie ; et à Gumoen, en Norwège. M. Manthey m'a donné un échantillon de ce dernier, où le titane est incrusté dans un quartz coloré par un oxyde jaunâtre de fer. La variété granuliforme avoit été découverte, il y a un certain nombre d'années, dans la vallée de Menacan, au comté de Cornouaille, par Gregor, qui la nomma *ménacanite*, et d'après de nombreuses expériences, y soupçonna la présence d'un métal particulier (1). Klaproth ayant découvert depuis que le prétendu schorl de Hongrie étoit l'oxyde d'un nouveau métal, reconnut ce même oxyde dans le ménacanite, qui, d'après le résultat de l'analyse

____

(1) Kirwan, t. II. p. 326 et suiv.

qu'il en a faite, contient 45,25 d'oxyde de titane, 51 de fer attirable, 3,5 de silice, et 0,15 d'oxyde de manganèse. Le même chimiste a retiré du titane oxydé ferrifère de Spessart, 22 d'oxyde de titane, et 78 d'oxyde de fer; et de celui d'Ohlapian, 84 d'oxyde de titane, 14 de fer, et 2 d'oxyde de manganèse (1).

IIᵉ. ESPÈCE.

TITANE SILICEO-CALCAIRE.

Titanit, *Klaproth, Mém. pour servir à la connoissance des minér., t. I, p.* 245. *Id., Emmerling, t. III, p.* 379. Titanitic calcareo-siliceous ore, *Kirwan, t. II, p* 331. Titane siliceo-calcaire, *Daubenton, tabl., p.* 38.

Caractère essentiel. Divisible en prisme droit rhomboïdal d'environ 137ᵈ et 43ᵈ.

Caract. phys. Pesant. spécif., 3,51.

Consistance. Fragile, mais assez difficile à pulvériser.

Caractère géom. Forme primitive. Prisme droit rhomboïdal (*fig.* 223) *pl. LXXXIV*, dans lequel l'incidence de M sur M est de 136ᵈ 50′. Les joints naturels parallèles aux pans sont assez nets; quelques cristaux offrent des indices de ceux qui sont parallèles aux bases.

Molécule intégr. *Id.* (2).

Caractère chim. Infusible au chalumeau.

Analyse par Klaproth, du titane siliceo-calcaire de Passaw.

Silice . . . . 35.
Chaux. . . . . 33.
Oxyde de titane. . . . . 33.
____
101.

---

(1) Journ. de phys., avril, 1798, p. 317.
(2) La moitié de la grande diagonale de la base, celle de la petite et la hauteur, sont entre elles dans le rapport des quantités $\sqrt{3/2}$, $\sqrt{5}$ et $\sqrt{15}$.

Analyse par Abildgaard , du titane siliceo-calcaire brun d'Arendal.

Silice. . . . . 22.
Chaux. . . . . 20.
Oxyde de titane. . . . . 58.
                                                                          ____
                                                                          100.

Analyse par le même , de la variété blanchâtre.

Silice. . . . . 8.
Chaux. . . . . 18.
Oxyde de titane. . . . . 74·
                                                                          ____
                                                                          100.

Caract. distinct. 1°. Entre le titane siliceo-calcaire brun et le titane oxydé. Celui-ci raye le verre , ce que ne fait pas l'autre. Le titane oxydé est divisible par des coupes parallèles aux pans d'un prisme rectangulaire , qui se soudivise diagonalement , et l'autre par des coupes parallèles seulement aux pans d'un prisme rhomboïdal. 2°. Entre le même et les cristaux d'étain oxydé. Ceux-ci rayent le verre et étincellent sous le briquet ; le titane n'est susceptible ri de l'un, ni de l'autre. La pesanteur spécifique de l'étain est presque double de celle du titane.

VARIÉTÉS.

FORMES.

1. Titane siliceo - calcaire *ditétraèdre.* $\overset{}{M}\ \overset{1}{A}$ $\ (fig.\ 224)$.
$M\ n$

Incidence de M sur M, $136^{d}\ 50'$; de n sur la face de retour, 60^{d} ; et sur l'arête z, 150^{d}.

2. Titane siliceo-calcaire *uniternaire.* $\overset{}{M}\ \overset{1}{A}\ E^3\ {}^3E$ $(fig.\ 225)$. La
$M\ n\ \ \ s$

variété précédente augmentée de quatre facettes , qui remplacent deux à deux les angles solides terminaux. Incidence de n sur s, $145^{d}\ 36'$; de s sur M, $150^{d}\ 44'$.

A C C I D E N S   D E   L U M I È R E.

Couleurs.

1. Titane siliceo-calcaire *brun.*
2. Titane siliceo-calcaire *blanchâtre.*

Transparence.

1. Titane siliceo-calcaire *translucide.* Les cristaux blanchâtres, et quelquefois les bruns, surtout vers leurs bords.
2. Titane siliceo-calcaire *opaque.*

A N N O T A T I O N S.

1. Le titane siliceo-calcaire a été découvert près de **Passaw**, en Bavière, par le professeur Hunger. Il appartenoit à Klaproth, qui déjà nous avoit fait connoître la nature métallique du prétendu schorl rouge de Hongrie, de déterminer encore la composition d'un minéral qui n'en diffère que par l'union du même métal avec deux principes terreux. Les cristaux de Passaw que j'ai observés, étoient bruns, et avoient pour gangue une roche feld-spathique. M. Kirwan en a cité qui étoient d'un gris-blanchâtre.

2. On a découvert plus récemment des cristaux de la même substance, à Arendal en Norwège. C'est à MM. Abildgaard et Manthey que je suis redevable de ceux de ma collection, qui sont d'une forme très-nette, et dont quelques - uns ont 5,5 $^{\text{milim.}}$ de largeur sur une hauteur de 6 à 7 millimètres. Les bruns sont engagés dans un feld-spath rougeâtre, et les blancs reposent sur des cristaux d'épidote.

3. Le Cit. Vauquelin, à qui M. Abildgaard avoit envoyé une certaine quantité de cristaux bruns, en a retiré beaucoup de fer oxydé. Le véritable type de l'espèce paroit être la variété blanchâtre ; et le résultat de Vauquelin, s'il s'étendoit à tous les cristaux bruns, indiqueroit leur place dans un appendice, sous le nom de *titane siliceo - calcaire ferrifère.*

XVe. GENRE.

SCHÉELIN.

Tungstène, *de Born*, *t. II*, *p.* 220. Tunstène, Sciagr., *t. II*, *p.* 259. Scheel, *Emmerling*, *t. II*, *p.* 570. Tungstène, *Daubenton*, *tabl.*, *p.* 31. Tungstenite, *Kirwan*, *t. II*, *p.* 308.

C'est encore à Schéele que la chimie est redevable des premiers résultats qui ont frayé la route vers la découverte de ce métal. L'analyse que fit ce célèbre chimiste de la substance connue jusqu'alors sous ce nom de *tungstène*, et que l'on prenoit pour de l'étain blanc, lui prouva qu'elle étoit composée de chaux et d'un autre principe d'une couleur jaunâtre, qu'il regarda comme un acide particulier. Bergmann conjectura que cet acide étoit dû à un métal, et ce soupçon a été vérifié par les deux frères d'Elhuyar, chimistes espagnols, qui, en traitant la substance appelée *wolfram*, en ont retiré le même principe que Schéele avoit découvert dans la prétendue mine d'étain blanc, et ont obtenu la réduction du métal renfermé dans ce principe. Les expériences entreprises depuis, sur le même sujet, par les Citoyens Vauquelin et Hecht, ont fait conjecturer à ces savans que la matière jaunâtre, connue jusqu'alors sous le nom d'*acide tungstique* (1), ne devoit être regardée que comme un oxyde de tungstène. On peut lire dans leur mémoire les raisons plausibles sur lesquelles ils se fondent (2).

Si la première opinion eut prévalu, la marche de notre méthode paroissoit exiger que la pierre pesante de l'ancienne chimie fût placée, parmi les substances acidifères, dans le genre calcaire,

----

(1) D'après la nouvelle dénomination que nous avons donnée au tungstène, et qui sera motivée plus bas, l'acide dont il s'agit doit être appelé *acide scheelique*.

(2) Journ. des mines, N°. 19, p. 19 et 20.

sous le nom de *chaux schéelatée*; et le wolfram eût appartenu au genre du fer, sous le nom de *fer schéelaté*. Mais nous adopterons d'autant plus volontiers le mode de classification que nous indiquent les résultats des Citoyens Vauquelin et Hecht que, sans cela, la place du schéelin seroit restée vide, dans la série des genres; et peut-être même cette seule considération étoit-elle un motif suffisant pour établir ici une division provisoire, en attendant que la nature nous offrît le schéelin sous une modification à laquelle ce métal imprimât un caractère vraiment générique. Au reste, nous laisserons un sens un peu lâche aux dénominations des espèces comprises dans cette division, en nous bornant au simple nom de *schéelin*, comme nom de genre, sans prétendre indiquer la fonction qu'exerce ce métal dans les mines qui le renferment.

Nous observerons ici, que le nom de *tungstène*, qui signifie *pierre pesante*, étoit devenu doublement vicieux, soit en lui-même, parce qu'on l'appliquoit à un métal, soit par son association avec les mots d'*oxyde* et d'*acide*. Aussi le célèbre Werner, qui professe la minéralogie dans un pays où ce nom, tiré de l'idiome que l'on y parle, devoit choquer davantage, lui avoit-il substitué le nom de *schéele*, comme un hommage rendu au savant qui a fait disparoître l'erreur attachée à l'ancien nom. M. Karsten a suivi cet exemple, et je me suis permis, à mon tour, de prévenir la chimie française, qui, sans doute, auroit fini par effacer de son langage destiné à peindre tout ce qu'il désigne, un nom qui présente une si fausse image, et qu'on seroit fâché d'être obligé de traduire en faveur de ceux qui aiment à voir par tout l'étymologie à côté du mot.

La pesanteur spécifique que MM. d'Elhuyar ont attribuée au tungstène, et qui est 17,6, ne le cède qu'à celle du platine et de l'or; mais on doit regarder ce résultat comme équivoque, puisque les Citoyens Vauquelin et Hecht, en opérant sur le wolfram avec tout l'avantage que leur donnoient les progrès qu'a faits l'analyse, depuis le travail des deux chimistes espagnols, n'ont pu amener le métal renfermé dans cette substance à un état qui permît de le peser spécifiquement (1). Ils l'ont seulement obtenu sous la forme d'une masse spongieuse, parsemée de petits grains métalliques, d'un blanc-grisâtre, très-durs et très-cassans. Mais il leur a été impossible de rapprocher ces grains de manière à en former un bouton métallique ; et si MM. d'Elhuyar ont cru y être parvenus, c'est peut-être qu'il s'est glissé dans la matière du bouton quelque substance additionnelle, qui aura servi de lien aux grains de tungstène.

PREMIÈRE ESPÈCE.

SCHÉELIN FERRUGINÉ.

Magnesia cristallina, nigra, fusca vel rubra, intrinsecè striata, attritu rubens. Spuma lupi, *Waller.*, *t. II, p.* 344. Mine de fer basaltique ; wolfram, *de Lisle, t. II, p.* 311 ; et *t. III, p.* 262. Tungstate magnésié ; wolfram, *de Born, t. II, p.* 227. Tunstène minéralisé par le fer ; wolfram, Sciagr. , *t. II, p.* 260. Wolfram, *Emmerling, t. II, p.* 574. Tungstène mêlé avec le manganèse et le fer ; wolfram, *Daubenton, tabl., p.* 31. Tungstenitic calx, with iron and manganese, or iron singly ; wolfram, *id., t. II, p.* 316.

Caractère essentiel. Brun-noirâtre légérement métallique. Deux coupes perpendiculaires entre elles, dont l'une est plus nette et plus facile à obtenir.

Caract. phys. Pesant. spécif., 7,3333.

Dureté. Cédant aisément à la lime.

Couleur ; le noirâtre ou le noir-brunâtre avec un éclat qui, sous certains aspects, approche du métallique.

Poussière. Elle est d'un violet sombre ou d'un brun légérement rougeâtre.

____

(1) Journ. des mines, Nᵒ. 19, p. 25.

Electricité. Médiocrement électrique par communication.

Caractères géom. Forme primitive. Parallélipipède rectangle (*fig.* 226) *pl. LXXXV.* Les coupes parallèles à T sont très-nettes ; celles qui répondent à M le sont moins , et s'obtiennent plus difficilement. La position des bases n'est que présumée d'après de légers indices.

Molécule intégrante. *Id.* (1).

Cassure ; transversale , raboteuse.

Analyse par Vauquelin et Hecht.

Acide schéelique . . . . 67.

Oxyde de fer. . . . . 18.

Oxyde de manganèse. . . . . 6,25.

Silice. . . . . 1,50.

Perte. . . . . 7,25.

100,00.

Caractères distinctifs. 1°. Entre le schéelin ferruginé et l'étain oxydé. Celui-ci étincelle sous le briquet et résiste beaucoup plus à la lime. Les taches qu'il laisse sur cet instrument sont d'un blanc-grisâtre ; celles du schéelin ferruginé sont d'un violet sombre. L'étain oxydé a le tissu beaucoup moins sensiblement lamelleux. 2°. Entre le même et les mines de fer oxydulé ou oligiste. La pesanteur spécifique de celles-ci est inférieure, au moins dans le rapport de 5 à 7. Elles font mouvoir le barreau aimanté ; le schéelin ferruginé n'a aucune action sur lui. Elles ont un éclat métallique beaucoup plus décidé que celui du schéelin ferruginé.

---

(1) Les côtés G , B , C (*fig* 1) sont entre eux dans le rapport des trois nombres $2\sqrt{3}$, $\sqrt{3}$ et 2.

VARIÉTÉS.

VARIÉTÉS.

FORMES.

Déterminables.

1. Schéelin ferruginé *primitif.* P M T (*fig.* 226). Incidence de M sur P et sur T, 90.

2. Schéelin ferruginé *épointé.* $\begin{matrix} M & T & A^{\frac{1}{2}} & ^{\frac{1}{2}}A & P \\ M & T & s & & P \end{matrix}$ (*fig.* 227). Incidence de *s* sur M, 116ᵈ 34′ ; de *s* sur T, 140ᵈ 45′.

3. Schéelin ferruginé *unibinaire.* $\begin{matrix} M\,^{\iota}G^{\iota} & T & A^{\frac{1}{2}} & ^{\frac{1}{2}}A & P \\ M & r & T & s & P \end{matrix}$ (*fig.* 228). Incidence de *r* sur M, 139ᵈ 6′; de *r* sur T, 130ᵈ 54′; de *r* sur *s*, 147ᵈ 42′.

4. Schéelin ferruginé *progressif.* $\begin{matrix} ^{\iota}G^{\iota} & A^{\frac{1}{2}} & ^{\frac{1}{2}}A & \overset{2}{B} \\ r & s & & u \end{matrix}$ (*fig.* 229). Incidence de *u* sur *u*, 98ᵈ 12′; de *u* sur *r*, 115ᵈ 23′.

Indéterminables.

5. Schéelin ferruginé *lamelliforme.* En lames quelquefois tellement serrées les unes contre les autres, que leur ensemble, vu de côté, présente l'aspect d'un tissu strié.

6. Schéelin ferruginé *amorphe.*

ANNOTATIONS.

1. On trouve le schéelin ferruginé à Altenberg, en Misnie; à Zinwalde, en Bohême; à Westanfors, en Westmanie; dans la Saxe, où il accompagne les mines d'étain; et en France, dans le département de la haute Vienne, montagne du Puy-les-Mines, à environ 3000 mètres de Saint-Léonard (1). J'ai observé la

---

(1) Voyez l'histoire de la découverte du filon qui existe en cet endroit, journ. des mines, N°. 4, p. 23 et suiv.

variété primitive sur un morceau de mine d'étain de Saxe. Les cristaux qui m'ont servi à déterminer les variétés suivantes venoient de Saint-Léonard, et m'ont été donnés par le Cit. Cordier, ingénieur des mines.

2. Le schéelin ferruginé est un de ces minéraux qu'un aspect équivoque a fait associer successivement à différentes espèces avec lesquelles on leur trouvoit de la ressemblance, et qui ont été comme balancés pendant long-temps, avant de parvenir à une position fixe et durable. Henckel remarque que les Allemands appeloient *wolfram* une espèce de substance ferrugineuse striée et d'une vraie couleur de fer, qui se trouvoit à Altenberg en Misnie, où elle portoit le nom très-impropre d'*antimoine* (1). On sait que ce métal étoit le *loup métallique* des alchimistes, et peut-être sont-ce les prétendus rapports du schéelin ferruginé avec l'antimoine qui ont valu au premier la dénomination de *spuma lupi* (écume de loup), que plusieurs naturalistes lui ont donnée (2).

Il paroît que ce nom de *wolfram* a été appliqué anciennement à plusieurs substances différentes, et, en particulier, à l'une de celles qu'on appeloit *schorls*. Par une erreur en sens inverse, le vrai wolfram, à son tour, a porté quelquefois le nom de *schorl*; et pour concilier cette opinion avec la grande densité de la substance, on en faisoit un schorl abondant en fer (3).

---

(1) Henckel, pyrit., trad. franç., p. 64. Suivant Romé de Lisle, la substance désignée ici par Henckel étoit le molybdène, dont on trouve effectivement des morceaux à Altenberg. Mais de Born cite, comme provenant de ce même endroit, une variété lamelleuse de schéelin ferruginé, dont la cassure paroît fibreuse.

(2) Wolf est un mot allemand qui signifie *loup*. Ram, ou plutôt rahm, veut dire, dans la même langue, de la suie, et aussi, suivant Adelung, toute substance spongieuse ou feuilletée. Les mineurs allemands ont nommé ce même minéral eisenrahm, eisenschwærtze, wolfarth et wolfert. Note du Cit. Coquebert.

(3) De Lisle, crist., t. II, p. 311, note 12; Demeste, lettres, t. II, p. 331. De Lisle avoit déjà changé d'opinion lors de l'impression de son 3°. volume. Voyez p. 261.

Le wolfram, selon d'autres, étoit une mine de fer arsenicale, intraitable, et dont on ne pouvoit tirer aucun parti. Tel avoit été d'abord le sentiment de Wallerius, qui a regardé dans la suite le wolfram comme une espèce de manganèse, en même temps qu'il rangeoit cette dernière substance dans la classe des pierres.

3. Les expériences de MM. d'Elhuyar ont mis fin à toutes ces variations, en prouvant que le wolfram renfermoit un métal d'une nature particulière, qui est le schéelin. Les Citoyens Vauquelin et Hecht ont entrepris un nouveau travail sur le wolfram (1), et il leur a paru que la substance d'un blanc-jaunâtre que l'on obtient par l'analyse de ce minéral, et que MM. d'Elhuyar avoient regardée comme l'acide du tungstène, étoit plutôt le même métal à l'état d'oxyde. Cette substance s'est convertie, par la réduction, en une masse d'un blanc-grisâtre, cellulaire, parsemée de petits grains métalliques très - brillans, et non pas en un bouton solide métallique, ainsi que l'avoient annoncé MM. d'Elhuyar. Il seroit possible, comme nous l'avons dit, que, dans l'expérience faite par ces chimistes, les grains de tungstène liés entre eux et cimentés au moyen de quelque matière additionnelle, eussent présenté l'aspect d'une masse continue.

———————

IIe. ESPÈCE.

SCHÉELIN CALCAIRE.

Minera ferri lapidea gravissima, *Waller.*, *t. II, pag.* 255. Wolfram de couleur blanche, *de Lisle, t. III, p.* 264. Tungstate calcaire, mine d'étain blanche, *de Born, t. II, p.* 230. Tunstène minéralisé par la terre calcaire ; tunstène blanc ; spath tunstique, Sciagr., *t. II, p.* 260. Schwerstein, *Emmerling, t. II,*

____

(1) Journ. des mines, N°. 19, p. 10 et suiv.

p. 571. Grey and Brown tungsten, *Kirwan*, *t. I*, *p.* 132. Tungstenite mineralized by oxygen and lime, *id.*, *t. II*, *p.* 314.

Caractère essentiel. Point de brillant métallique ; divisible à la fois en cube et en octaèdre régulier.

Caract. phys. Pesant. spécif., 6,0665.

Dureté. Assez facile à gratter avec un couteau.

Surface ; un peu grasse à l'œil et au toucher.

Couleur, dans l'état ordinaire ; blanchâtre.

Caractère géométrique. Forme primitive. Le cube (*fig.* 230) *pl. LXXXV.* Les cristaux se divisent aussi parallélement aux faces d'un octaèdre régulier. En appliquant à cette double division mécanique le raisonnement que nous avons fait par rapport au fer sulfuré (1), on concevra que les joints parallèles aux faces du cube, étant situés entre les bords des petits tétraèdres auxquels conduit, d'une autre part, la division mécanique de l'octaèdre, n'altèrent en rien la structure qui résulteroit d'un assemblage pur et simple de ces tétraèdres.

Moléc. intégr. Le tétraèdre régulier.

Caractère. chim. Poussière jaunissante dans l'acide nitrique chauffé.

Caractères distinctifs. 1°. Entre le schéelin calcaire et l'étain oxydé blanchâtre. Le premier, indépendamment des divisions parallèles aux faces d'un cube, en admet parallélement aux faces de l'octaèdre, qui n'ont pas lieu dans l'étain. La poussière du schéelin calcaire jaunit dans l'acide nitrique ; celle de l'étain y conserve sa couleur. 2°. Entre le même et le plomb carbonaté. Celui-ci se dissout avec effervescence dans l'acide nitrique concentré ou étendu d'eau ; il noircit par la vapeur du sulfure ammoniacal, deux propriétés qui manquent au schéelin calcaire. 3°. Entre le même et la baryte sulfatée. La pesanteur de celle-ci est plus foible, environ dans le rapport de 2 à 3 ; elle se divise en prisme droit rhomboïdal de 101$^{\mathrm{d}}\frac{1}{2}$ et 78$^{\mathrm{d}}\frac{1}{2}$; et le schéelin, à la

---

(1) Voyez ci-dessus, p. 47.

fois, en octaèdre régulier et en cube ; la poussière de la baryte sulfatée ne jaunit point dans l'acide nitrique, comme celle du schéelin calcaire.

VARIÉTÉS.

FORMES.

1. Schéelin calcaire *octaèdre*. $\overset{1}{\underset{n}{A}} \,{}^{1}A^{1}$ (*fig.* 231). En octaèdre régulier.

a. Cunéiforme.

2. Schéelin calcaire *amorphe*.

ACCIDENS DE LUMIÈRE.

Couleurs.

1. Schéelin calcaire *blanchâtre*.
2. Schéelin calcaire *jaunâtre*.
3 Schéelin calcaire *brunâtre.*

Transparence.

Schéelin calcaire *translucide*.

ANNOTATIONS.

1. On trouve le schéelin calcaire à Marienberg et à Altenberg, en Saxe ; à Schonfeldt et à Zinnwalde, en Bohême ; à Riddarhyttan, en Suède, etc. Les plus gros cristaux que j'aie vus de cette substance avoient environ 25 millimètres d'épaisseur. M. Codon, pensionnaire de la cour d'Espagne, m'a donné des groupes de petits cristaux octaèdres de celui de Zinnwalde, qui sont les uns jaunâtres, les autres brunâtres, et ont pour gangue un quartz enfumé ou un mica hexagonal.

2. Le schéelin calcaire a été défini par Cronstedt, *un fer calciforme uni intimement à une terre inconnue.* Quelques au-

teurs le nommoient *pierre de fer*, et Wallerius va jusqu'à assigner la quantité de fer qu'il contient, et qui est, selon lui, de
30 parties sur 100 (1). Le schéelin calcaire a été associé depuis,
par le plus grand nombre des naturalistes, aux mines d'étain,
sous le nom d'étain blanc ; et nous avons vu que Romé de Lisle
rangeoit les octaèdres de la même substance parmi les cristaux
d'étain, tandis qu'il regardoit les masses informes comme un
wolfram de couleur blanche (2), rapprochement que les expériences de Schéele et de MM. d'Elhuyar ont laissé subsister, en
lui donnant seulement une base toute différente.

X V I^e. G E N R E.

T E L L U R E, dérivé du mot *tellus*, qui signifie *terre*.

Tellurium, *Klaproth, journ. des mines*, N°. 38, *pag.* 145.
Tellur, *Karsten, mineral. tabell., p.* 56. Sylvanite, *Kirwan,
t. II, p.* 324.
Caractères du tellure pur.
Caract. phys. Pesant. spécif., 6,115.
Consistance. Très-fragile.
Couleur ; le blanc d'étain, tirant un peu sur le gris de plomb.
Eclat métallique ; ayant beaucoup d'intensité.
Structure, lamelleuse.
Caract. chim. Au chalumeau, il brûle avec une flamme assez
vive, d'une couleur bleue, qui verdit un peu vers les bords ;
ensuite il se volatilise en fumée blanchâtre, en répandant une
odeur de rave. Si l'on cesse de le chauffer avant qu'il soit en-
tièrement volatilisé, le bouton conserve assez long-temps sa
liquidité, et devient radié à sa surface, en se refroidissant.

----

(1) Syst. miner., t. II, p. 254.
(2) Article étain oxydé, ci-dessus, p. 95.

Soluble dans l'acide nitrique, sans que la couleur de cet acide cesse d'être claire (1).

ESPÈCE UNIQUE.

TELLURE NATIF.

Quoique le tellure existe dans le sein de la terre à l'état de métal natif, il a toujours été trouvé jusqu'ici uni à l'or et à d'autres substances métalliques, par une de ces associations qui paroissent accidentelles ; en sorte que si l'on en connoissoit des mines où il jouît de sa pureté, les mélanges que nous allons décrire formeroient un appendice placé à la suite de ces mêmes mines.

1. Tellure natif *ferrifère* et *aurifère*.

Var. de l'or blanc de *de Born, t. II, p.* 467; du weissgold-erz des Allemands; de l'*aurum bismuticum* de M. Schmeisser, sistem. of mineralogy, *t. II, p.* 28, et de l'*aurum problematicum* de quelques auteurs. Gediegen-tellur, *Karsten, mineral. tabell.,* *p.* 56.

Caract. phys. Pesant. spécif., 5,723.

Couleur ; tirant sur le blanc d'étain, mais plus sombre ; elle a quelquefois une teinte de jaunâtre.

Consistance. Tendre et fragile.

Tachure. Passé avec frottement sur le papier, il le tache lé-gérement en noirâtre.

Caractère chim. Au chalumeau, il décrépite, puis se fond comme le plomb, et brûle avec une flamme vive et brunâtre, en répandant une odeur acre ; il finit par se dissiper en fumée blanche, et laisse un résidu qui ressemble à de la silice. *De Born.*

---

(1) Extrait du mémoire de Klaproth, sur le tellure, journ. des mines N°. 38, p. 145 et suiv.

Analyse par Klaproth.

Tellure .... 25,5.

Fer .... 72,0.

Or .... 2,5.

                                   100,0.

V A R I É T É S.

Tellure natif, etc., *lamelliforme.* En petites lames groupées confusément, d'un éclat vif dans le sens de leurs grandes faces, et foible dans le sens latéral.

2. Tellure natif *aurifère* et *argentifère.* Même caractère que le N°. 1.

Analyse par Klaproth.

Tellure .... 60.

Or .... 30.

Argent...................................... 10.

                                     100.

V A R I É T É S.

Tellure natif, etc., *graphyque.* En aiguilles prismatiques imitant, par leur disposition, des caractères d'imprimerie. Or blanc, dendritique, etc., *de Born, t. II, p.* 470, XVI, E. *b.* I. *Aurum graphicum* de quelques auteurs. *Schrifterz, Karsten, mineral. tabell., p.* 56.

3. Tellure natif *aurifère* et *plombifère*; il contient aussi de l'argent. Or mêlé d'argent, de plomb et de fer, minéralisé par le soufre ; mine aurifère de Nagyag, Sciagr., *t. II, p.* 50. Or gris, mine aurifère de Nagyag, *de Born, t. II, p.* 462. Gelberz, *Karsten, miner. tabell., p.* 56. Blattererz, *ibid.*

Caract. phys. Pesant. spécif., 8,919.

Couleur ; le gris métallique sombre, quelquefois avec une teinte de jaunâtre.

Consistance.

Consistance. Tendre, flexible sans élasticité.

Tachure. Il tache légérement le papier en noir.

Caract. chim. Lorsqu'on l'expose au feu, l'or suinte à travers la masse, et sort sous la forme de gouttelettes.

Analyse par Klaproth, de la variété grise.

Plomb . . . . 50,0.
Tellure . . . . 33,0.
Or . . . . 8,5.
Soufre . . . . 7,5.
Argent et cuivre . . . . 1,0.

100,0.

Analyse par le même, de la variété jaunâtre.

Tellure . . . . 45,0.
Or . . . . 27,0.
Plomb . . . . 19,5.
Argent . . . . 8,5.
Soufre, un atôme.

100,0.

VARIÉTÉS.

1. Tellure natif, etc., *hexagonal.* En prismes hexaèdres réguliers très-courts.

2. Tellure natif, etc., *laminaire.* En masses composées de lames qui se séparent assez facilement dans le sens de leurs grandes faces, lesquelles sont éclatantes et un peu raboteuses.

3. Tellure natif, etc., *lamelliforme.* En lames engagées en partie dans la gangue.

ANNOTATIONS.

1. Le tellure natif ferrifère et aurifère, connu sous le nom de *mine d'or blanche*, se trouve à Fatzbay, en Transilvanie. Ses gangues, selon de Born, sont la lithomarge et le quartz.

La seconde variété, qui contient de l'or et de l'argent, se trouve à Offenbanya, dans le même pays. La troisième, est connue sous le nom d'*or de Nagyac*, endroit de la Transilvanie, d'où on la retire, et où elle a pour gangue le manganèse silicifère d'un rouge de rose pâle, et quelquefois d'une couleur blanche. Elle est assez souvent accompagnée, ou même entremêlée de diverses substances métalliques que l'on distingue à l'œil, telles que le zinc sulfuré, le plomb sulfuré, l'arsenic natif, etc.

2. Muller, ayant fait l'analyse de l'or blanc, regarda cette substance comme composée d'or, d'une petite quantité d'arsenic et de nickel, et d'un résidu qui formoit la partie la plus considérable de la masse, et qui lui parut être un métal jusqu'alors inconnu. Bergmann adopta cette opinion, et M. Kirwan plaça, depuis, ce métal dans sa méthode minéralogique, comme une espèce particulière, sous le nom de *sylvanite*, dérivé de *Transilvanie*. Déjà même les expériences qui avoient été faites pour développer les propriétés du nouveau métal, avoient donné plusieurs résultats remarquables, que l'on retrouve parmi ceux qu'a obtenus plus récemment le célèbre Klaproth, dans le cours de ses recherches sur la même substance.

On n'étoit pas, à beaucoup près, aussi avancé sur la connoissance de la véritable composition de l'or de Nagyag. Selon de Born, cette mine est de l'or combiné avec le soufre, l'antimoine, l'arsenic, le plomb, le fer et l'argent. Les quantités relatives de ces principes varient suivant les morceaux, et le quintal rend quelquefois un peu plus de 13 marcs d'or, ce qui fait à peu près $\frac{1}{15}$ de la totalité. Le même savant dit plus bas, que d'après une analyse plus récente, l'or, dans cette mine, n'est combiné qu'avec l'antimoine et le fer, et que, dans ce cas, on devroit la regarder comme une espèce particulière. Mais on voit qu'il n'attache pas une idée bien nette au mot de combinaison, puisqu'il remarque, au même endroit, qu'après avoir pulvérisé la mine, on en retire, par le moyen de l'aimant, près de cinq pour cent de fer. Le barreau aimanté n'est surement pas un agent chimique.

3. Klaproth ayant entrepris de soumettre ces différentes mines à un nouvel examen, a d'abord constaté l'existence du métal inconnu trouvé dans l'or blanc de Fatzbay et d'Offenbanya, et a ensuite découvert le même métal dans l'or de Nagyag, où il avoit échappé jusqu'alors aux recherches des chimistes.

XVIIe. GENRE.

CHROME, c'est-à-dire, *corps colorant*.

Dans le cours des expériences entreprises par les Citoyens Vauquelin et Macquart, pour déterminer la nature du plomb rouge de Sibérie, ces deux chimistes avoient obtenu, parmi les produits de leurs opérations, une matière verte qui fixa leur attention, et dont la couleur parut un instant désigner *une substance métallique particulière unie au plomb rouge* (1). C'étoit un de ces aperçus qui sont comme les premières lueurs d'une vérité cachée derrière un nuage. Cependant la conséquence définitive à laquelle on s'arrêta pour lors, fut, que le plomb rouge étoit composé de plomb, d'oxygène et de fer, avec un peu d'alumine. Il falloit à la chimie de nouveaux progrès pour amener l'instant où Vauquelin, ayant repris seul ce même travail, parvînt à éclaircir le doute, et à démontrer dans le plomb rouge l'existence d'un nouveau métal, qui s'y trouve à l'état d'acide (2).

Il a même obtenu la réduction de ce métal, sous la forme d'une masse brillante, grisâtre, très-cassante et recouverte de très-petits cristaux métalliques en barbes de plumes. Le culot

____

(1) Essais de minér., par Macquart, p. 186.
(2) Journ. des mines, N°. 34, p. 737 et suiv.

ayant été cassé, a offert un tissu à grain fin et serré dans certains endroits, et dans d'autres, des aiguilles entrelacées et laissant entre elles des espaces vides, ce qui a empêché de déterminer la pesanteur spécifique du métal.

Exposé à la chaleur du chalumeau, ce métal est infusible; seulement il se couvre d'une croûte légérement verte : chauffé avec le borax, il diminue un peu de volume, et colore ce sel en vert.

Les combinaisons du nouveau métal avec l'oxygène donnent un oxyde vert, ou un acide rouge, suivant les proportions d'oxygène, et chacune de ces combinaisons primaires communique des teintes plus ou moins vives de sa couleur aux diverses combinaisons secondaires où elle entre. C'est cette action colorante que le nouveau métal exerce avec tant d'énergie sur les autres substances, qui m'a fait naître l'idée du nom de *chrome*, que le Cit. Vauquelin a bien voulu adopter (1).

Il suffisoit d'être prévenu de l'existence du chrome, pour le retrouver ensuite dans d'autres substances où il avoit échappé jusqu'alors. Vauquelin a reconnu que la couleur verte de l'émeraude du Pérou et celle de la diallage, étoient dues à l'oxyde de ce métal, et que c'étoit son acide qui donnoit au spinelle ce beau rouge nuancé d'orangé, dont on avoit fait honneur au fer.

______

(1) Journ. des mines, N°. 54, p. 757.

PREMIER APPENDICE.

Substances dont la nature n'est pas encore assez connue pour permettre de leur assigner des places dans la méthode (1).

Différens motifs m'ont engagé à laisser en retard la classification des substances comprises dans cet appendice. Il en est plusieurs dont je n'ai eu à ma disposition qu'une trop petite quantité, pour être en état de développer les divers caractères qui doivent entrer dans la description d'une espèce minéralogique, quoique déjà on puisse présumer que ces substances occuperont un rang à part dans la méthode, lorsqu'elles seront mieux connues. D'autres, dont la classification dépend de la connoissance exacte de leurs principes composans, semblent solliciter, de la part des chimistes, de nouvelles expériences, pour dissiper l'incertitude que laissent encore, sur leur véritable nature, les analyses qui en ont été faites jusqu'ici; et telle est surtout la substance que le célèbre Werner a nommée *arragonite*. Plusieurs, enfin, qui ont été données comme espèces particulières par les premiers observateurs, ont, avec des espèces déjà classées, et que j'aurai soin d'indiquer, des rapports plus ou moins marqués, qui méritent d'être examinés attentivement, pour s'assurer si elles ne doivent pas être réunies à leurs termes de comparaison. Ces réunions sont d'autant plus à désirer, qu'elles tendent à perfectionner la science en la simplifiant. Il m'a paru qu'un moyen d'accélérer les recherches propres à nous procurer des connoissances certaines, relativement à tous ces différens minéraux, étoit de les montrer dans des positions isolées, pour appeler sur eux l'attention, et inviter à en faire une étude plus approfondie.

---

(1) Ces substances sont rangées dans cet appendice par ordre alphabétique.

I. A MIANTHOÏDE *(f)*. *Lametherie, théorie de la terre,* 2ᵉ. *édit., t. II, p.* 364.

Asbestoïde, *bulletin des sciences de la société philom., nivóse et pluvióse, an* 5, N°. 54, *p.* 3 (1).

Byssolite, *Saussure, voyage dans les Alpes,* N°. 1696.

Ce minéral forme des touffes de filamens très-déliés, d'un vert d'olive, quelquefois d'une couleur jaunâtre, ou d'un brun foncé, luisans, flexibles et élastiques. On le trouve au bourg d'Oisan, dans le ci-devant Dauphiné, où il accompagne la chaux carbonatée, l'épidote, le feld-spath et le quartz. Souvent il repose immédiatement sur du manganèse oxydé noir pulvérulent, qui recouvre la surface du quartz. Cette substance, analysée par Vauquelin et Macquart, a donné :

Silice	47,0.
Chaux	11,3.
Magnésie	7,3.
Oxyde de fer	20,0.
Oxyde de manganèse	10,0.
	95,6.
Perte	4,4.
	100,0.

L'amianthoïde diffère de l'asbeste dur par sa flexibilité, et de l'asbeste flexible par son élasticité. Les deux auteurs de l'analyse paroissent la regarder comme une sorte de moyen terme entre l'un et l'autre, et disent qu'elle a beaucoup d'analogie avec les asbestes analysés par Bergmann. Mais dans les résultats

---

(1) L'auteur de l'article inséré dans ce bulletin suppose que la substance dont il s'agit a été nommée *asbestoïde* par Lametherie. Mais le minéral que ce naturaliste appelle ainsi, est l'actinote fibreux. Théor. de la terre, t. II, p. 371.

obtenus par ce célèbre chimiste, les proportions des principes
étoient très-différentes.

On ne peut guère douter que ce minéral ne soit le même
que celui auquel le Cit. Saussure fils a donné le nom de *byssolite*,
et dont il a aussi fait l'analyse. Mais son résultat s'écarte beaucoup du précédent, ce qui peut provenir, en partie, de la petite
quantité de byssolite analysée, dont le poids n'étoit que de 22
grains (1).

II. A P L O M E *(m.)*, c'est-à-dire, *simplicité.*

Cette substance, dont j'ignore la localité, se présente sous la
forme de dodécaèdres rhomboïdaux, d'un brun foncé, et, ce qui
est remarquable, marqués de stries parallèles aux petites diagonales des rhombes. Leur pesanteur spécifique est 3,4444. Ils étincellent par le choc du briquet, rayent fortement le verre et
légérement le quartz. Le Cit. Lelièvre a trouvé qu'ils étoient
fusibles au chalumeau en verre noirâtre. La surface de leur cassure
est, à certains endroits, raboteuse, grisâtre et presque terne,
et, à d'autres endroits, légérement conchoïde, brune et assez
éclatante. Les cristaux sont, en général, opaques ; mais plusieurs de ceux d'un petit diamètre sont translucides avec une
couleur orangée.

Ces cristaux diffèrent du grenat, par une pesanteur spécifique sensiblement moindre, et en ce que leur tissu n'est point
lamelleux, et a beaucoup moins d'éclat. Les stries dont leurs
faces sont sillonnées, semblent indiquer qu'ils ont pour forme
primitive un cube, qui passe au dodécaèdre rhomboïdal, en vertu
d'un décroissement par une simple rangée sur tous ses bords ;
résultat qu'aucune autre substance n'a encore offert complète-
ment, c'est-à-dire, de manière que le décroissement atteignit sa
limite ; et comme il est en même temps si simple et si élémentaire

____

(1) Saussure, voyage dans les Alpes, endroit cité.

que je l'avois choisi pour le premier de tous, en exposant la théorie relative à la structure des cristaux (1), j'en ai déduit le nom d'*aplome*, dont on pourra se servir, en attendant que des observations plus décisives ayent marqué à la substance qu'il désigne sa véritable place. Les échantillons de cette substance qui sont dans ma collection, m'ont été donnés par le Cit. Gillet.

III. A R R A G O N I T E *(m.) de Werner.*

Spath calcaire des limites entre l'Arragon et Valence, en Espagne, *de Born, catal., t. II, p.* 320. Arragonit, *Emmerling, t. III, p.* 357. Arragon spar, *Kirwan, elements of mineralogy, t. I, p.* 87. Spathum prismaticum in igne lucem spargens, *Linnæi syst. nat., curâ Jo. Frid. Gmelin, edit.* 13, *Lipsiæ,* 1793, *t. III, p.* 94. Apatite des Pyrénées de quelques minéralogistes. L'arragonite, *Brochant, t. I, p.* 576.

Caractère essentiel. Divisible par des plans qui font entre eux des angles d'environ 116^d et 64^d; soluble avec effervescence dans l'acide nitrique.

Caract. phys. Pesanteur spécif., 2,9465.

Dureté. Rayant fortement la chaux carbonatée.

Réfraction, double.

Phosphorescence. Sa poussière devient luisante sur un charbon ardent.

Caract. géométr. Joints naturels très-sensibles, parallélement à l'axe des cristaux, faisant entre eux des angles d'environ 116^d et 64^d, avec d'autres inclinés à l'axe, mais qui se laissent à peine entrevoir à une vive lumière. Le peu de netteté de ceux-ci n'a pas permis de déterminer complétement la forme de la molécule intégrante.

Caract. chim. Soluble en entier, avec effervescence, dans l'acide nitrique.

---

(1) Voyez t. I, p. 23 et suiv.

VARIÉTÉS.

VARIÉTÉS.

FORMES.

Déterminables.

1. Arragonite *prismatique* (*fig.* 232) *pl. LXXXV.* En prisme hexaèdre, qui est seulement symétrique ; les bases sont ternes, mais planes et unies ; seulement on y aperçoit des lignes qui s'étendent du centre vers le contour ; les pans, quoiqu'assez éclatans, sont ordinairement déformés par des cannelures longitudinales, et quelquefois par des dépressions qui les rendent concaves. Incidence de M sur M', environ 116^d ; de M' sur le pan de retour, 128^d.

Ce prisme, ramené à sa structure la plus simple, peut être regardé comme un assemblage de quatre prismes droits rhomboïdaux de 116^d et 64^d. Soit $l\,s$ (*fig.* 233) la même base que fig. 232. Les lettres O, T, H, U, désignent les bases des quatre prismes composans ; si ces derniers ne subissoient aucune modification, il resteroit au milieu du cristal un vide indiqué par le rhombe $z\,f\,r\,y$; mais ce vide est comblé au moyen d'une extension que reçoit chaque prisme dans sa partie tournée vers le centre C. Ainsi, le prisme O est augmenté d'une quantité représentée par le triangle rectangle $f\,C\,z$, et ainsi des trois autres. Cette extension équivaut à l'effet d'une loi de décroissement que subit le prisme parallélement à l'arête verticale qui se termine en z, et la théorie fait voir qu'il y a toujours une loi susceptible de donner ce résultat, quels que soient d'ailleurs les angles des prismes composans (1).

A l'égard des bases, il faudroit, pour assigner la loi de décroissement dont elles dépendent, connoître complétement la forme des molécules intégrantes. Mais il n'y a jusqu'ici de déterminé que les facettes parallèles aux pans M, M' (*fig.* 232).

______

(1) Voyez la partie géométrique , t. II, p. 79.

Ordinairement, les cristaux de cette variété ont une cassure striée longitudinalement, qui annonce qu'ils sont composés d'une infinité d'aiguilles prismatiques. Cependant on y remarque, à quelques endroits, des lames d'une certaine étendue, qui indiquent les positions des joints naturels. Ces cristaux présentent encore d'autres accidens, qui seront décrits dans les annotations.

2. Arragonite *cunéolaire*. En prisme hexaèdre, dont la base est toute hérissée de petites saillies cunéiformes. La *fig.* 235, *pl. LXXXVI*, représente une coupe transversale du prisme, d'après laquelle on voit que, parmi les six angles que les pans font entre eux, il y en a trois de 128^d ; savoir, f, i, k ; deux de 116^d ; savoir, d, h ; et un de 104^d ; savoir l.

Pour rendre plus intelligible la structure de cette variété singulière, je vais aussi la ramener à l'aspect le plus simple, qui est celui qu'offre un des groupes de ma collection, dessiné fig. 234. Les élémens de ce groupe sont des octaèdres cunéiformes, ou des prismes rhomboïdaux à sommets dièdres, semblables à ceux que l'on voit fig. 236, 237, 238 et 239, dans lesquels les incidences des trapèzes M, M, sont d'environ 116^d aux endroits des arêtes B b, ou A a, et de 64^d aux endroits des arêtes G g. D'après ce qui a été dit plus haut, ces prismes se divisent nettement dans le sens des trapèzes dont il s'agit. Quant à l'incidence des triangles L, L, qui sont ternes et un peu raboteux, elle m'a paru être d'environ 70^d.

Supposons maintenant, pour un instant, que les prismes ayent leurs pans M, M inclinés rigoureusement de 120^d d'une part et 60^d de l'autre ; il est évident que trois de ces prismes formeront, en s'accolant, un prisme hexaèdre régulier, dont la base, au lieu d'être un plan, sera composée de trois sommets cunéiformes, et l'on concevra, avec un peu d'attention, que les trois arêtes terminales doivent se réunir autour d'un même point, en formant entre elles des angles de 120^d.

Il n'en sera pas de même si les pans des prismes sont inclinés de 116^d et 64^d, comme cela a lieu dans la nature. Alors trois

de ces prismes ne pourront plus remplir exactement un espace ;
mais il y en aura deux, entre lesquels il restera un vide ou un
angle rentrant de 12^d ; différence entre la somme de trois angles
de 116^d, et celle de trois angles de 120^d.

Pour remplir ce vide, la cristallisation emploie un quatrième
prisme, qui paroît pénétrer en partie l'un des trois autres. La
fig. 234 servira à donner une idée de cet assortiment. Les deux
prismes entiers sont ceux qui ont pour arêtes terminales, les
lignes AB″, $ab″$ d'une part, et AB‴, $ab‴$ de l'autre, et que l'on
voit séparément, figures 236 et 239 ; les deux autres prismes, qui
ont pour arêtes terminales AB, ab d'une part (*fig.* 234), et AB′,
$ab′$ de l'autre, sont représentés aussi séparément, figures 237 et
238 ; et ils se pénètrent de manière que leur plan de jonction
est un trapèze aArr′ (*fig.* 234, 237, 238), qui passe par l'axe,
et fait avec le plan aABb, ou aAB′$b′$, un angle d'environ 6
degrés. Par une suite nécessaire, les résidus des pans sur lesquels
passe la section $r r′$, font entre eux un angle rentrant *nas*
(*fig.* 235) de 128^d, tandis que l'incidence mutuelle des pans qui
répondent aux lignes *in*, *ks*, est de 104^d.

Or, la théorie démontre encore ici l'existence d'un résultat
que j'ai dit (1) être général pour tous les cristaux qui paroissent
se pénétrer, savoir : que leur plan de jonction est toujours situé
comme une face qui seroit produite par une loi de décroissement ;
et ce résultat peut de même avoir toujours lieu dans le cas
présent, quelles que soient les incidences des pans, prises sur
les prismes élémentaires (2).

Il est très-rare que cette variété ait le degré de simplicité que
nous venons de lui supposer. Ordinairement sa base est toute
hérissée de saillies cunéiformes, qui indiquent la réunion d'un
nombre plus ou moins grand de prismes rhomboïdaux, laquelle
est néanmoins soumise aux mêmes conditions. Dans ce cas, les

(1) Voyez t. I, p. 69 et suiv.
(2) T. II, partie géométrique, p. 77 et suiv.

pans sont striés longitudinalement, comme ceux des prismes de la première variété.

Indéterminables.

3. Arragonite *cylindroïde*. En masses arrondies et fortement cannelées. Elles ressemblent, par leur aspect, aux fascicules produits par l'alongement des sommets inférieurs des cristaux qui appartiennent à la chaux carbonatée inverse (1). Mais ces fascicules se divisent très-nettement en rhomboïdes semblables au primitif, au lieu que les masses cylindroïdes d'arragonite n'ont de joints naturels sensibles, que parallélement à leur longueur.

ACCIDENS DE LUMIÈRE.

Couleurs.

1. Arragonite *limpide*. La limpidité n'a ordinairement lieu que dans certaines parties des cristaux.

2. Arragonite *mi-violet*. Prisme violet dans sa partie moyenne, et sans couleur vers les extrémités. Nous donnerons, dans les annotations, la raison de cette coloration partielle, qui est commune dans les cristaux d'arragonite.

3. Arragonite *blanchâtre*. La 3e. variété.

Transparence.

Arragonite *translucide*.

ANNOTATIONS.

1. Les cristaux d'arragonite ont été ainsi appelés par le célèbre Werner, parce qu'on en a trouvé d'abord en Espagne, entre les royaumes d'Arragon et de Valence. Il y en a aussi près des Pyrénées, où ils sont engagés dans une terre argileuse, qui

____

(1) T. II, p. 94.

renferme, à certains endroits, des cristaux de chaux sulfatée et de quartz hématoïde. On voit quelquefois de petits cristaux de cette derniere substance implantés dans les prismes d'arragonite. Le diamètre de ceux-ci varie depuis un millimètre jusqu'à trois centimètres et au-delà. On en trouve de solitaires, et d'autres qui sont groupés deux à deux, ou en plus grand nombre.

Ceux de ces mêmes prismes qui appartiennent à la première variété, et qui, considérés isolément, sont déjà, comme nous l'avons vu, des assemblages de plusieurs prismes rhomboïdaux, présentent de plus une espèce de surcomposition, en vertu de laquelle chàcun d'eux renferme un second prisme, dont l'axe croise le sien à angle droit, ou à peu près. Mais celui-ci est tellement engagé dans la substance du premier, qu'il n'altère aucunement sa forme ; en sorte que l'on seroit tenté de croire que ses deux extrémités, qui devroient former des saillies, en sortant par les parties latérales de l'autre prisme, ont été taillées et mises de niveau avec elles. L'assortiment des deux prismes ne devient bien apparent que dans les fractures, soit par les directions croisées des stries, soit par une espèce de mosaïque que présentent quatre triangles réunis autour d'un point commun, sur la coupe verticale du prisme total, et dont deux, qui sont d'une couleur pâle, ont leurs bases situées horizontalement, et les deux autres, qui sont d'une couleur violette, ont leurs bases parallèles aux arêtes longitudinales. Les premiers appartiennent au prisme enveloppant, et les seconds à celui qui est comme inscrit dans l'autre. Cet accident, qui a été remarqué par de Born (1), devient surtout sensible, lorsque les cristaux ont été sciés en deux, dans le sens de leur axe, et que les coupes ont reçu le poli.

Dans le groupement des cristaux de la seconde variété, il arrive souvent que l'un des prismes, au lieu d'être fondu, en quelque sorte, avec la substance de l'autre, comme dans la première variété, s'y insère de manière qu'une partie de sa surface

____

(1) Catal., t. 1, p. 320.

latérale est saillante à l'endroit de la base du prisme enveloppant.

A l'égard de la variété cylindroïde, qui est blanchâtre, sans aucune teinte de violet, nous n'en connoissons pas la localité. Mais on ne peut guère douter qu'elle ne doive être réunie avec les précédentes, dont elle a tous les caractères.

2. La cristallisation de l'arragonite, prise en elle-même, n'est pas ce que cette substance offre de plus singulier ; et si l'on fait abstraction des accidens qui en compliquent le mécanisme, pour ne considérer que l'élément de la structure, on se trouve arrêté par une nouvelle espèce de nœud qu'il ne paroît pas possible de résoudre, dans l'état actuel de nos connoissances.

De Born dit, que la phosphorescence des cristaux de cette substance, jointe à leur couleur, avoit d'abord fait soupçonner que la matière du spath calcaire y étoit combinée avec l'acide phosphorique (1) ; mais que Klaproth les ayant analysés depuis, n'y avoit trouvé que de la chaux aérée. En conséquence, il les associe à la chaux carbonatée prismatique ordinaire, et ce rapprochement a été suivi par d'autres minéralogistes.

On a vu à quel point ils différoient de cette variété prismatique, soit par la mesure de leurs angles, soit par le sens dans lequel ils se divisent. Mais l'inclinaison de leurs joints naturels, qui est d'environ 116^d, présente une autre différence beaucoup plus remarquable entre l'arragonite et la chaux carbonatée en général, dans laquelle l'incidence des joints n'est que de 104^d 28′. D'ailleurs, dans l'arragonite, il n'y a que deux divisions qui soient bien sensibles ; la troisième, qui compléteroit le rhomboïde, est nulle. Nous avons dit aussi que l'arragonite étoit beaucoup plus dur que la chaux carbonatée, et sa pesanteur spécifique, que j'ai trouvée de 2,9465, l'emporte aussi de quelque chose sur celle de la chaux carbonatée, qui est au plus de 2,7182.

Or, quoique d'une autre part il existe des analogies marquées entre les deux substances, comme la dissolution avec efferves-

---

(1) Catal., t. I, p. 520.

cence dans l'acide nitrique et la double réfraction, les diversités
dont nous avons parlé, surtout celle qui se tire de la division
mécanique, semblent indiquer entre ces substances une ligne
nette de séparation.

Cependant l'analyse que Klaproth a faite de l'arragonite, et
qui depuis a été répétée par Vauquelin, solliciteroit, au contraire, leur réunion dans une même espèce.

Enfin, le Cit. Tenard, dont l'habileté est connue, a fait récemment un grand nombre d'expériences, pour déterminer la
véritable nature de l'arragonite, avec l'intention et même l'espoir
de retirer de ce minéral quelque principe particulier qui pût
servir à lever la difficulté. Il y a cherché surtout, mais inutilement, la présence de la strontiane soupçonnée par M. Kirwan (1);
et parce que ce célèbre chimiste présumoit aussi que l'acide
carbonique y étoit en plus grande proportion que dans la chaux
carbonatée ordinaire, le Cit. Tenard a analysé comparativement
avec l'arragonite la chaux carbonatée limpide, connue sous le
nom de *spath d'Islande*, et le rapport entre l'acide et la base
s'est trouvé sensiblement le même de part et d'autre.

Si c'étoit là le dernier mot de la chimie, il faudroit en conclure que la différence d'environ $11^{d}\frac{1}{4}$, qui existe entre les angles
primitifs des deux substances, et qui en indique une considé-
rable entre les formes des molécules intégrantes, est un effet
sans cause, ce que la saine raison désavoue. Il est plutôt à présumer que de nouvelles recherches rameneront ici cet accord
qui a constamment régné jusqu'à présent, entre les résultats de
l'analyse chimique et ceux de la géométrie des cristaux (2).

---

(1) Elements of mineralogy, t. I, p. 88.

(2) Il seroit intéressant de chercher si l'arragonite renferme une certaine
quantité d'eau appelée *de cristallisation*, comme on en retire de la chaux
carbonatée ordinaire, où sa proportion est un peu plus que $\frac{1}{10}$ de la masse.
On jugera, d'après l'article suivant, que cette observation n'est pas déplacée.

IV. Chaux sulfatée anhydre, c'est-à-dire, *privée d'eau.*

Caract. phys. Pesant. spécif., 2,964.

Dureté. Rayant la chaux carbonatée, et à plus forte raison la chaux sulfatée ordinaire.

Caract. géom. Divisible, par des coupes nettes, en fragmens qui paroissent cubiques.

Caract. chim. Soluble dans une quantité d'eau qui surpasse sensiblement celle qu'exige la chaux sulfatée ordinaire. Ne blanchissant pas, et ne s'exfoliant pas, comme elle, lorsqu'on l'expose sur un charbon allumé.

Analyse par Vauquelin.

Chaux . . . . 40.
Acide sulfurique . . . . 60.

                                               100.

V A R I É T É S.

1. Chaux sulfatée anhydre *laminaire.* Composée de lames blanchâtres et translucides.

2. Chaux sulfatée anhydre *lamellaire.* Les morceaux que j'ai vus étoient un assemblage de petites lames éclatantes, blanchâtres, entremêlées de portions d'un gris sombre, tirant sur l'aspect granuleux.

A N N O T A T I O N S.

1. Cette substance, qui a été trouvée en Suisse, dans les salines du canton de Berne, et qui ne m'est connue que depuis trèspeu de temps, m'a été présentée sous le nom de *gypse.* Il ne me fut pas difficile de reconnoître qu'elle différoit très-sensiblement de la chaux sulfatée ordinaire, par ses caractères géométriques et physiques. Sa division mécanique, qui se fait avec
une

une égale netteté dans tous les sens, conduit à des molécules intégrantes d'une forme cubique, ou à bien peu de chose près, tandis que dans la chaux sulfatée ordinaire, les coupes, beaucoup plus nettes parallélement aux bases que dans le sens latéral, donnent pour molécule un prisme droit dont les pans sont inclinés entre eux de 113^d et 67^d, ce qui fait une différence de 23^d avec les incidences des faces du cube. La nouvelle substance est d'ailleurs sensiblement plus dure que la chaux sulfatée ordinaire; sa pesanteur spécifique est plus grande, dans le rapport d'environ 9 à 7; enfin, elle ne blanchit ni ne s'exfolie comme elle, par l'action de la chaleur.

Il résulte de là, qu'en comparant les deux substances l'une avec l'autre, avant que leur composition chimique fut connue, on auroit pu prononcer d'avance, qu'elles devoient constituer deux espèces différentes. Maintenant, si l'on a égard aux analyses de ces deux substances, on trouve que la chaux carbonatée ordinaire est composée de 32 parties de chaux sur 100, de 46 d'acide sulfurique et de 22 d'eau, tandis que la nouvelle substance a donné 40 de chaux et 60 d'acide, sans eau de cristallisation; d'où il suit que le rapport entre les quantités de chaux et d'acide est à peu près celui de 2 à 3 dans les deux substances.

2. Il se présente ici une réflexion qui mérite d'être pesée. On sait que les substances que l'on a nommées *sels*, et du nombre desquelles est la chaux sulfatée ordinaire, lorsqu'elles cristallisent dans un liquide aqueux, s'approprient une partie de ce liquide, à laquelle on a donné le nom d'*eau de cristallisation*, parce qu'elle leur est nécessaire, pour que leurs molécules prennent un arrangement régulier. Si on dépouille une de ces substances, par exemple, l'alumine sulfatée, de son eau de cristallisation, au moyen de la calcination, et qu'on la remette dans un liquide aqueux, elle y reprendra une nouvelle quantité d'eau égale à celle qu'elle avoit perdue, et ce n'est que par l'intermède de cette eau qu'elle pourra repasser de l'état informe

auquel l'action du feu l'avoit réduite, à celui de cristallisation régulière (1).

Or, comment est-il arrivé que certaines quantités relatives de chaux et d'acide sulfurique ayent formé, par leur combinaison, des masses vraiment cristallines, sans le concours de l'eau de cristallisation, tandis que les mêmes quantités relatives de chaux et d'acide sulfurique ne peuvent produire les cristaux de chaux sulfatée ordinaire, sans s'adjoindre une quantité d'eau équivalente à plus d'un cinquième de la totalité? Cette différence ne paroît provenir ni de la chaux, ni de l'acide, considérés en eux-mêmes, puisqu'à cet égard tout est égal de part et d'autre. Il y a donc ici quelque chose qui nous échappe encore, et dont la connoissance donneroit la solution de la difficulté.

Quoi qu'il en soit, la minéralogie a rempli sa tâche, en démontrant que la substance qui est l'objet du problème, doit former une espèce très-distinguée de la chaux sulfatée ordinaire. Le nom que je lui ai donné, et qui exprime le fait dans lequel consiste jusqu'ici sa différence avec ce sel, ne sera, si l'on veut, qu'un nom de convention, en attendant que des recherches dignes d'exercer la sagacité des chimistes, nous ayent appris la place qu'elle doit occuper parmi les substances acidifères, et de laquelle dépendra sa dénomination définitive. Ces recherches pourroient avoir un autre avantage, celui de répandre un nouveau jour sur la véritable fonction qu'exerce ce principe auquel on a donné le nom d'*eau de cristallisation*.

L'examen de la substance dont il s'agit, m'a fait naître un doute au sujet de celle dont j'ai parlé (2) sous le nom de *soude*

---

(1) Je doute que l'on aille assez loin, lorsqu'on se contente de dire, comme on l'a fait, qu'un principe dont une substance s'empare, dès qu'elle est en contact avec lui, et sans lequel il lui est impossible d'arriver à son état de perfection, est étranger à son essence, surtout si l'on considère que la quantité de ce principe est constante dans les différens cristaux d'un même sel.

(2) T. II, p. 261.

muriatée gypsifère. Il se pourroit que le gypse qui en fait partie ne fût de même composé que de chaux et d'acide sulfurique, sans eau. Dans ce cas, il paroîtroit plus naturel de le considérer comme une chaux sulfatée anhydre mélangée accidentellement de soude muriatée, et l'on concevroit encore mieux comment elle se divise si nettement en cubes, puisque les deux substances dont elle seroit l'assemblage auroient, l'une et l'autre, leurs molécules intégrantes de cette forme.

V. Chaux sulfatée quartzifère.

Pierre de Vulpino, dans le Bergamasc, *Fleuriau*, *journ. de phys.*, *thermidor*, *an* 6, *p.* 99.

D'un blanc-grisâtre uniforme, ou veiné de gris-bleuâtre; semblable, par son aspect, à la chaux carbonatée granuleuse, dite *marbre salin;* médiocrement phosphorescente par l'action du feu; très-fusible au chalumeau; pesant. spécif., 2,3787.

Analyse par Vauquelin.

Chaux sulfatée............................ 92.
Silice .... 8.
————
100.

On emploie cette pierre à Milan, sous le nom de *marbre bardiglio de Bergame,* pour faire des tables et des revêtemens de cheminée. Fleuriau a reconnu, le premier, qu'elle étoit distinguée des marbres avec lesquels on l'avoit confondue, et en a déterminé les caractères minéralogiques.

Cette substance a été regardée, d'après l'analyse citée ci-dessus, comme un mélange de chaux sulfatée ordinaire et de quartz. En partant du résultat de cette analyse, qui donne le rapport de 23 à 2, pour celui de la chaux sulfatée à la silice, j'avois cherché quelle auroit dû être la pesanteur spécifique du mélange (1), dans le cas où il n'y auroit eu ni contraction ni

______

(1) La pesanteur spécifique particulière du quartz le plus pur est 2,6530,

dilatation de volume, et j'avois trouvé 2,3348, quantité bien inférieure à la pesanteur spécifique observée, qui étoit, comme je l'ai dit, 2,8787.

J'avois fait une seconde recherche, pour comparer le volume qu'auroit eu la chaux sulfatée considérée séparément, toujours dans l'hypothèse de la non-contraction ou non-dilatation, avec le volume des deux substances réunies (1), et j'avois trouvé que le premier étoit au second, dans le rapport de 662101 à 577700, qui est à peu près celui de 8 à 7; d'où il paroissoit suivre que la réunion des deux substances s'étoit faite, comme si toutes les molécules siliceuses s'étoient logées entre celles de la chaux sulfatée, et que de plus, cette dernière substance se fut contractée d'environ $\frac{1}{8}$. Ce résultat offroit un exemple unique jusqu'ici d'une contraction qui réduiroit à zéro le volume d'une des substances unies entre elles par voie de mélange, et diminueroit de plus celui de l'autre.

Mais ne se pourroit-il pas encore qu'il en fût de la chaux sulfatée contenue dans la pierre de Vulpino, comme de celle que j'ai nommée *anhydre*, et qui est l'objet de l'article précédent? Si une nouvelle analyse confirmoit ce soupçon, le paradoxe disparoîtroit. Dans cette hypothèse, la pesanteur spécifique de la chaux sulfatée anhydre étant 2,9614, ainsi que je l'ai dit, on trouve que celle du mélange, abstraction faite de toute contraction ou dilatation, devroit être 2,9341. Or, la pesanteur observée étoit 2,8787, d'où il suit qu'au lieu d'une contraction

---

et celle de la chaux sulfatée de Lagny, qui est la plus forte qu'ait obtenue Brisson, est 2,3108. Si l'on applique ici la formule $\frac{co\,(d+f)}{cd+of}$, que nous avons donnée, (t. III, p. 269), on fera $c=2,3108$, $o=2,6530$, $d=2$, $f=2^3$.

(1) Soit V le volume de la chaux sulfatée considérée séparément, U celui du mélange des deux substances, d'après la pesanteur spécifique observée, et P' cette même pesanteur spécifique. On aura V : U :: P'f : c (d+f); les quantités, c, d, f, étant les mêmes que ci-dessus.

aussi extraordinaire que celle dont j'ai parlé, il y auroit eu,
au contraire, une dilatation d'environ $\frac{1}{53}$, ce qui paroît beaucoup plus naturel.

VI. COCCOLITHE *(f.)* d'Abildgaard, c'est-à-dire, *pierre à noyaux*.

Id. Dandrada, journ. de phys., fructidor, an 8, *pag.* 242.
Kokkolith, *Karsten, miner. tabell.*, p. 20.

Cette substance forme des assemblages de grains d'un vert-
noirâtre, et quelquefois d'un vert pré. Ces grains sont chargés
de saillies et d'enfoncemens. Quelques-uns présentent l'apparence
de cristaux, dont les angles solides et les bords auroient été
oblitérés. Tous ces grains n'ont entre eux qu'une foible adhérence, en sorte que la simple pression du doigt suffit pour les
séparer. Dans certaines masses, leur épaisseur va jusqu'à huit
ou dix millimètres. Mais il y a d'autres morceaux composés de
grains extrêmement petits. En essayant de diviser mécaniquement ceux qui sont d'un volume plus sensible, j'en ai retiré des
prismes à quatre pans à peu près perpendiculaires entre eux (1).
J'ai aperçu d'autres joints situés en diagonale. Si l'incidence des
pans étoit de 92ᵈ et 88ᵈ, ce que je n'ai pu vérifier, parce que
les coupes, quoiqu'assez nettes, n'étoient pas exactement de niveau, la coccolithe me paroîtroit devoir être réunie au pyroxène,
dont elle se rapproche encore par sa dureté, qui la rend capable
de rayer le verre ; par sa pesanteur spécifique, que j'ai trouvée
de 3,3739, et par la difficulté avec laquelle elle se fond au
chalumeau. L'analyse qu'en a faite le Citoyen Vauquelin, établit
un nouveau rapport entre elle et le pyroxène. En voici le résultat :

---

(1) Ce que dit M. Dandrada, que les lames ne paroissent disposées que
dans un seul sens, n'est pas exact.

Silice	5o,0.
Chaux	24,0.
Magnésie	10,0.
Fer oxydé	7,0.
Manganèse oxydé	3,0.
Alumine	1,5.
Perte	4,5.
	100,0.

Ce résultat diffère peu de celui auquel est parvenu le même chimiste, en analysant le pyroxène; seulement celui-ci a donné environ 15 de fer oxydé, et 13,2 de chaux.

J'ajouterai que si l'on compare ensemble deux fragmens, l'un de coccolithe, et l'autre de pyroxène noirâtre, on observe entre eux une ressemblance de tissu et d'aspect, qui tend à rendre plus plausible l'idée d'un rapprochement déjà indiqué par les autres caractères.

La coccolithe se trouve dans les mines de fer d'Hellesta et d'Assebo, en Sudermanie; à Nerike, en Suède; et dans les filons d'Arendal, en Norwège. C'est de cette dernière localité que provenoient les morceaux que j'ai observés, et qui m'ont été donnés par MM. Abildgaard (1) et Manthey.

VII. D I A S P O R E *(m.)*, c'est-à-dire, *qui se disperse.*

Ce minéral, dont nous devons la connoissance au Cit. Lelièvre, est en masses composées de lames légérement curvilignes, d'une couleur grise, d'un éclat assez vif, tirant sur le nacré, et faciles à séparer les unes des autres. En les présentant à la lumière par le côté, on aperçoit d'autres joints naturels presque ternes, qui

---

(1) Une mort prématurée nous a enlevé, il y a quelques mois, ce savant, doublement recommandable par la variété de ses connoissances et par son empressement à faciliter aux autres les moyens d'augmenter les leurs.

tendent à former un prisme rhomboïdal, que les premiers joints partagent en deux prismes triangulaires, dans le sens des petites diagonales de ses bases. Les pans du prisme rhomboïdal font entre eux des angles qui m'ont paru se rapprocher de 130ᵈ et 50ᵈ. Mais les joints qui leur sont parallèles ont si peu de netteté, que cette mesure pourroit bien être en erreur de plusieurs degrés. Les fragmens aigus rayent le verre. La pesanteur spécifique est 3,4524.

Une propriété assez remarquable de cette substance consiste en ce que, si l'on en expose un petit fragment à la flamme d'une bougie, il pétille au bout de quelques secondes, et se dissipe en une multitude de parcelles qui, lancées de toutes parts, produisent une espèce de scintillation dans l'air, par les reflets qui sortent de leurs facettes nacrées. C'est de cette propriété que j'ai tiré le nom de *diaspore*.

Le Cit. Lelièvre ayant désiré de connoître la composition de ce minéral, en remit des morceaux au Cit. Vauquelin, pour être analysés. Ce chimiste, après avoir fait chauffer le diaspore, dans un creuset fermé, de manière que ses éclats ne pouvoient s'échapper, trouva qu'il s'y étoit réduit en parcelles blanches et brillantes, que l'on auroit été tenté de prendre pour de l'acide boracique. L'analyse qu'il a faite ensuite de cette substance a donné 17 ou 18 parties d'eau sur 100, 3 de fer, et environ 80 d'alumine.

Je suis forcé de revenir encore ici sur la manière dont on a envisagé l'eau, dite *de cristallisation*. Dans l'hypothèse où ce principe ne seroit qu'accessoire, il n'y auroit plus de différence essentielle entre l'analyse du diaspore et celle de la télésie, qui, d'après le résultat obtenu par le célèbre Klaproth, est toute alumine (1); et par conséquent les molécules intégrantes des deux substances devroient être semblables. Mais la division mécanique

---

(1) Il est visible que la petite quantité de fer donnée par les deux analyses n'étoit qu'accidentelle.

annonce, au contraire, une différence très-sensible entre les formes de ces molécules, et les deux substances se repoussent, pour ainsi dire, par tous leurs caractères. Il faut donc en conclure, ou qu'il y a eu quelque chose qui a échappé dans les analyses, ce que ne permet pas de présumer l'habileté des mains auxquelles nous les devons, ou que le principe aqueux que l'on a regardé jusqu'à présent comme un simple intermède nécessaire à l'agrégation régulière des molécules intégrantes, appartient à l'essence même de ces molécules.

La gangue du diaspore est une roche argilo-ferrugineuse; nous n'avons aucune indication précise sur ses gisemens; mais tout ce que nous connoissons d'ailleurs de cette substance, concourt à lui assigner une place distincte parmi les substances terreuses.

VIII. Ecume de terre des Allemands.

Schaumerde, *Emmerling*, t. *I*, p. 484. L'écume de terre, *Brochant*, t. *I*, p. 557.

Ce minéral, tel que je l'ai observé, est en petites masses d'une couleur blanche nacrée; (suivant Emmerling, la couleur varie entre le blanc-jaunâtre et le blanc-verdâtre). Ces masses sont composées de feuillets très-minces que l'on peut séparer avec des précautions, et qui se laissent très-aisément plier, sans aucune élasticité. Cette même substance est très-tendre; elle tache les corps par un léger frottement, et ses parcelles, passées entre les doigts, y adhérent sous la forme d'un enduit un peu onctueux. Elle se dissout avec une vive effervescence dans l'acide nitrique. Wiegleb qui l'a analysée, n'y a trouvé que de la chaux et de l'acide carbonique.

L'écume de terre a beaucoup de rapports avec le spath schisteux (*voyez* ce mot). Celui-ci est seulement plus dur, et ne tache point les doigts. Emmerling présume que l'on pourroit réunir ces deux substances.

On

On trouve l'écume de terre à Gera, en Misnie ; et à Eisleben,
en Thuringe, dans les montagnes calcaires.

IX. EMERAUDE DE FRANCE ?

Emeraude de France, *Bournon , journ. de phys.*, *juin*, 1789 ,
p. 453.

L'opinion qu'il existe des émeraudes en France a pour auteur
le célèbre Bournon , qui regardoit comme tels de petits cristaux
en prismes hexaèdres réguliers , qu'il avoit trouvés dans le
ci-devant Forez, où ils occupoient le même filon de feld-spath ,
qui a offert depuis à l'observation de ce naturaliste, la substance
que nous avons nommée *feld-spath apyre.* La dureté de ces
cristaux varioit beaucoup ; les uns , suivant Bournon , avoient
celle de l'émeraude ordinaire , et les autres se laissoient facilement
entamer. J'en ai vu dans la collection du Cit. Gillet , sur lesquels
la pointe d'un couteau laissoit un trace très-sensible. Leur couleur est tantôt uniformément verdâtre , et tantôt en partie verdâtre et en partie grise. Le Cit. Guyton a trouvé , de son côté ,
dans la ci-devant Bourgogne , des cristaux de la même forme ,
dont la gangue est un quartz. Il m'en a donné un , qui a environ
huit millimètres d'épaisseur , et qui est assez dur pour rayer le
verre. On voit dans ses fractures des joints parallèles à ses pans
et à ses bases, ce qui s'accorde avec la division mécanique de
l'émeraude. Mais ce résultat est peu décisif, tant que les cristaux
qui le présentent ne sont pas modifiés par des facettes additionnelles ; car on sait que la forme primitive qui en résulte est
commune à différentes substances ; en sorte que pour rendre le
problème déterminé , il faudroit pouvoir y introduire une donnée
de plus , à la faveur de quelque loi de décroissement, qui donnât
prise au calcul sur les dimensions respectives des molécules
intégrantes.

X. Feld-spath apyre?

Spath adamantin d'un rouge violet, *Bournon, journ. de phys.*, *juin*, 1789, *p.* 453. Feld-spath du Forez, *Guyton, annales de chimie*, *t. I, p.* 190. Felspar found in le Ferez, of great hardness, etc., *Kirwan*, *t. I, p.* 337. Andalousite, *Lametherie, journ. de phys.*, *floréal*, *an 6, p.* 386.

Caract. phys. Pesant. spécif., 3,165.

Dureté. Rayant le quartz et même quelquefois le spinelle.

Cassure, presque matte, un peu écailleuse.

Caract. géom. Divisible parallélement aux pans d'un prisme rectangulaire ou à peu près, qui se soudivise dans le sens d'une des diagonales de ses bases. On aperçoit un autre joint naturel, qui, en partant d'une ligne située obliquement sur l'un des pans, fait avec ce même pan un angle dont la mesure, estimée par aperçu, est entre 110^{d} et 120^{d}.

VARIÉTÉS.

FORMES.

1. Feld-spath apyre *quadrangulaire*. En prisme à quatre pans, qui paroît rectangulaire, et dont les sommets sont oblitérés.

2. Feld-spath apyre *amorphe*.

Couleurs et Transparence.

Feld-Spath apyre *rouge-violet*, *opaque* ou légérement *translucide*.

ANNOTATIONS.

1. Il y a long-temps que cette substance a été décrite par le célèbre Bournon (1), qui l'avoit découverte dans les roches granitiques du ci-devant Forez, où elle occupoit un filon de

____

(1) Journ. de phys., endroit cité.

feld-spath ordinaire. Il jugea qu'elle se rapportoit au spath adamantin ou corindon, qui, à cette époque, lui paroissoit être
du même genre que le feld-spath. Le Cit. Guyton, de son côté,
ayant examiné un morceau de cette substance, qui lui avoit été
remis par un amateur, en conçut la même idée que Bournon.
On trouve aussi la substance dont il s'agit, dans le royaume de
Castille, en Espagne. Elle y entre dans la composition d'un granite, et renferme souvent des lames de mica. Les morceaux qui
ont été rapportés de ce pays par Launoy et Forster, ont circulé
dans le commerce, sous le nom de *spath adamantin*.

2. Si l'on compare cette substance avec le corindon, on observe qu'elle s'en rapproche par sa dureté et par son infusibilité ;
mais sa pesanteur spécifique est moindre, dans le rapport d'environ 4 à 5. Quant aux caractères tirés de la structure et de la
forme cristalline, si l'on supposoit que les incidences mutuelles
des pans du prisme, dans la substance du Forez ou d'Espagne,
au lieu d'être de 90^d, fussent de 86^d $\frac{1}{2}$ et 93^d $\frac{1}{2}$, on pourroit, à
cet égard, considérer le prisme comme un rhomboïde de corin-
don, qui se seroit alongé parallélement à deux de ses faces
opposées. Concevons que les faces dont il s'agit soient l'une la
face supérieure du rhomboïde (*fig.* 96) *pl. L*, laquelle est située
derrière le cristal, et l'autre la face inférieure située en avant.
Le cristal étant déjà divisible parallélement à la face P et aux
trois autres qui font la fonction de pans, il faudra qu'il le soit
encore parallélement aux deux faces dont je viens de parler,
et qui représentent les bases. Or, les joints qui devroient donner
ces bases m'ont paru beaucoup trop obliques, pour que le parallélisme puisse avoir lieu. J'ai comparé aussi leur position avec
celle de la face o (*fig.* 97), qui est dans le sens du chatoyement que présentent certains cristaux de corindon, et j'ai jugé
que cette position s'écartoit sensiblement du plan sur lequel le
chatoyement se développe. Enfin, la coupe qui soudivise diagonalement le prisme de la substance du Forez ou d'Espagne,
n'existe pas dans le corindon.

K k 2

D'une autre part, cette substance, comparée avec le feld-spath, est beaucoup plus dure ; sa pesanteur spécifique est plus grande, au moins dans le rapport de 6 à 5 ; de plus, elle est infusible, tandis qu'en général le feld-spath se fond assez facilement. Si nous supposons maintenant que les pans de son prisme soient exactement à angle droit les uns sur les autres, comme les faces P, M (*fig.* 78) *pl. XLVIII* de la forme primitive du feld-spath, il faudra que le joint qui est oblique, par rapport à ces mêmes pans, ait une position parallèle à T. Pour avoir au moins une approximation, à cet égard, j'ai disposé un noyau de feld-spath, obtenu par la division mécanique, de manière que ses faces analogues à P, M, fussent parallèles aux pans d'un prisme de la substance d'Espagne, et en faisant mouvoir à la lumière l'assemblage de ces deux corps fixés l'un à l'autre, j'observois que quand la face T du noyau de feld-spath renvoyoit à mon œil un reflet de lumière, le même effet avoit lieu relativement au joint situé dans la partie correspondante de l'autre substance.

La structure de cette substance diffère cependant de celle du feld-spath par l'existence du joint naturel qui partage son prisme diagonalement. Mais il arrive quelquefois que des joints qui sont imperceptibles dans quelques-uns des cristaux originaires d'une même espèce, deviennent apparens dans d'autres cristaux, par l'effet d'un relâchement dans l'agrégation qui peut provenir de quelque mélange. Le feld-spath lui-même nous en offre un exemple relativement aux joints parallèles à T, qu'il est impossible d'apercevoir dans la variété nommée *adulaire,* tandis qu'ils se montrent d'une manière sensible dans plusieurs morceaux opaques ou seulement translucides. Ces petites diversités se conçoivent d'autant plus facilement, qu'elles n'empêchent pas que la forme des molécules ne soit invariable en elle-même, et que la théorie n'atteigne son véritable but.

Dans l'hypothèse d'une identité de structure entre les deux substances, il faudroit concevoir que quelque principe additionnel s'oppose à la fusion de celle du Forez et d'Espagne, et augmente en même temps sa dureté et sa densité. On ne laisseroit pas de la ranger dans l'espèce du feld-spath, comme nous avons associé à la chaux carbonatée le bitterspath des Allemands, dans lequel la présence de la magnésie masque un des caractères spécifiques les plus remarquables, celui qui consiste dans l'effervescence avec les acides, mais sans altérer l'unité de structure. Tant que ce lien n'est pas rompu, le rapprochement doit subsister.

Au reste, il s'en faut que nous ayons ici le degré de précision nécessaire pour être en état de prononcer définitivement. Une première observation à faire, si l'on trouvoit des cristaux nettement prononcés de la substance qui est l'objet de la discussion, seroit de mesurer les incidences des pans de leur prisme. Si elle étoit exactement de 90^d, elle donneroit, par cela seul, l'exclusion au corindon, et il ne resteroit plus qu'à comparer les mêmes cristaux avec ceux de feld-spath, pour essayer de vérifier l'analogie que les observations citées ci-dessus font entrevoir entre les deux structures. Si elle ne se soutenoit pas, on en concluroit que le prétendu corindon du Forez et d'Espagne forme une espèce particulière, et dans l'indication de ses caractères distinctifs, on n'oublieroit pas le vrai corindon, et moins encore le feld-spath.

XI. JADE.

Jaspis unicolor, particulis subtilissimis, visu et attactu pinguis, durus; lapis nephriticus, *Waller.*, *t. I, p.* 316. Jade, *de Lisle*, *t. II, p.* 431. *Id.*, *de Born*, *t. I, p.* 153. *Id.*, Sciagr., *t. I*, *p.* 332. Nephrit, *Emmerling*, *t. I, p.* 370. Jade, *Kirwan*, *t. I*, *p.* 171. Jades, *Daubenton, tabl.*, *p.* 3. Le néphrite, *Brochant*, *t. I, p.* 467.

Caract. phys. Pesant. spécif., 2,9502 . . . . 3,389.

Dureté. Rayant le verre; étincelant par le choc du briquet; très-difficile à travailler et à polir.

Cassure, écailleuse et terne, excepté à quelques endroits, où elle est scintillante.

Caract. chim. Fusible au chalumeau.

VARIÉTÉS.

1. Jade *néphrétique*. Gemeiner nephrit, *Emmerling*, *t. III*, *p.* 395. Verdâtre, olivâtre, blanchâtre, quelquefois taché; ordinairement translucide; prenant un poli onctueux.

2. Jade *tenace*. Jade de Saussure, *Voyage dans les Alpes*, Nᵒˢ. 112 et 1313. Blanchâtre et quelquefois d'une légère couleur de lilas; opaque, ou seulement translucide aux bords; prenant un assez beau poli; très-difficile à briser.

ANNOTATIONS.

1. Le Jade néphrétique, suivant Wallerius et d'autres minéralogistes, se trouve en Chine, dans l'Inde et en Amérique, sur les bords de la rivière des Amazones, d'où lui est venu le nom de *pierre des Amazones*, qui a été donné aussi à un feldspath vert. Mais on ne connoît pas bien sa situation par rapport aux substances dont il est accompagné. La variété que nous nommons *jade tenace*, parce que, selon Saussure, elle résiste plus au marteau qu'aucune autre pierre connue, a été trouvée, par ce célèbre naturaliste, aux environs de Genève, et à environ deux lieues de Turin, sur la montagne du Musinet. Il y en a aussi en Corse. Cette pierre occupe constamment des terrains primitifs, où elle forme des masses très-considérables, qui enveloppent souvent de la diallage verte ou métalloïde.

Saussure avoit cru d'abord que ce jade étoit réfractaire (1); mais il a reconnu depuis qu'il étoit fusible au chalumeau (2). On a avancé aussi que le jade néphrétique résistoit à l'action d'un feu violent; mais Dolomieu et Lelièvre sont parvenus à le fondre, à l'aide du même instrument.

2. Les minéralogistes ont été partagés entre quatre opinions

____

(1) Voyages dans les Alpes, Nᵒ. 112.
(2) *Ibid.*, Nᵒ. 1313.

différentes sur la classification du jade. Quelques-uns ont rapporté ce minéral aux stéatites ou aux serpentines, parce que l'on trouve de ces pierres qui ont du rapport avec lui, par un certain degré de dureté joint à leur aspect onctueux. Telle est en particulier la serpentine de Zœblitz en Allemagne. Mais Wallerius remarque que ces pierres ne sont pas assez dures pour étinceler sous le briquet, comme le vrai jade, et n'ont point ce tissu compacte et presque siliceux qui forme un de ses caractères (1). Cependant, à en juger d'après les résultats des analyses faites jusqu'ici, le jade se rapprocheroit des pierres stéatiteuses par la quantité très-sensible de magnésie qu'il renferme. Saussure considéroit celui du lac de Genève ou du Musinet, comme composé de cette terre et de silice, et Hoepfner a retiré du jade néphrétique trente-huit pour cent de magnésie (2).

Wallerius, de son côté, rangeoit le jade parmi les jaspes ; mais son opinion n'a pas été suivie. Aujourd'hui un grand nombre de minéralogistes regardent le jade comme une espèce à part. Enfin, une quatrième opinion est celle de plusieurs savans Français, suivant laquelle le jade est une simple variété du petrosilex (3), qui n'est lui-même, à leurs yeux, qu'une modification du feld-spath. Mais le jade est sensiblement plus dur et plus pesant que le petrosilex, et il est douteux que les analyses de ces deux substances donnassent des résultats semblables. Le rapport qu'établit entre elles la propriété de se fondre en émail blanc, ne suffit pas pour balancer les différences qu'elles présentent d'ailleurs. Il me paroît donc que nous n'avons pas encore d'observations assez précises pour être en état de décider si le jade rentre dans quelqu'une des espèces déjà classées, et à laquelle, dans ce cas, il faudroit le rapporter, ou s'il forme une espèce à part ; et la réunion même du jade tenace avec

____

(1) Waller., t. I, p. 318.
(2) Kirwan, t. I, p. 172.
(3) Voyez l'article relatif à cette dernière substance.

le néphrétique, n'est fondée, jusqu'ici, que sur de simples pro-
babilités.

4. Le jade tenace prend bien le poli. Ce qu'on appelle *vert de
Corse* n'est autre chose que ce même jade, renfermant de la
diallage verte, et dont on fait des tables et différens ouvrages,
comme nous l'avons déjà dit, à l'article de la diallage.

Le jade néphrétique n'est susceptible, au contraire, que d'un
poli imparfait; on croiroit qu'il a été simplement uni et ensuite
frotté d'huile. On fait avec cette pierre, en Pologne, en Turquie
et ailleurs, des manches de sabres et de coutelas, et différens
vases auxquels on attache un grand prix. On admire surtout
l'industrie et la patience qu'attestent d'anciennes productions de
ce genre de travail, telles que des chaînes et autres ouvrages
évidés, qui réunissent la solidité à la délicatesse, par une suite
de la forte cohésion qu'ont entre elles les particules du jade. On
prétend que les anciens Américains façonnoient cette substance
en forme de haches, dont ils se servoient au lieu d'instrumens
de fer; et pour expliquer comment ces peuples étoient parvenus
à élaborer ainsi une matière aussi rebelle à la lime et aux autres
instrumens d'acier, dont ils étoient d'ailleurs dépourvus, on a
présumé qu'au sortir de la terre, elle étoit moins dure que
quand le dessèchement lui avoit enlevé son humidité; que
c'étoit dans cet état de mollesse que les sauvages l'avoient travaillée, et qu'ensuite ils lui avoient fait prendre de la dureté
en l'exposant au feu (1).

Mais ce qui a le plus contribué à rendre cette pierre célèbre,
c'est la vertu qu'on lui a prêtée de guérir la colique néphrétique, et d'atténuer les pierres du rein, lorsqu'on la portoit
attachée au cou, ou à quelqu'autre partie du corps (2); on la

---

(1) Buffon, hist. nat. des minéraux, édit. in-12, t. VII, p. 55 et suiv.

(2) A n'en juger que par le ton de confiance avec lequel Boëce rapporte des guérisons opérées par le moyen du jade, on seroit porté à croire
que la colique néphrétique n'est qu'un mal d'imagination. Boëce, *gemmar.
et lapid. historia*, *lib. II*, c. 110.

nommoit

nommoit, dans ce cas, *pierre néphrétique* ou *pierre divine.*
De là sont venues tant d'amulettes en forme de plaques ovales,
de cœur, de cylindre, de poissons, d'oiseaux, etc., que l'on
perçoit d'un ou deux trous, dans lesquels on passoit le ruban
qui servoit à suspendre la pierre. On voit un grand nombre de
ces amulettes dans les collections de minéralogie et d'objets de
curiosité, où elles sont à leur véritable place.

Il y a beaucoup d'analogie entre le jade néphrétique et certaines
pierres travaillées, d'un vert plus sombre que celui de ce jade,
et d'une figure ovale, renflée vers le. milieu, amincie vers les
bords, et alongée en cône à l'une de ses extrémités. Ces pierres
sont connues sous le nom de *pierres de. circoncision* et de
casse - têtes. On croit qu'elles ont été aussi façonnées par des
peuples sauvages, qui les employoient aux mêmes usages que nos
haches et nos coins. Elles paroissent se rapporter à la sous-
espèce que les Allemands ont appelée *beilstein* ou *pierre de
hache.* On trouve d'autres pierres de la même forme, dont la
matière est tantôt un basalte et tantôt un quartz-jaspe.

XII. KOUPHOLITHE *(f.)*, c'est-à-dire, *pierre légère.*

Id., Lametherie, théor. de la terre, 2ᵉ. édit., t. II, p. 547.
La koupholithe forme des groupes de petites lames translucides, d'un blanc un peu nacré, et quelquefois d'une couleur
jaunâtre. Ces lames sont très-minces, et ont à peine un millimètre de largeur. Celles qui sont le mieux prononcées paroissent
tendre vers la figure du carré ou d'un rhombe peu obtus.

Cette substance se fond, au chalumeau, avec boursouflement
ét phosphorescence, en un émail spongieux. J'ai remarqué
qu'elle devenoit électrique, à l'aide de la chaleur. L'acide nitrique n'a point d'action sur elle, soit qu'on l'emploie concentré
ou étendu d'eau.

Le Cit. Gillet a trouvé cette substance près de Barèges vis-
à-vis les bains de Saint-Sauveur, dans la carrière de Riémeau, où
ses lames adhéroient à un filon de chaux carbonatée, dite *marbre*

bleu turquin. Elle a été observée depuis au pic d'Eredlitz, par
le Cit. Picot Lapeyrouse, qui lui a donné le nom de *koupholithe.* La pierre qui lui sert de support, dans ce gisement, est
une roche argileuse, mêlée de chlorite, dans laquelle sont engagés des cristaux aciculaires d'épidote.

La koupholithe a été regardée d'abord comme une zéolithe;
et, dans ce cas, il faudroit la rapporter à notre mésotype. Mais
le Cit. Lelièvre penche plutôt à croire qu'elle doit être associée à
la prehnite. Si on la trouvoit en lames d'une étendue sensible,
et qui eussent de plus une forme régulière, il y auroit deux manières de résoudre la question ; l'une, par la mesure des angles,
qui indiqueroit une mésotype ou une prehnite, suivant que les
grandes faces des lames seroient des carrés ou des rhombes d'environ 100^d et 80^d ; l'autre, par la position de l'axe électrique,
qui, dans le cas d'une mésotype, passeroit par le centre des
grandes faces et leur seroit perpendiculaire, et qui se dirigeroit,
au contraire, dans le sens de la grande diagonale, si la substance
se rapportoit à la prehnite (1).

XIII. Lepidolithe *(f)*.

Lilatit; lepidolit, *Klaproth, connoissance chimique des minér.,*
t. I, p. 279. Lepidolith, *Emmerling, t. III, p.* 324. Lepidolite,
Kirwan, t. I, p. 208. La lepidolithe, *Brochant, t. I, p.* 399.

La Lepidolithe présente d'abord l'aspect d'une substance granuleuse, d'un rouge violet, dans laquelle sont engagées une
multitude de paillettes, d'un blanc nacré. Mais si, après avoir
détaché une des petites parties qui paroissent être des grains, on
l'examine avec attention, on remarque qu'elle a deux faces opposées qui réfléchissent aussi le blanc nacré, et l'on peut parvenir à la soudiviser, parallélement aux mêmes faces, en paillettes semblables à celles qu'on aperçoit du premier coup d'œil.

(1) Voyez t. III, p. 124.

Le nom de *lepidolithe*, qui signifie *pierre d'écailles*, indique
la structure de cette substance. D'autres l'ont appelée *lilalite*,
parce que sa couleur tire sur celle du lilas. Elle est très-facile.
à entamer avec le couteau; mais elle se réduit difficilement,
par la trituration, en une poussière qui, passée avec frottement
entre les doigts, a une certaine onctuosité. Sa pesanteur spécifique
est 2,816. Exposée au chalumeau, elle se boursoufle un peu, et
se fond en un globule transparent et sans couleur, qui devient
violet, par l'addition d'un peu de nitre.

Klaproth en a retiré, par l'analyse (1):

Silice	54,50.
Alumine	38,25.
Potasse	4,00.
Oxyde de fer et de manganèse	0,75.
Eau et perte	2,50.
	100,00.

Vauquelin, en répétant cette analyse, a obtenu (2):

Silice	54.
Alumine	20.
Chaux fluatée	4.
Potasse	18.
Oxyde de manganèse	3.
Oxyde de fer	1.
	100.

---

(1) Journ. de phys., mars, 1798, p. 221. Dans une autre analyse qu
a précédé celle-ci, Klaproth n'avoit point reconnu de potasse. La découverte
qu'il fit, depuis, de la présence de cet alkali dans l'amphigène, lui suggéra
l'idée que le déchet très-sensible qui s'étoit rencontré dans cette première
analyse de la lepidolithe, auroit bien pu provenir d'une certaine quantité
du même alkali qui lui auroit échappé.

(2) Bull. des Sc. de la Soc. philom., ventôse, an 7, N°. 24.

Cette substance a été découverte par l'abbé Poda, sur la montagne de Gradisko, près le village de Roscna, en Moravie. Elle y forme des masses considérables renfermées entre des blocs de granite. On en trouve aussi en Suède. Le célèbre Esmark m'a envoyé un échantillon de cette dernière, où elle est disséminée dans une roche quartzeuse.

On a pris successivement la lepidolithe pour une chaux fluatée et pour une zéolithe. Elle contient, d'après l'analyse faite par le Cit. Vauquelin, une petite partie de la première qui n'y est qu'accidentellement; et quant à la zéolithe, la lepidolithe diffère trop visiblement de toutes les substances qui ont porté ce nom, pour que l'on puisse la rapporter à aucune d'elles. Le résultat de son analyse, surtout celui auquel Vauquelin est parvenu, paroît concourir, avec ses caractères minéralogiques, à la rapprocher plutôt de la variété de talc que j'ai nommée *talc granuleux*, (talkerde d'Emmerling) (1), et cette considération ne devroit pas être négligée, si l'on entreprenoit de faire une nouvelle répartition des substances que j'ai cru devoir laisser ensemble, pour le moment, sous le nom commun de *talc*.

XIV. MADRÉPORITE *(m)*.

Madrepor - stein des Allemands. *Journ. des mines*, N°. 47, *p.* 831.

Cette substance est formée par la réunion d'une multitude de prismes à peu près cylindriques, dont l'épaisseur varie entre trois et douze millimètres, et qui tantôt sont parallèles entre eux, et tantôt divergent en partant de plusieurs centres. La surface de ces prismes est terne et noirâtre; ils présentent à l'endroit de leur fracture une concavité ou une convexité d'un noir luisant. Ils sont tendres et cassans. Ils se dissolvent avec effervescence dans l'acide nitrique.

---

1. Voyez t. III, p. 182 et 190.

L'analyse qui en a été faite, à l'Ecole des mines, a donné :

Chaux carbonatée................................. 63.

Alumine.. 10.

Silice.. 13.

Fer.. 11.

Perte.. 3.

                                                  ———

                                                  100.

Le madréporite a été trouvé par le célèbre baron de Moll, dans la vallée de Rüssbach, pays de Saltzbourg. J'en ai un très-bel échantillon que ce savant m'a envoyé. Des minéralogistes Allemands l'ont nommé *pierre de madrépore*, parce que la disposition de ses prismes lui donne quelque ressemblance avec certains lithophytes. Mais leur structure ne présente ni tuyaux, ni étoiles, comme dans ces sortes de productions marines. D'autres l'ont regardé comme ayant des rapports avec les basaltes, opinion qui se trouve détruite par l'analyse chimique. On sait que les cristaux calcaires prismatiques sont sujets à se grouper, en se serrant les uns contre les autres. Ce n'est peut-être ici qu'un groupe du même genre, exécuté, pour ainsi dire, grossièrement, à raison d'un mélange de matières héterogènes et des autres circonstances qui ont gêné la cristallisation.

XV. M ALACOLITHE *(f.)* d'Abildgaard, c'est-à-dire, *pierre tendre* (1).

Sahlite *(m.)* de Dandrada, *journ. de phys.*, *fructidor*, *an 8*, *p.* 241.

Ce minéral est en masses lamelleuses, d'un gris-bleuâtre, entremêlées de mica, à certains endroits ; ses lames minces sont translucides. Elle n'étincelle point par le choc du briquet et raye

———

(1) Ce savant a nommé ainsi la substance dont il s'agit, parce qu'elle est plus tendre que le feld-spath, avec lequel on l'avoit confondue.

à peine le verre. Sa pesanteur spécifique est 3,2568, suivant les observations de M. Dandrada, et 3,2307 suivant les miennes. Le Cit. Lelièvre a trouvé que ses fragmens se fondoient au chalumeau, avec boursouflement (1). Sa division mécanique donne un prisme dont les pans font entre eux des angles droits ou à peu près, et qui se soudivise dans le sens d'une des diagonales de ses bases. Les coupes parallèles aux pans sont éclatantes, mais pas à un haut degré. Celles qui se font dans le sens d'une des diagonales n'ont presque point d'éclat. En faisant mouvoir les fragmens à la lumière, on aperçoit des reflets dans le sens de l'autre diagonale. Mais jusqu'ici je n'ai pu obtenir les coupes indiquées par ces reflets, ce qui sembleroit annoncer que les diagonales ne sont pas égales, ni les pans exactement perpendiculaires entre eux. De plus, on obtient aussi, quoique rarement, des coupes obliques à l'axe. Elles sont très-lisses, quoique très-peu éclatantes, et paroissent avoir lieu de préférence à certains endroits. La substance présente, à leur défaut, une cassure raboteuse, écailleuse par intervalles, et presque terne. La structure dont j'ai parlé, tend à donner, pour forme primitive, un prisme oblique, qui approche beaucoup de celle du pyroxène (*fig.* 138) *pl. LIV*, en sorte que les pans M , M étant, comme je l'ai dit, à peu près à angle droit l'un sur l'autre, la diagonale qui va de A en O fait avec l'arête H un angle d'environ 106ᵈ, et les coupes que j'ai obtenues dans le sens d'une des diagonales, étoient parallèles à celle dont il s'agit, comme cela s'observe encore dans le pyroxène.

Parmi les morceaux informes de malacolithe qui sont dans ma collection, et que j'ai reçus, les uns de M. Abildgaard, les autres de M. Manthey , plusieurs ont quatre à cinq centimètres d'épaisseur. Mais on rencontre aussi la malacolithe sous des formes régulières. M. Néergaard m'a fait présent d'un très-beau groupe de cristaux de cette substance d'un vert-clair, qui sont

---

(1) M. Dandrada dit qu'ils sont infusibles par le même moyen.

semblables à la variété périoctaèdre du pyroxène , peut-être
toujours à quelques légères différences près dans la valeur des
angles que je n'ai pu mesurer avec une entière précision , parce
que les faces des cristaux n'étoient pas assez exactement de
niveau.

Le Cit. Vauquelin a retiré de la malacolithe par l'analyse :

Silice. . . . .   53.

Chaux. . . . .   20.

Magnésie. . . . .   19.

Alumine . . . .   3.

Fer et manganèse . . . .   4.
                                                         —————
                                                           99.

Perte. . . . .   1.
                                                         —————
                                                          100.

Ce résultat offre les mêmes principes que celui de l'analyse du
pyroxène. Les proportions de silice et d'alumine s'accordent de
part et d'autre. Mais dans le pyroxène , il n'y a que 13,2 de
chaux au lieu de 20 , et que 10 de magnésie au lieu de 19 (1).
Ces différences sont compensées par la quantité de fer , qui est
de 14 dans le pyroxène , et seulement de 4 dans la malacolithe.

On a des exemples d'analyses qui ayant eu pour objets différens
morceaux d'une même substance , ont subi de pareilles variations.
D'une autre part , nous avons vu que la structure de la malacolithe avoit beaucoup d'analogie avec celle du pyroxène. Mais il
y a une différence sensible entre ces deux substances relativement aux caractères les plus apparens. La malacolithe a un éclat
intérieur moins vif ; sa surface est plus douce au toucher ; son
tissu est plus serré , etc. ; en un mot , les caractères dont il

____

(1) La coccolithe qui se rapproche aussi beaucoup du pyroxène , ainsi
que nous l'avons fait voir , a donné , par l'analyse , 24 pour 100 de chaux
ce qui s'éloigne peu de la quantité trouvée dans la malacolithe.

s'agit semblent écarter toute idée que la malacolithe puisse être une variété du pyroxène.

Je ne me permettrai de tirer aucune conséquence de tout ce que je viens de dire. Je me borne à indiquer le pyroxène comme terme de comparaison à ceux qui, d'après de nouvelles observations, se proposeroient d'assigner à la malacolithe une place dans la méthode.

On trouve cette substance en Suède, dans la Westermanie, où elle a pour gisement les mines d'argent de Sala, ce qui lui a fait donner le nom de *sahlite* par M. Dandrada. Ce savant l'a trouvée aussi à Buoen en Norwège, à trois quarts de mille d'Auen.

XVI. M I C A R E L L E *(m.)* d'Abildgaard.

Cette substance dont j'ai reçu de MM. Abildgaard et Néergaard plusieurs échantillons, qui venoient d'Arendal en Norwège, est cristallisée en prismes qui paroissent rectangulaires. Dans quelques-uns, les arêtes longitudinales sont remplacées par des facettes, et dans ce cas la coupe transversale du prisme est un octogone régulier. Ces cristaux ont pour gangue un quartz translucide. Ils ont quelquefois jusqu'à 4,5 centimètres de longueur, sur 15 millim. d'épaisseur. Ils sont composés de lames situées parallélement à leurs pans, d'un éclat semblable à celui du mica argentin, lorsque la substance est dans son état de perfection, mais qui est susceptible de s'altérer, en passant au gris-cendré. Tous ces cristaux se soudivisent dans le sens des deux diagonales de leurs bases. Je n'en ai point observé dont le sommet fût régulièrement conformé. Leurs parties anguleuses s'émoussent lorsqu'on les passe sur la chaux fluatée; mais elles rayent la chaux carbonatée. Leur poussière est douce et onctueuse au toucher. Leur pesanteur spécifique est 2,6953.

Cette substance diffère beaucoup du mica, dont la division mécanique donne un prisme rhomboïdal de 120ᵈ et 60ᵈ, au lieu d'un prisme octogonal régulier, et dans lequel d'ailleurs les joints

les

les plus nets sont situés parallélement aux bases et non pas aux pans de la forme primitive. On ne doit pas non plus confondre cette même substance avec le micarelle de M. Kirwan (*elements of mineralogy*, *t. I, p.* 212), qui n'est peut-être qu'un mica noir. Ce célèbre chimiste le sépare cependant du mica ordinaire, parce que, d'après l'analyse que Klaproth en a faite, il ne renferme point de magnésie, tandis qu'on avoit retiré du mica ordinaire une quantité très-sensible de cette terre (1). Mais Vauquelin n'a trouvé dans ce dernier que 1,35 de magnésie sur 100, d'où l'on pourroit conclure qu'il est douteux que cette même terre soit essentielle au mica.

Lorsque nous parlerons du scapolithe, nous citerons une observation de M. Manthey, qui indique une analogie entre ce minéral et le micarelle d'Abildgaard.

XVII. PETROSILEX.

Palaïopètre. *Saussure, voyage dans les Alpes*, N°. 1194.

Caract. essent. Ayant de la ressemblance avec le quartz-agathe, le quartz - jaspe ou le quartz - résinite, par son aspect extérieur ; fusible au chalumeau en émail blanc.

Caract. phys. Pesant. spécif., 2,6257....2,7467.

Dureté. Rayant le verre ; étincelant par le choc du briquet.

Cassure ; fortement écailleuse dans certains morceaux, et rarement sans écailles ; lorsqu'on la fait mouvoir à une vive lumière, on y aperçoit, à certains endroits, une espèce de scintillation.

Caract. chim. Fusible au chalumeau en émail blanc.

VARIÉTÉS.

1. Petrosilex *agathoïde.* D'un aspect extérieur analogue à celui du quartz-agathe ; tantôt translucide à la profondeur de plusieurs millimètres, tantôt opaque, excepté dans ses bords très-minces.

(1) *Ibid.*, p. 211

a. Rougeâtre.

b. Blanchâtre.

c. Gris.

d. Noirâtre.

e. Veiné.

2. Petrosilex *jaspoïde.* D'un aspect extérieur analogue à celui du quartz-jaspe. Opaque, si ce n'est dans ses bords très-minces. Cassure très-unie et largement conchoïde. Se trouve particulièrement dans les montagnes des Vosges.

a. Gris.

b. Taché. Des taches d'un rouge sombre sur un fond gris.

3. Petrosilex *résinite.* Pechstein, *Emmerling*, *t. I*, *p.* 262. Pierre de poix de Meissen, *de Born*, *t. I*, *p.* 214. XII. A. *c.* 1. Cassure luisante, comme celle de la résine, conchoïde à petites évasures. Couleur grise ou olivâtre.

A N N O T A T I O N S.

1. La plupart des minéralogistes ont parlé du petrosilex, comme d'une substance commune dans la nature, et cependant il n'est pas facile de se faire une idée nette et précise de ce qu'ils ont ainsi appelé. Nous avons indiqué les caractères qui nous paroissent les plus propres à distinguer le minéral auquel nous appliquons ici cette dénomination; et parmi les variétés dans lesquelles ces caractères nous ont paru le plus fortement exprimés, nous citerons celles que l'on trouve à Salberg en Suède, qui appartiennent au *petrosilex semi-pellucidus* de Wallerius (1), et dont le célèbre Daubenton a reçu, il y a un certain nombre d'années, des échantillons étiquetés de la main de ce grand naturaliste. Les uns sont blancs et ont l'apparence de certaines calcédoines, et les autres, dont la couleur est d'un rouge sombre, ont de la ressemblance avec la cornaline grossière. Placés entre l'œil

____

(1) Syst. miner., t. I, p. 283. 12.

et la lumière, ils présentent vers les bords la demi-transparence nébuleuse de la cire ou du miel. Ils se fondent, au chalumeau, en un émail blanc semblable à celui que produit le feld-spath dans la même circonstance. Ils sont assez souvent accompagnés d'une substance verte aciculaire, qui paroît être de l'actinote, ce qui seul suffiroit pour prouver qu'ils sont de première formation.

Wallerius réunissoit avec ces variétés et quelques autres d'un aspect plus grossier, que nous rangeons parmi les petrosilex, de véritables quartz-agathes, et entre autres notre quartz molaire, qu'il désigne sous le nom de *petrosilex molaris* (1).

Le célèbre Saussure avoit d'abord regardé la substance qu'il nommoit *petrosilex*, comme n'étant autre chose qu'un silex à grain grossier et d'une couleur obscure (2). Il ajoute qu'on la rencontroit sous la forme de nœuds et quelquefois sous celle de couches dans les montagnes calcaires (3). Mais il fut amené depuis, par les réflexions que lui fit Dolomieu, à admettre deux espèces de petrosilex (4), l'un primitif, qu'il nomme en conséquence *palaïopètre* (pierre ancienne), l'autre secondaire, d'une nature analogue à celle du silex, et qu'il appelle *néopètre* (pierre nouvelle). Il remarque que celui-ci se trouve par veines et par rognons dans les montagnes secondaires, et ne forme jamais de montagnes entières, au lieu que le palaïopètre ne se voit que dans les montagnes primitives, et que seul ou mélangé avec d'autres fossiles, il forme des montagnes.

Il seroit à souhaiter que Saussure eût indiqué les caractères qui peuvent servir à distinguer les deux substances l'une de l'autre, lorsqu'elles sont hors de leur lieu natal. Il ne dit point, par exemple, si son palaïopètre est fusible ou non ; mais d'après les observations de Dolomieu, de Lelièvre et de plusieurs autres

(1) Syst. miner., t. I, p. 282. 11.
(2) Voyages dans les Alpes, N°. 70.
(3) *Ibid.*
(4) N°. 1191.

minéralogistes français, tous les morceaux qui appartiennent à cette espèce de pierre se fondent au chalumeau en émail blanc (1). A l'égard du néopètre, Saussure en ayant soumis des fragmens à l'action d'un feu violent, a remarqué qu'ils s'étoient affaissés, et avoient donné de légers indices de fusibilité, ce qui provenoit, selon lui, d'un mélange de calcaire; il parle ailleurs d'un autre néopètre, qui se fondoit au chalumeau, quoiqu'avec quelque peine, en une scorie blanche et bulleuse (2). Mais ce néopètre étoit dans un état de passage à l'agrégat de silex et de calcaire, que le même naturaliste appelle *silici-calce*, et qui est aussi fusible, toujours à raison de la matière calcaire dont il est mélangé (3). Ainsi, on distinguera le néopètre du palaïopètre, en ce qu'il est infusible au chalumeau, dans l'état où il approche davantage d'être pur; et quant à celui qui est mêlé de calcaire, l'équivoque, s'il en restoit, pourroit être levée au moyen de l'acide nitrique, qui, suivant l'observation de Saussure, en dégage un grand nombre de petites bulles.

2. Ce savant regarde le petrosilex secondaire ou le néopètre comme étant la même substance que le hornstein de Werner, et les descriptions publiées par les auteurs allemands confirment cette opinion. Seulement, nous sommes fondés à croire qu'ils ont réuni dans une même espèce avec le néopètre plusieurs variétés du palaïopètre. Cependant M. Kirwan, qui suit ici, comme presque par tout, le système de Werner, après avoir décrit le hornstein, ajoute qu'ayant éprouvé beaucoup de morceaux de cette substance, par une chaleur plus active que celle du chalumeau, il n'en a trouvé qu'un seul qui ait donné des signes de fusion (4). Mais alors on est embarrassé de savoir où ce miné-

---

(1) Le fils du célèbre Saussure a bien voulu nous communiquer des échantillons du palaïopètre de son père, et a reconnu ceux qui étoient dans nos collections, sous le nom de *petrosilex*, pour être de la même nature.

(2) Voyages, Nº. 1546.

(3) *Ibid.*, Nº. 1524.

(4) Elements of mineralogy, t. I, p. 303.

ralogiste a placé, dans sa méthode, une substance qui forme dans la nature d'aussi grandes masses que le palaïopètre.

Quoi qu'il en soit, le néopètre de Saussure, ou le hornstein de Werner, en supposant ces mots synonymes, ne nous paroît pas devoir être regardé comme une espèce particulière, mais plutôt comme une simple variété du quartz, qui se rapporte à ce que nous appelons *quartz - agathe grossier.* A l'égard des cristaux de hornstein cités par M. Kirwan, et qui ont été découverts près de Schnéeberg, il y a beaucoup d'apparence qu'ils ne sont autre chose que des pseudo-morphoses de silex, qui ont remplacé des cristaux prismatiques, équiaxes, etc., de chaux carbonatée, et c'est le jugement qu'en porte Gmelin, dans sa description du petrosilex (1).

3. Il reste une autre question à résoudre. Le palaïopètre de Saussure forme-t-il une espèce à part, ou n'est-il, comme le néopètre, qu'une simple variété d'une espèce déjà connue? C'est sur quoi Saussure ne s'est pas expliqué. Mais Dolomieu, qui avoit indiqué au savant génevois le fondement de la distinction entre les deux petrosilex, a cherché depuis à préciser la notion de celui - ci, et son opinion, dont nous allons donner un exposé, a été adoptée par les Citoyens Lelièvre, Alex. Brongniart, et par plusieurs autres célèbres naturalistes français.

On peut concevoir le petrosilex, en général, comme un feld - spath sans tissu lamelleux, non - susceptible de cristallisation, et qui est, par rapport au feld-spath ordinaire, ce qu'est le silex à l'égard du quartz, quelle que soit d'ailleurs la cause, qui, dans l'une et l'autre de ces substances, se soit opposée à l'agrégation régulière des molécules intégrantes. Mais comme le petrosilex, lors de sa formation, s'est trouvé dans des circonstances analogues à celles où ont été produites les roches, qui ne sont autre chose que des agrégats de différentes pierres, il est toujours lui-même plus ou moins mélangé de molécules propres

---

(1) Linnæi Syst. nat., edit. 13, Lipsiæ. 1793, t. III, p. 185.

à d'autres substances, qui entrent dans la composition des roches.
Tant que le mélange, imperceptible à l'œil, n'empêche pas le
tissu de la substance de paroître uniforme, et que le résultat de
la fusion est un émail blanc, semblable à celui que donne le
feld-spath ordinaire, le petrosilex peut être classé dans la méthode,
et Dolomieu pense qu'il doit y occuper une place distincte,
sous ce même nom de *petrosilex*.

Mais si le feld-spath n'est plus prédominant, si des substances
étrangères s'y font reconnoître, d'une manière apparente, soit
par le seul aspect de la pâte, soit par le résultat de la fusion,
qui cesse d'être blanc et brillant, alors le petrosilex sort des
limites de la méthode; il devient une roche, et c'est dans ce
dernier état qu'il constitue, suivant Dolomieu, la base de certains
agrégats, et en particulier celle du porphyre noir de Corse. Ce
même petrosilex très-mélangé, est regardé comme un hornstein
par Werner, qui appelle ces sortes de porphyres, *hornstein
porphir*.

4. J'avoue qu'en considérant le petrosilex sous le même point
de vue, j'aurois été porté à le réunir plutôt au feld-spath, dont
il auroit conservé le nom spécifique, avec une épithète qui
auroit indiqué la modification particulière sous laquelle il se
présente ici, et cela par les mêmes raisons qui m'ont déterminé à faire du silex une simple soudivision du quartz. Mais
ayant rencontré d'ailleurs des minéralogistes très-instruits, qui
ne tomboient pas entièrement d'accord sur le fond même de la
question, je veux dire sur l'analogie de nature, d'une part entre
le petrosilex et le feld - spath, et d'une autre part entre les
variétés homogènes, au moins en apparence, du même petrosilex et les mélanges de feld - spath avec les autres ingrédiens
des granites, qui constituent la base de certains porphyres (1),

____

(1) On pourroit jeter encore des doutes sur le rapprochement que nous
avons fait, en nous conformant à la même opinion, du petrosilex jaspoïde
et du petrosilex résinite avec la première variété. Enfin, j'observerai que les

j'ai cru devoir attendre que le temps imprimât le sceau de l'évidence à une opinion qui a déjà en sa faveur un si haut degré de vraisemblance et des autorités d'un si grand poids. La maxime *qu'il ne faut rien précipiter*, n'est nulle part plus vraie qu'en matière de science, et c'est parce qu'on s'en est écarté, que nos connoissances ont souvent rétrogradé dans les circonstances même où l'on croyoit les avancer vers leur but.

XVIII. Scapolite *(m.)* de Dandrada (1); Rapidolithe *(f.)* d'Abildgaard. Le premier nom signifie *pierre en tiges*, et le second, *pierre à baguettes*.

Les cristaux qui m'ont été donnés sous l'un ou l'autre de ces noms, par MM. Abildgaard, Manthey et Néergaard, présentent deux modifications différentes, relativement à leurs caractères extérieurs. Les uns sont des prismes aciculaires, d'une couleur grise ou blanchâtre, déformés par des cannelures longitudinales, qui ne m'ont permis de déterminer ni le nombre, ni les incidences de leurs pans. Ils sont sensiblement lamelleux dans le même sens. La plupart sont translucides, et quelques-uns ont une assez belle transparence. On les prendroit, au premier coup d'œil, pour des aiguilles de mésotype. Mais ils diffèrent de cette substance, en ce qu'ils sont assez durs pour rayer le verre par leurs parties anguleuses, et en ce qu'ils n'acquièrent aucune électricité par la chaleur, et ne se dissolvent pas dans l'acide nitrique. Suivant M. Dandrada, leur pesanteur spécifique est 3,68......3,708, et ils se fondent au chalumeau, avec boursouflement, en un émail d'un blanc brillant. Ces prismes tantôt sont groupés parallélement les uns aux autres, et tantôt se

---

naturalistes qui sont de cette opinion rangent aussi, parmi les variétés du petrosilex, le jade dont j'ai déjà parlé, et qui me paroît en différer trop sensiblement pour lui être réuni, même d'une manière provisoire.

(1) Journ. de phys., fructidor, an 8, p. 216.

croisent dans différentes directions. J'en ai plusieurs qui reposent sur des lames de mica brun, où ils sont entremêlés de chaux carbonatée cristallisée.

Dans d'autres morceaux, le scapolite forme des prismes d'un blanc mat légérement nacré , et cet aspect paroît dû à une altération produite par la perte que le minéral a faite de son eau de cristallisation. En comparant différens prismes, on observe le progrès de cette altération, et ceux où elle paroît le plus avancée, sont tendres ou même friables. J'ai de ces prismes qui ont environ deux centimètres d'épaisseur. L'un d'eux, qui est octogone, et a tous ses angles sensiblement de 135^d, présente des reflets très-vifs parallélement à quatre de ses pans pris alternativement, et d'autres qui ont très-peu d'éclat, parallélement aux pans intermédiaires. J'ai vu aussi des indices de joints naturels dans un sens perpendiculaire à l'axe. Ces observations indiquent, pour la forme primitive du scapolite, un prisme droit rectangulaire , divisible sur les deux diagonales de ses bases. Mais il reste à connoître le rapport entre le côté de la base et la hauteur.

M. Manthey a remarqué que certains prismes de scapolite, parmi ceux qui appartiennent à cette seconde modification , avoient leur surface enduite, en tout ou en partie, d'une croûte semblable à du mica argentin, ce qui les rapprochoit des cristaux de micarelle. (*Voyez* ce mot).

C'est ce qui a fait présumer à cet habile naturaliste que le scapolite et le micarelle avoient entre eux des rapports qu'il seroit intéressant de vérifier par des observations suivies.

XIX. SPATH CHATOYANT des Allemands.

Schiller spath, *Emmerling, t. III, p.* 340. Le spath chatoyant, *Brochant, t. I , p.* 421.

Cette substance, telle que la présentent la plupart des échantillons que j'en ai vus, forme des lames planes, très-minces,

engagées

engagées dans certaines parties d'une roche serpentineuse noirâtre, de manière que toutes celles qui occupent un même
endroit sont parallèles entre elles, et séparées par de petits intervalles que remplit la serpentine ; et parce que celle-ci se
brise inégalement, les lames paroissent disposées comme par
étages dans la cassure. Elles ont, sous certains aspects, un reflet
très-éclatant, d'un gris-jaunâtre métallique, qu'elles lancent
toutes à la fois, à cause de leur parallélisme. Si l'on change la
position de la pierre, elles disparoissent, de manière que l'on
n'en voit pas même les bords.

Suivant Emmerling, la couleur du schiller-spath prend différentes nuances de vert et de jaune, et passe quelquefois au blanc
d'argent. Le même naturaliste cite des cristaux de ce minéral,
en prismes courts hexaèdres réguliers.

Werner a réuni le schiller-spath avec la substance qu'il
nomme *labradorische hornblende* (1). Mais quelque rapport
qu'il puisse y avoir entre ces deux minéraux, j'ai peine à croire
qu'ils appartiennent à l'espèce de la hornblende, qui est notre
amphibole. Le schiller-spath surtout devroit être exclus de cette
espèce, s'il étoit vrai, comme le dit Emmerling, qu'il affectât
quelquefois la forme du prisme hexaèdre régulier, cette forme
n'étant compatible avec aucune loi de décroissement, dans
l'hypothèse d'une molécule intégrante semblable à celle de
l'amphibole.

On trouve le spath chatoyant au Hartz, et dans divers autres
endroits de l'Allemagne. M. Esmark m'en a envoyé un échantillon où cette substance est en lames curvilignes engagées dans
une serpentine d'un gris légérement verdâtre. Elle a été trouvée
sur les montagnes de Piatra Tagatta et de Coastouloi, près du
pas de Voulcans (2).

____

(1) Celle-ci me paroit se rapporter à notre diallage métalloïde, t. III,
p. 90.

(2) Esmark, descript. abrégée d'un voyage minéral. en Hongrie. etc.,
p. 118 et 119.

XX. Spath schisteux des Allemands.

Schiefer spath, *Emmerling, t. I, p.* 477. Spath schisteux, *Struve, Méthode analytique des fossiles, pag.* 92. Argentine, *Kirwan, t. I, p.* 104. Le spath schisteux ou le schiefer spath, *Brochant, t. I, p.* 558.

Cette substance est composée de feuillets ordinairement un peu curvilignes, d'un éclat nacré joint à une couleur blanche, quelquefois rougeâtre, verdâtre et jaunâtre. Leur surface est un peu grasse au toucher. Ils sont très-fragiles et nullement flexibles.

La pesanteur spécifique du spath schisteux, selon M. Kirwan, est 2,647. Il se dissout en entier dans l'acide nitrique, avec une vive effervescence. On l'a rangé long-temps parmi les spaths calcaires. Mais son tissu feuilleté, qui n'offre de joints apparens que dans un seul sens, son éclat nacré et sa fragilité établissent entre l'une et l'autre substance des différences qui en indiquent une dans la composition.

On trouve ce minéral près de Schwarzenberg, en Saxe, dans une pierre calcaire, où il est accompagné de plomb sulfuré et de zinc sulfuré. On en a trouvé aussi à Konsberg, en Norwège.

XXI. Spinthère *(m.)*, c'est-à-dire, *scintillant.*

Ce minéral se présente sous la forme d'un dodécaèdre irrégulier (*fig.* 240) *pl. LXXXVI,* qui deviendroit un prisme oblique à bases carrées, ou à peu près, si les faces *a, n, n,* et celles qui leur sont parallèles se prolongeoient de manière à s'entrecouper, en masquant les faces *g, g.* Les cristaux que j'ai observés avoient huit millimètres de longueur entre *o* et *o'* ; leur couleur étoit verdâtre. Lorsqu'on les faisoit mouvoir à la lumière d'une bougie, leur surface devenoit comme scintillante, par l'effet d'une infinité de reflets très-vifs. C'est de cet accident que j'ai emprunté le nom de *spinthère,* auquel on pourroit en substituer un meilleur, si la substance dont il s'agit étoit mieux connue.

Quoique les cristaux de cette substance soient très-petits, leur forme est assez nette pour permettre d'en déterminer les angles, au moins d'une manière approchée. Voici ceux auxquels m'ont conduits les données que j'ai adoptées, en prenant des limites géométriques, pour simplifier les calculs (1). Incidence de g tant sur a que sur n, 153^d $46'$; peut-être l'égalité n'est-elle pas rigoureuse; mais ce ne sont ici, comme je l'ai dit, que de simples approximations; incidence de n sur a, 131^d $49'$; de n sur n, 116^d $22'$; de g sur g, 134^d $42'$; de l'arête y sur a, 141^d $40'$. Valeur de l'angle o, 90^d; de l'angle s, 53^d $8'$; de l'angle e, 105^d $16'$.

J'ai remarqué que ces cristaux avoient le tissu lamelleux; mais je n'ai point été à portée d'en étudier la structure. On seroit tenté de les prendre, au premier coup d'œil, pour des axinites vertes. Mais leur forme, examinée avec attention, diffère sensiblement de celle des cristaux de cette dernière substance, excepté que l'incidence de n sur n est à peu près la même que celle des faces analogues sur l'axinite. D'ailleurs, dans celle-ci, l'incidence des bases n'est pas la même sur les faces adjacentes de part et d'autre, au lieu que dans les cristaux de spinthère, les deux incidences m'ont paru égales. Ces mêmes cristaux se laissent attaquer par une lame de couteau et ne rayent point le

---

(1) J'ai supposé que dans le prisme oblique qui résulte du prolongement des faces a, n, n, le sinus de l'incidence de l'arête y sur la base inférieure étoit au cosinus :: $\sqrt{5}$: $\sqrt{8}$, et que le sinus de l'incidence de n sur la même base étoit au cosinus :: $\sqrt{5}$: 2; d'où l'on conclut que la base est un carré. A l'égard des faces g, g, si l'on conçoit que $mrmr'$ (*fig.* 241) représente la base du prisme dont nous venons de parler, et que l'on mène mu, mu' de manière que l'on ait $ur = \frac{1}{3} mr$, et $u'r' = \frac{1}{3} mr'$, le trapézoïde $mumu'$ sera semblable à la face a (*fig.* 240). On supposera ensuite que la face g soit inclinée de la même quantité tant sur a que sur n, ce qui donnera la mesure de l'inclinaison.

verre, en quoi ils diffèrent encore de l'axinite, qui est beaucoup plus dure. Ceux que j'ai observés venoient du ci-devant Dauphiné, et étoient engagés, en partie, dans des rhomboïdes primitifs de chaux carbonatée.

Le Cit. Fleuriau de Bellevue a reconnu de l'analogie entre la forme du spinthère et celle d'une substance qu'il a décrite dans un mémoire sur les cristaux microscopiques (1), où cet habile naturaliste, persuadé de ce que la minéralogie gagneroit à avoir, comme les règnes organiques, ses Leuwenhock et ses Malpighi, a consigné ses premiers résultats dans ce genre de recherches qui suppose autant de sagacité que de constance. Il donne à la substance dont il s'agit le nom de *semeline*, qui est une abbréviation de *semen lini*, parce qu'une des formes qu'elle affecte, et qui semble offrir la réunion de la plupart des autres, a beaucoup de rapport avec celle de la semence du lin. On lira, avec intérêt, dans le mémoire que nous citons, la comparaison que l'auteur fait de cette substance avec le spinthère, sous tous les rapports, même sous celui de la mesure des angles des formes cristallines, qu'il a estimés par aperçu, dans la semeline. Il suit de cette comparaison, que ce dernier minéral réunit aux caractères qui lui sont communs avec le spinthère, d'autres caractères qui l'en distinguent, et indiquent une espèce d'une nature différente. Il me semble que la semeline seroit susceptible d'être aussi comparée avec le sphène.

XXII. Tourmaline apyre?

Rubellite, red schorl of Siberia, *Kirvan, t. I, p.* 288. Daourite, *Lametherie, théorie de la terre,* 2ᵉ. *édit., t. II, p.* 303. Sibérite, *Lhermina, journal de l'école polytechnique,* 6ᵉ. *cahier, p.* 439. Vulgairement *schorl rouge de Siberie.*

Caract. phys. Dureté. Étincelant par le choc du briquet; rayant fortement le verre et légèrement le quartz.

---

(1) Journ. de phys., frimaire, an 9, p. 442 et suiv.

Pesanteur spécifique, 3,048.....3,100.

Electricité. Acquérant, par la chaleur, l'électricité vitrée d'un côté et résineuse de l'autre.

Caract. géom. Joints naturels parallèles à l'axe des cristaux. Il faut éviter de prendre pour ces joints les faces latérales des cristaux aciculaires, qui étant d'abord réunis longitudinalement, se sont séparés ensuite par l'effet de la percussion.

Cassure ; transversale , vitreuse.

Caract. chim. Exposée au chalumeau , elle y perd bientôt sa couleur et sa transparence ; mais elle résiste à la fusion.

1re. Analyse par les Cit. Garin et Pêcheur, élèves de l'École polytechnique.

    Alumine...................................... 48,0.
    Silice .... 36,0.
    Chaux.. 3,5.
    Oxyde de manganèse............................ 9,0.
        Perte................................... 3,5.
                                              ─────
                                              100,0.

2e. Analyse par Vauquelin.

    Alumine .... 45,46.
    Silice .... 47,27.
    Chaux.. 1,78.
    Oxyde de manganèse............................ 5,49.
                                              ─────
                                              100,00.

VARIÉTÉS.

FORMES.

1. Tourmaline apyre *isogone*. Le Cit. Lhermina, qui a donné une très-bonne description de la substance dont il s'agit ici (1),

____

(1) La plupart des caractères indiqués ci-dessus sont empruntés de cette description.

est parvenu, en réunissant des indices de forme régulière épars sur différens cristaux, à en composer un ensemble, dans lequel il a reconnu un sommet hexaèdre, semblable à celui de la variété de tourmaline, décrite par *Romé de Lisle, t. II, p.* 361, et qui est notre tourmaline isogone. Mais l'incidence d'une des arêtes terminales sur la face située de l'autre côté du même sommet, lui a paru se rapprocher davantage de 135^d, que de 137^d; différence qui, au reste, pourroit provenir de ce que le cristal n'étoit pas parfaitement prononcé.

2. Tourmaline apyre *aciculaire.* En aiguilles qui divergent en partant d'un ou de plusieurs centres.

Couleurs.

Tourmaline apyre *rouge de lilas.*

Transparence.

1. Tourmaline apyre *transparente.*
2. Tourmaline apyre *translucide.*

ANNOTATIONS.

1. Cette substance a été apportée de Sibérie à Moscow, en 1790, et connue d'abord sous le nom de *schorl rouge de Sibérie.* On assure que tout ce qui en existe dans différentes collections provient d'un seul bloc, trouvé dans le gouvernement de Perme, près d'Ekaterinbourg, et que depuis on l'a cherchée inutilement dans le même terrain.

2. Les observations intéressantes faites par le Cit. Lhermina, sur les formes cristallines que ce naturaliste a eues entre les mains, quoiqu'elles ne se rapportent qu'aux faces du sommet supérieur, pourroient seules faire présumer un rapprochement entre cette même substance et la tourmaline ordinaire, et il ne resteroit, ce me semble, aucun doute à cet égard, dans le cas où des cristaux plus complets et mieux prononcés présenteroient

une forme absolument semblable à celle de la tourmaline isogone, tant cette forme paroît propre à imprimer par elle-même
un caractère spécifique. Si d'ailleurs on compare entre eux les
résultats de deux analyses de Vauquelin, dont l'une a eu pour
objet la tourmaline verte du Brésil, et l'autre la substance qui
nous occupe, en faisant abstraction, dans la première, de la
présence du fer, qui n'est qu'un principe accessoire, puisqu'il y
a des tourmalines blanches, on trouvera entre ces résultats un
rapport assez satisfaisant (1). La propriété électrique découverte
par le Cit. Lherminia dans la substance qu'il a décrite, la rapproche encore de la tourmaline. Sa pesanteur spécifique diffère
peu de celle de la tourmaline verte, qui est de 3,1535. Toutes
deux étincellent par le choc du briquet, et rayent le verre. Elles
ne divergent sensiblement qu'en ce que l'une est infusible au chalumeau, tandis que l'autre s'y fond en verre blanc. Mais cette
différence, qui peut tenir à des causes accidentelles, paroîtroit
bien peu de chose, lorsqu'on lui opposeroit la somme des ressemblances.

3. De Born cite un schorl rouge que l'on reconnoît, à la
description qu'il en donne, pour être un cristal complet de
tourmaline équiaxe (2). Ce schorl avoit été trouvé dans les montagnes de la haute Hongrie. Seroit-ce une variété de la tourmaline, analogue à la substance de Sibérie?

A P P E N D I C E.

Tourmaline apyre de Rosena?
Lepidolithe cristallisée de Estner et de Lenz.

---

(1) La tourmaline verte contient 40 de silice, 39 d'alumine, 2 d'oxyde
de manganèse et environ 4 de chaux, ce qui fait en tout 85. Or, la silice
et l'alumine, qui sont ici les parties dominantes, forment chacune, à quelque chose près, la moitié de la masse totale, comme dans la tourmaline
apyre.

(2) Catal., t. I, p. 160. IX. A. *a*. 1.

Cette substance forme de longs prismes striés et arrondis, dont quelques-uns offrent des portions de faces planes, qui paroissent faire entre elles des angles de 120ᵈ, comme dans le prisme hexaèdre régulier. Leur couleur est d'un rouge de lilas, et quelquefois d'un rouge très-pâle. Klaproth dit qu'elle passe au fauve et au vert dans certains morceaux. Ils présentent quelquefois, à l'intérieur, de légères apparences de lames situées longitudinalement. Mais, le plus souvent, ils ont dans tous les sens une cassure terne et terreuse, surtout ceux dont la couleur est foible. Ils sont assez durs pour rayer le verre. Ils deviennent électriques par la chaleur, mais à un degré peu sensible. Leurs fragmens sont infusibles au chalumeau.

Ces prismes sont engagés, les uns dans la lépidolithe de Rosena, les autres dans un quartz blanchâtre, qui se trouve au même endroit. Deux minéralogistes célèbres d'Allemagne, Estner et Lenz, les ont regardés comme une variété cristallisée de la lépidolithe elle-même. Mais Klaproth dit, que d'après leurs caractères extérieurs, et un essai qu'il en a fait par la voie sèche, il est persuadé qu'ils appartiennent plutôt au béril schorlacé, qui est notre pycnite. Ils ont encore beaucoup plus d'analogie avec la substance de Sibérie, décrite précédemment, par leur dureté, par leur infusibilité et par leur propriété électrique ; et je ne les crois pas déplacés à côté de cette substance, en attendant des observations plus décisives (1).

-----

(1) Il se présente ici une remarque assez singulière, relativement aux travaux des chimistes sur différens minéraux qui ont des caractères communs avec celui dont il s'agit. Dans l'hypothèse où ce minéral et la tourmaline apyre seroient de la même nature, ils renfermeroient tous les deux à peu près la moitié de leur poids de silice et d'alumine, d'après l'analyse faite par le Cit. Vauquelin ; or, la pycnite a donné à Klaproth un résultat semblable. D'une autre part, le rapport de la silice à l'alumine, dans l'analyse de la tourmaline apyre par les Cᵉⁿˢ. Garin et Pécheur, est celui de 3 à 4, qui s'éloigne peu du rapport entre les mêmes principes, dans l'analyse de la pycnite faite par Vauquelin ; ce rapport étant celui de 36 à 52, ou de

XXIII. T R I P H A N E *(m.)*, c'est-à-dire, *apparent dans trois sens.*

Spodumène, *Dandrada*, *journ. de phys.*, *fructidor*, *an 8*, *p.* 240.

Cette substance forme des masses lamelleuses, d'un blanc légérement verdâtre, divisibles en prisme rhomboïdal d'environ 100^d et 80^d, lequel se soudivise dans le sens des petites diagonales de ses bases. Les coupes ont un éclat qui tire sur celui de la nacre, et sont à peu près également nettes dans les trois sens, dont deux appartiennent aux pans du prisme, et le troisième est situé diagonalement. Cette égalité, qui n'est pas ordinaire dans les cristaux, si ce n'est lorsque les faces primitives auxquelles les joints correspondent sont elles - mêmes égales, m'a suggéré le nom de *triphane*, que j'ai donné à la substance dont il s'agit. La cassure, qui a lieu dans le sens transversal, est terne, raboteuse et écailleuse. Le triphane raye le verre et étincelle par le choc du briquet. J'ai trouvé 3,1923 pour sa pesanteur spécifique.

Suivant les observations de Vauquelin, le triphane, chauffé dans un creuset, se délite en très-petites parcelles lamelliformes, dont la plupart sont d'un jaune d'or, semblable à celui de certains morceaux de mica. Les autres sont d'un gris foncé; mais, dans l'intervalle de quelques jours, les premières perdent leur éclat, et deviennent d'un gris foncé, comme les secondes. On obtient des effets analogues, en employant le chalumeau, et si l'on pousse le feu, les parcelles se réunissent et se fondent en un globule grisâtre.

Vauquelin ayant analysé un quantité de cette substance, du

---

9 à 13. Mais si l'on s'en tient uniquement aux résultats de ce dernier chimiste, la tourmaline apyre (et il en faudra dire autant de la substance de Rosena), différeroit sensiblement de la pycnite, par les proportions de ses principes composans. Car alors il y aura à peu près égalité dans la première entre les quantités des deux terres, tandis que dans l'autre le rapport est, comme nous venons de le dire, celui de 9 a 13.

                    O o

poids d'environ 2443 milligrammes, ou 46 grains, a eu le résultat suivant.

Silice. . . . . 56,5.
Alumine. . . . . 24,0.
Chaux. . . . . 5,0.
Oxyde de fer. . . . . 5,0.
Perte. . . . . 9,5.
100,0.

Le Cit. Lelièvre a, depuis plusieurs années, dans sa collection, des morceaux de triphane, qui ont été rapportés de la mine de fer d'Uton, en Sudermanie, sous le nom de *zéolithe*. Cette substance y accompagne un feld-spath rougeâtre. Il est visible qu'elle ne peut appartenir à aucune des espèces qui ont été appelées *zéolithes*. Elle a quelque ressemblance avec le feld-spath ; mais sa structure seule l'en distingue très-sensiblement, et la réunion de ses caractères paroît indiquer une espèce particulière.

On ne peut guère douter que le triphane ne soit le même minéral auquel M. Dandrada a donné le nom de *spodumène*, qui signifie *couvert de cendre*. La description qu'il en donne s'accorde avec la nôtre, relativement à la dureté, à la couleur et à la pesanteur spécifique, qui, selon lui, est 3,218. Mais il dit que les fragmens de spodumène sont des prismes rhomboïdaux de 125ᵈ et 55ᵈ, ce qui paroît supposer qu'il n'a aperçu que le joint naturel situé diagonalement dans le prisme dont j'ai parlé plus haut, et l'un des joints qui sont parallèles aux pans de ce même prisme. L'incidence mutuelle de ces deux joints est d'environ 130ᵈ d'une part, et 50ᵈ de l'autre, valeurs qui ne diffèrent que de 5ᵈ de celles qu'indique M. Dandrada. Ce savant naturaliste ajoute que la spodumène, mise sur un charbon, et traitée par le chalumeau, prend, à la moindre chaleur, une opacité parfaite, et devient jaunâtre ; qu'elle se gonfle un peu et se délite dans le sens de ses lames ; que bientôt elle ne forme

plus qu'une poussière sans saveur, qui, exposée à un feu violent, donne un verre d'un blanc-verdâtre très-transparent. Enfin,
M. Dandrada désigne aussi la mine de fer d'Uton, comme gisement de la spodumène.

XXIV. Zéolithe efflorescente?

Cette substance a été trouvée vers l'année 1785, par le
Cit. Gillet, dans les travaux de la mine de plomb d'Huelgoët,
où elle tapissoit des portions de la roche dans laquelle est renfermé le filon. Elle forme des masses lamelleuses d'un blanc mat
légérement nacré, qui, dans l'instant même où elles viennent
d'être retirées de la terre, sont déjà très-friables, et susceptibles
de se déliter avec une grande facilité. Elles conservent un foible
degré de consistance, lorsqu'on les tient enfermées et à l'abri du
contact de l'air; mais si on les expose à l'action de ce fluide,
leurs lames composantes se désunissent spontanément, et bientôt
ce n'est plus qu'un amas confus de parcelles, que je ne puis
mieux comparer qu'aux détritus d'un cristal de chaux sulfatée,
que l'on a fait chauffer, et sur lequel on a frappé avec un
corps dur.

Ayant reçu des Cens. Lenoir et Fleuriau de Bellevue des morceaux assez bien conservés de cette substance, qu'ils avoient pris
dans le même lieu, j'ai essayé d'en déterminer la structure, et
il m'a semblé qu'ils donnoient, par la division mécanique, un
prisme rectangulaire qui se soudivisoit dans le sens des deux
diagonales de ses bases. Ces différentes coupes sont même assez
nettes, et la difficulté d'en déterminer les incidences ne tient qu'à
la grande fragilité de la substance, qui semble se dérober au
contact de l'instrument. Les mêmes morceaux avoient une facette
oblique à l'axe, qui naissoit sur une des arêtes longitudinales,
avec laquelle elle faisoit un angle de 120 à 124^d; mais je ne puis
dire si cette facette étoit le résultat immédiat de la cristallisation,
ou simplement celui de la division mécanique.

Ce minéral se résoud en gelée dans les acides, ce qui lui a fait donner le nom de *zéolithe*, que je lui ai conservé comme nom provisoire. Parmi les diverses substances qui ont porté ce même nom, la mésotype est la seule dont il se rapproche par sa structure. Il est probable que quand il a été trouvé, il avoit dégénéré sensiblement de son état primitif, en perdant une partie de son eau, dite *de cristallisation;* et sa grande disposition à se dépouiller de ce liquide s'annonce par le progrès rapide de l'altération qu'il subit, en restant exposé à l'air libre.

XXV. Zéolithe radiée jaunatre ou d'un jaune verdatre.

Cette substance forme des masses globuleuses, dont l'intérieur est strié du centre à la circonférence. Il y en a aussi dont la cassure est compacte. Sa couleur est ordinairement le jaune-verdâtre et quelquefois le jaune pâle, ou même le blanc mat. Elle raye légèrement le verre. Elle se fond au chalumeau en émail bulleux, comme les autres substances appelées *zéolithes*. Elle ne forme point de gelée dans les acides. J'en ai vu des échantillons où elle accompagnoit le cuivre natif, et que l'on regardoit comme provenant des mines de Suède. Le Cit. Faujas et d'autres naturalistes en ont rapporté d'Oberstein, où elle est engagée dans la roche qui renferme les géodes de quartz-agathe, et qui sert aussi de gangue à du cuivre natif et à du cuivre carbonaté vert ou bleu. Quelques indices de cristallisation régulière, que j'ai observés sur un morceau trouvé dans cette même localité, pourroient faire soupçonner une tendance vers la forme du solide à 24 faces trapézoïdales, qui est celle d'une variété d'analcime. Mais ce soupçon auroit besoin d'être confirmé par des observations plus décisives.

XXVI. Zéolithe rouge d'Edelfors, en Suède.

Zeolithes granularis colore lateritio, *Waller.*, *t. I, p.* 326 (*b*).
Zéolithe rouge, couleur de brique, composée de feuillets lui-

sans, *de Born*, *t. I*, *p.* 205. Zéolithe de couleur rouge ou rougeâtre, *de Lisle*, *t. II*, *p.* 48.

Cette substance, telle qu'on la voit ici dans différentes collections, forme des masses terreuses, tendres, d'un rouge de brique. D'après la phrase du baron de Born, citée dans la synonymie, il y en auroit des morceaux feuilletés, d'un aspect luisant. Sa gangue est une chaux carbonatée lamellaire, et c'est à un mélange de celle-ci qu'est due l'effervescence passagère que fait la zéolithe avec l'acide nitrique. Suivant les observations du Cit. Lelièvre, cette même substance se fond en émail demi-transparent et bulleux. La partie qui reste, après l'effervescence avec l'acide nitrique, forme, dans l'espace de quelques heures, une gelée qui ensuite perd sa consistance, en sorte qu'au bout de vingt-quatre heures, on trouve qu'elle est devenue liquide; en quoi elle diffère de la mésotype, dont la gelée est permanente. Mais pour établir une comparaison exacte entre elle et les autres minéraux qu'on a appelés *zéolithes*, il faudroit la rencontrer dans un état où elle offrît des caractères plus parlans.

Je citerai, à cette occasion, une substance en lames rougeâtres, nacrées, dont le Cit. Lelièvre vient d'acquérir un échantillon, et que le Cit. Dolomieu a reconnue pour être la même qu'il avoit découverte, il y a plusieurs années, dans le Tyrol. Elle est engagée dans une roche quartzeuse verdâtre, mêlée de petrosilex rougeâtre, et renfermant des pyroxènes. Elle ne forme point de gelée dans les acides, et a d'ailleurs tous les caractères de la stilbite.

SECOND APPENDICE.

AGRÉGATS de différentes substances minérales.

J'ai déjà eu plusieurs fois occasion d'observer, dans cet ouvrage, qu'une méthode minéralogique, pour suivre une marche régulière et soumise à des principes fixes et certains, c'est-à-dire, pour être une véritable méthode, ne devoit offrir que des espèces proprement dites, que des substances qui formassent comme une série d'unités bien détachées les unes des autres; et j'ai essayé de déterminer cette série, en partant de l'idée que les molécules intégrantes doivent avoir la plus grande influence dans la distinction des espèces (1). Mais cette idée est subordonnée, dans la pratique, à certaines considérations particulières, qui, sans lui porter atteinte, la plient, en quelque sorte, au travail de la nature.

Il est rare de rencontrer un minéral uniquement composé de ses propres molécules intégrantes, sans aucun mélange de molécules étrangères. Le plus léger degré d'altération qui puisse résulter de ce mélange, est celui qu'occasionnent certaines matières colorantes, tellement disséminées dans un minéral, que, s'il est d'ailleurs susceptible de transparence, elles ne nuisent pas sensiblement à cette qualité. Telle est l'émeraude verte, colorée par l'oxyde de chrome. En partant de ce terme, et en parcourant la série des différens minéraux, on voit l'influence des principes additionnels s'accroître par degrés, et modifier de plus en plus les qualités de la substance à laquelle ces principes s'associent, de manière cependant que celle-ci, dans certaines circonstances, conserve encore un ou plusieurs de ses principaux caractères, qui percent à travers le mélange. C'est ce qui a lieu dans le mixte connu sous le nom de *grès cristallisé de Fontainebleau*, où, quoique la matière du quartz surpasse en quantité la chaux carbonatée, les molécules de

---

(1) Je n'ai pas la prétention d'avoir toujours fait, avec un égal succés, l'application des principes qui m'ont dirigé pour la formation de la méthode que je propose dans ce Traité. J'ai préféré quelquefois de laisser subsister d'anciennes espèces qui ne me paroissoient pas nettement déterminées, lorsque je ne me croyois pas encore assez éclairé pour savoir comment arranger ce que j'aurois déplacé.

cette dernière se trouvent réunies conformément aux mêmes lois qui auroient déterminé leur arrangement, si elles avoient existé seules dans le liquide où s'est opéré la cristallisation.

Jusqu'ici l'espèce subsiste, parce que la molécule intégrante qui la représente conserve sa prédominance. Si le mélange tient seulement à la présence d'un principe colorant, ce n'est qu'une nuance sur le tableau de l'espèce, où il détermine une simple variété indiquée par le nom de la couleur qui en résulte. Si le mélange dépend d'une matière dont la quantité soit comparable à celle de la substance principale, c'est l'objet d'un appendice particulier placé immédiatement après la description de l'espèce, et l'on a égard, dans le langage, à la circonstance qui modifie celle-ci, en liant au nom spécifique celui du principe additionnel, comme lorsque nous désignons le grès de Fontainebleau sous la dénomination de *chaux carbonatée quartzifère*.

Mais le mélange peut être tel, qu'on n'y reconnoisse plus aucune substance qui y fasse la fonction de type ; qu'il ait lieu dans des proportions variables à l'infini, et qu'il n'en résulte que des masses terreuses, dont la formation ne soit soumise à aucune règle, à aucune mesure fixe, comme dans ce qu'on a appelé *marne*, *schiste*, *cornéenne*, etc. Ces agrégats vagues et inconstans, qu'on pourroit regarder comme *les incommensurables du règne minéral*, échappent à la méthode, qui n'a, pour ainsi dire, aucune prise sur eux, et qui ne peut les renfermer dans aucuns des cadres destinés pour recevoir les véritables espèces. Ils doivent donc être rejetés dans un appendice général, et cela d'autant plus, que ce n'est qu'après avoir bien connu tous les êtres distincts que renferme la méthode, que l'on peut entreprendre, avec fruit, l'étude de ces mélanges, qui ont avec eux des relations plus ou moins sensibles, et participent plus ou moins de leurs caractères.

Cet appendice, considéré sous le point de vue de la minéralogie proprement dite, se borneroit aux agrégats formés de particules de différentes substances tellement incorporées entre elles, que l'œil ne pourroit les démêler, et qu'ils offriroient, au moins à peu près, l'apparence d'un tout homogène ; et c'est principalement pour cette raison qu'on les a rangés parmi les espèces proprement dites, dont les variétés amorphes ont avec eux une certaine ressemblance.

Mais les minéralogistes ont décrit d'autres agrégats, dans lesquels les substances composantes sont, en général, plus distinctes, ou même affectent des formes cristallines, et ils en ont formé une classe particulière, sous les noms de *pierres composées*, *pierres mélangées*, etc.; de ce nombre sont les masses appelées *granites*, *porphyres*, *gneiss*, etc. Or, quoique l'étude de ces agrégats soit proprement du ressort d'une autre science, dont je parlerai tout à l'heure, il est indispensable d'en donner au moins la notion dans un simple Traité de minéralogie, et nous nous trouvons naturellement conduits à les réunir dans le même appendice avec ceux dont j'ai parlé d'abord, et qui, comme eux, occupent des terrains plus ou moins étendus.

A considérer la chose dans sa plus grande généralité, tous ces divers minéraux, que nos méthodes présentent comme isolés, pour en faciliter l'étude, forment par tout à la surface et dans l'intérieur du globe, des assemblages ou des groupes, qui diffèrent entre eux par le nombre, par l'état et par l'assortiment des espèces qui les composent. Ici elles sont simplement juxtaposées ; ailleurs elles s'engrènent et s'entrelacent les unes dans les autres ; et la nature, déjà si variée dans ses productions prises solitairement, nous offre encore, dans la manière même dont elle les assemble, une source inépuisable de diversités.

La description de toutes ces différentes sortes d'assemblages seroit infinie. Mais il en est qui ont fixé plus particulièrement l'attention des naturalistes, parce qu'ils constituent des masses considérables, et parce que leurs gisemens, dans les terrains occupés par ces masses, présentent un point de vue qui peut fournir matière à des recherches intéressantes pour le progrès de la science, nommée *Géologie*.

Cette

Cette science est devenue, depuis un certain nombre d'années, une branche particulière d'histoire naturelle, très-distinguée de la minéralogie proprement dite. Celle-ci est livrée plus particulièrement à la considération des espèces, et la géologie à celle des masses ; l'une range les minéraux dans les classes indiquées par l'analyse ; l'autre les considère comme naturellement distribués par domaines : l'une rassemble l'élite de toutes les productions du règne minéral, elle recherche celles où les caractères, plus nettement prononcés, permettent de mieux saisir les ressemblances qui les rapprochent et les contrastes qui les font ressortir ; l'autre s'attache, de préférence, aux minéraux qui marquent le plus par leur abondance, par leurs gisemens et leurs relations de position, par le rôle important qu'ils jouent dans la structure du globe : les résultats de l'une ressemblent davantage à ces dessins où tout est soigné et fini : ceux de l'autre ont plus d'analogie avec ces tableaux, où l'on reconnoît une main hardie et vigoureuse. Chacune a ses théories : la minéralogie dévoile les propriétés physiques des êtres qu'elle considère, et pour en rendre l'étude plus piquante, elle y joint celle des causes dont ils dépendent ; elle détermine, à l'aide du calcul, les lois qui président à la structure des corps réguliers, et, non contente d'expliquer ce qui est soumis à ses observations, elle enveloppe dans ses formules tous les possibles, et fait sortir, en quelque sorte d'avance, des retraites souterraines, les formes qui se dérobent encore à ses yeux. Environnée de collections où la nature ne se montre, pour ainsi dire, que par extrait, occupée des détails d'un sujet que sa compagne a l'avantage de voir en grand, elle relève ces détails par les résultats généraux qu'elle en déduit, et dans lesquels elle porte la certitude et la précision, qui sont le partage des véritables sciences. La géologie, de son côté, démêle, dans la composition diversifiée des terrains, les indices d'une formation plus ancienne ou plus récente ; elle marque les transitions qui servent à lier les extrêmes ; elle contemple à la fois les formes des grandes masses, leurs différentes hauteurs, leur structure, leur enchaînement et leur correspondance ; et à la vue de ce vaste ensemble, où il reste encore quelques témoins du travail ancien de la nature, où la main du temps a laissé çà et là son empreinte, elle peut quelquefois remonter de ce qui est, à ce qui a été, par des conjectures toujours précieuses, lorsqu'elles sont sagement déduites de l'observation, et qu'elles partent d'un esprit fidelle à interpréter le langage des faits, sans avoir l'ambition de suppléer à leur silence.

Il n'entre pas dans notre plan de donner ici l'extrait des nombreux ouvrages qui ont paru sur cette matière. Mais nous avons pensé qu'on nous sauroit gré d'exposer succinctement un petit nombre de faits, dont plusieurs géologues très-célèbres s'accordent aujourd'hui à reconnoître l'existence, en y joignant les conséquences qui paroissent en découler immédiatement.

1°. Nous plaçons au premier rang l'aplatissement de la terre vers les pôles, qui a été démontré et déterminé par les physiciens géomètres, mais qui est trop étroitement lié avec les faits géologiques pour être passé ici sous silence.

2°. De ce fait, donné directement par l'observation, on est remonté à un fait ultérieur qui en offre l'explication, mais qui n'a eu qu'une existence bornée. Il consiste en ce que la terre a été anciennement dans un état de liquidité (1). Car on conçoit qu'alors la vîtesse de rotation, et par une suite nécessaire, la force centrifuge allant en augmentant depuis le pôle jusqu'à l'équateur, devoit altérer de plus en plus la pesanteur suivant le même ordre ; et ainsi il a fallu, pour que l'équilibre s'établît entre toutes les colonnes de liquide qui s'étendoient de la surface vers le centre, que celles qui étoient situées à l'équateur compensassent, par un excès de longueur, la diminution de leur pesanteur, et ainsi des suivantes, proportion gardée, ce qui

____

(1) Newto, philosoph. natur. principia mathem., lib. III, prop. 18, theor. 16.

revient à dire que le globe terrestre est renflé à l'équateur et aplati aux pôles (1).

Plusieurs ont attribué la liquidité primitive de notre globe à l'action du feu, et personne n'a développé cette hypothèse avec plus d'esprit et d'éloquence que Buffon (2). Mais elle n'a pu tenir contre les difficultés très-solides que lui ont opposées des savans d'un mérite distingué, et l'opinion la plus générale des géologues est aujourd'hui, que le globe étoit, au moins jusqu'à une certaine profondeur (3), dans un état de liquidité aqueuse, et que les différentes substances qui ont formé les premiers continens sont le produit d'une cristallisation qui s'est opérée dans le sein des eaux (4).

3°. En parcourant le globe, on observe des masses énormes composées de différentes substances, telles que le feld-spath, le mica, la tourmaline, etc., qui ne contiennent aucuns vestiges de corps organisés; d'autres masses auxquelles les premières servent de bases, ou qui leur sont adossées, telles que certaines matières argileuses fissiles, connues sous le nom de *schistes*, et certaines matières calcaires, offrent de nombreux débris de corps marins, et autres qui appartiennent aux règnes organiques. On en a conclu que quand les premières ont été produites, il n'existoit encore ni animaux, ni végétaux, d'où on les a nommées *substances de première formation*; et qu'avant la

---

(1) Les conséquences déduites des opérations de Méchain et Delambre, pour déterminer l'arc du méridien qui traverse la France, donnent pour la différence entre les deux axes $\frac{1}{334}$.

(2) Hist. nat., édit. in-12, supplément, t. IX.

(3) De Luc, lettres sur l'hist. phys. de la terre, p. 81.

(4) Bourguet a dit le premier, en 1729, que tous les matériaux auxquels la terre doit son état primitif, « paroissent avoir été produits par la cristallisation tumultueuse, et par la prompte précipitation d'une infinité de molécules de figure déterminée, etc. » Mém. sur la théorie de la terre, imprimé à la suite des lettres philosophiques, sur la formation des sels et des cristaux. Amsterdam, p. 214, N°. 17.

production des secondes, le globe étoit peuplé d'animaux et de végétaux, dont les débris ont été enveloppés par ces mêmes masses, que l'on a appelées, en conséquence, *substances de seconde formation.*

On a cherché à établir différens degrés d'ancienneté relativement aux substances primordiales, d'après leur composition, leur structure et leurs gisemens. Mais les géologues ne sont pas ici d'accord entre eux sur l'ordre successif des époques. Il y a aussi des substances que l'on a regardées comme de troisième formation, et d'autres mêmes comme de quatrième formation.

4°. Les sinuosités que forment, de part et d'autre, les vallées qui existent entre les montagnes primitives, ne se correspondent pas, ainsi qu'on l'avoit cru (1), de manière qu'il y ait toujours un angle rentrant opposé à un angle saillant. Cela n'a lieu que pour les vallées de formation récente, qui ont été creusées par les rivières et les torrens. Mais les anciennes vallées présentent souvent, au contraire, des renflemens et des étranglemens, et quelquefois même elles sont barrées à l'une de leurs extrémités, ou même à toutes les deux, par des montagnes d'une hauteur considérable (2).

5°. On a remarqué qu'en une multitude d'endroits, la situation actuelle des masses offroit les indices d'une cause destructive de leur premier arrangement, en sorte, par exemple, que des couches qui avoient été visiblement produites dans une position horizontale ou à peu près, se trouvoient relevées et inclinées à l'horizon, ou quelquefois même situées verticalement (3).

6°. Enfin, en jugeant des progrès qu'ont dû faire anciennement

---

(1) Bourguet, *ibid.*, p. 181 et suiv. Buffon, hist. nat., édit. in-12, t. I, p. 103.

(2) Saussure, voyage dans les Alpes, Nos. 577 et 920.

(3) Voy. z la belle observation faite par Saussure au sujet du relèvement des couches de pouddingue de Valorsine. Voyage dans les Alpes, N°. 689

les causes qui produisent des comblemens, des attérissemens et autres effets semblables, par celui qu'elles ont fait depuis des époques connues, on en a conclu (1) que nos continens étoient d'une date peu ancienne, et qu'on avoit eu recours, sans fondement, pour expliquer leur formation, à des causes qui auroient agi, pendant une série de siècles capables d'effrayer l'imagination (2).

Nous ne parlerons pas de quelques autres faits dont l'existence n'est pas aussi généralement admise, non plus que des hypothèses à l'aide desquelles les géologues ont essayé de tracer l'histoire physique de la formation de notre globe, et des révolutions qu'il a éprouvées, et nous nous hâtons d'en venir à l'objet direct de cet appendice. Nous indiquerons succinctement les principes que nous avons adoptés, pour la distribution et la

---

(1) Saussure, voyage dans les Alpes, N°s. 625 et 1101. Dolomieu, journ. de phys., janvier, 1793, p. 47. De Luc, lettres sur l'histoire physique de la terre, p. 233 et suiv.

(2) Une des principales raisons sur lesquelles s'appuyoient ceux qui assignoient à nos continens une date très-ancienne, étoit l'observation des dépouilles d'éléphans et de rhinocéros, trouvées dans les climats glacés de la Sibérie. On en concluoit que ce pays, qu'on regardoit comme la patrie de ces animaux, ayant joui alors de la température élevée qui leur est nécessaire, avoit subi, depuis, un refroidissement dont la durée devoit embrasser une suite innombrable de siècles. Mais la disposition des ossemens qui avoient appartenu aux animaux dont il s'agit, et surtout l'inspection des carcasses de rhinocéros, trouvées avec leur peau entière, et des restes de tendons, de ligamens et de cartilages qui n'auroient pu échapper à la putréfaction dans un pays chaud, ont fait reconnoître au célèbre Pallas, que les cadavres d'éléphans et de rhinocéros avoient dû être transportés de leur lieu natal dans le sol glacé de la Sibérie, par une violente inondation, et l'ont convaincu, comme il le dit lui-même, de la réalité d'un déluge arrivé sur notre terre, dont il avoue qu'il n'avoit pu concevoir la vraisemblance, avant d'avoir vu par lui-même tout ce qui peut servir de preuve à cet événement mémorable. *Observations sur les montagnes. Pétersbourg.* 1782. p. 72.

nomenclature des substances qu'il renferme, en prenant surtout pour guide le Cit. Dolomieu, qui a tant vu et si bien vu.

On peut diviser en trois ordres tous les agrégats qui doivent être placés dans cet appendice. L'un contiendra ceux qui résultent de la réunion de plusieurs substances contemporaines qui ont cristallisé à la fois, en s'entrelaçant les unes dans les autres, à la manière de plusieurs sels mis en dissolution dans un même liquide (1); c'est à cet ordre qu'appartiennent les agrégats connus sous le nom de *granites*, d'*ophites*, de *porphyres*, etc., et autres, que l'on regarde comme étant de première formation, et que l'on a désignés plus spécialement sous la dénomination de *roches*.

Dans le second ordre, seront compris les agrégats dont l'origine est plus récente, ou que l'on considère comme étant de seconde ou de troisième formation, et qui paroissent devoir, le plus souvent, leur naissance à des sédimens, et leur dureté au desséchement. Tels sont les marbres coquilliers, les marnes, une partie des schistes, etc.

Au troisième ordre appartiendront les agrégats composés de fragmens ou de débris de substances plus anciennes, qui étoient d'abord amoncelés sous la forme de quantités discrètes, et qui ont été réunis ensuite par un ciment. C'est dans cet ordre que viennent se ranger les pouddings, les brèches et les grès, qui ne sont autre chose que des pouddings à grains fins.

A l'égard de la nomenclature que nous avons adoptée dans cet appendice, nous observerons que les objets auxquels elle se rapporte sont moins susceptibles de noms propres que de définitions; car, si l'on y fait attention, on s'apercevra aisément que

---

(1) Nous ne considérerons aucun ordre d'ancienneté dans la formation de ces agrégats, et nous ferons de même abstraction de tout ce qui tient à des questions sur lesquelles les géologues sont partagés, comme celle de savoir si le granite a été formé par couches semblables aux assises de pierre qui composent nos édifices, ou s'il a été produit comme d'un seul jet. En un mot, nous nous bornons ici à ce que présente de plus général le point de vue sous lequel ce sujet peut être envisagé.

les mots de *granite*, de *porphyre*, de *serpentin*, de *gneiss*, etc.,
usités jusqu'ici, étoient restreints à un petit nombre d'agrégats,
qu'ils ne désignoient pas même toujours sans équivoque ; et que
vouloir créer aussi des noms propres pour toutes les autres combinaisons, ç'eût été s'engager dans un travail nul par sa seule
immensité. En un mot, puisque les objets dont il s'agit ne sont
autre chose que des groupes d'espèces, lesquelles, dans la méthode, portent des noms particuliers, il s'ensuit qu'il n'étoit pas
besoin d'imaginer de nouveaux noms pour les désigner, et qu'il
ne falloit qu'associer aussi et grouper dans une même phrase des-
criptive ceux des espèces composantes.

Appliquons ces principes à un ou deux exemples. Si nous vou-
lons désigner ce qu'on appelle communément *granite à quatre
substances*, nous donnerons à l'agrégat un nom en quelque sorte
générique, tiré de la substance qui domine en général dans
l'agrégat dont il s'agit, et nous joindrons à ce nom celui des
trois autres substances qui accompagnent la base. Nous dirons,
en conséquence, *roche feld-spathique, avec quartz, tourmaline
et mica*. De même cette phrase : *roche amphibolique avec quartz
et feld-spath blanchâtre,* indiquera le granite noir ; et ainsi des
autres.

Il existe des agrégats dont les principes sont tellement atté-
nués et liés entre eux, que la masse approche, par son aspect,
d'une substance homogène. Nous conserverons souvent les noms
particuliers que l'on a donnés à ces agrégats, tels que ceux
de serpentine, de cornéenne, de petrosilex, etc.; et parce que
les substances mixtes qui en résultent servent aussi de base (1) à
des agrégats surcomposés, nous désignerons ceux-ci de la même
manière, en disant, par exemple, *roche serpentineuse avec calcaire*, pour exprimer ce qu'on appelle communément *marbre
vert*.

---

(1) Nous ferons connoître la composition de ces bases aux articles des genres
qui s'y rapporteront.

Enfin, pour énoncer les manières d'être des principes composans les uns à l'égard des autres, on pourra joindre au nom générique l'épithète de *feuilleté*, si l'agrégat paroît composé de feuillets ; celle d'*amygdaloïde*, s'il renferme des espèces de noyaux ou de globules enchatonés dans la masse, quelle que soit d'ailleurs la nature de ces globules et de leur enveloppe.

PREMIER ORDRE.

Agrégats que l'on regarde comme étant de première formation et qui portent plus particulièrement le nom de roches.

B A S E S   S I M P L E S.

I. R O C H E   F E L D - S P A T H I Q U E.

Exemples.

1. Roche feld-spathique avec quartz et mica. Vulgairement *granite à trois substances.*

(*a*) Roche feld-spathique *rougeâtre*, avec quartz translucide et mica noir. Granite égyptien, *Ægyptiacus granites*, *Waller.*, *t. I, p.* 424. C.

(*b*) Roche feld-spathique compacte *bleue*, avec quartz blanchâtre et talc nacré. Granite de Styrie. On l'a appelé faussement *granite de Carinthie.*

2. Roche feld - spathique avec quartz, tourmaline et mica. Vulgairement *granite à quatre substances.*

3. Roche feld-spathique, avec quartz *gris*, en cristaux irréguliers, dont les coupes forment sur la surface des lames de feld-spath, des figures anguleuses, que l'on a comparées à des caractères d'écriture. Vulgairement *pierre graphique* ou *granite graphique.* On en trouve en Corse, en Sibérie et en Ecosse. Le Cit. Champeaux, ingénieur des mines, en a trouvé à Marmagne, département de Saône et Loire.

II. ROCHE QUARTZEUSE.

Exemples.

1. Roche quartzeuse avec mica. Quartz micacé.

(*a*) Roche quartzeuse *fissile* avec mica. Gneiss de quelques minéralogistes. Saxum fornacum, *Waller.*, *t. I, p.* 426 (B) 5. Cette roche, suivant Wallerius, présentée par le côté à un feu très-actif, y résiste long-temps, probablement parce que les lamelles de mica tournent en même temps leurs grandes faces vers le feu, qui a moins de prise sur elles dans ce sens, où leurs molécules résistent davantage à leur séparation (1). On l'emploie pour les foyers, dans la construction des fours.

2. Roche quartzeuse avec actinote.

(*a*) Roche quartzeuse globuleuse, stratiforme, avec actinote. Vulgairement *granite globuleux de Corse.* Cette roche forme des globes de plusieurs centimètres de diamètre, composés de couches concentriques alternatives de quartz blanchâtre et d'actinote d'un vert sombre. Les couches de quartz surpassent en épaisseur celles d'actinote, dont quelques unes sont presqu'aussi minces qu'une carte. La partie qui occupe le centre est composée principalement d'actinote. Tous ces globes sont enchatonés dans une pâte, qui est un mélange confus des mêmes substances. La formation de cette roche singulière offre aux géologues un problème, qui est bien fait pour exercer leur sagacité.

III. ROCHE AMPHIBOLIQUE.

Exemple.

Roche amphibolique *noire*, avec quartz blanchâtre, et feldspath de la même couleur, ayant quelquefois une teinte de ver-

---

(1) C'est un effet analogue à celui dont j'ai parlé à l'article de la chaux sulfatée, t. II, p. 204.

dâtre. Granite noir. *Granito nero*, ou *nero bianco duro* des
Italiens.

IV. Roche micacée.

Exemple.

Roche micacée feuilletée , avec quartz et feld-spath. Gneiss,
Saussure, voyage dans les Alpes, N . 1359. L'apparence feuilletée que présente cette roche est due au mica. Le quartz et le
feld-spath y sont quelquefois en particules si déliées et tellement empâtées dans le mica, que, suivant Saussure, on auroit
de la peine , sans le secours du chalumeau, a en reconnoître
la nature.

V. Roche talqueuse.

Exemples.

1. Roche talqueuse écailleuse , avec mica, disthène et stau-
rotide *unibinaire*. Se trouve au Saint-Gothard.

2. Roche talqueuse lamellaire verdâtre avec grenats.

3. Roche talqueuse stéatiteuse verdâtre avec tourmaline. Se
trouve dans le Tyrol.

VI. Roche calcaire.

Le calcaire primitif est composé de grains brillans , en quoi
il diffère, au moins en général, du calcaire secondaire, dont
la cassure est ordinairement compacte , et présente un aspect
terne et terreux. Il n'offre pas non plus de couleurs aussi variées
que celui-ci.

Exemples.

1. Roche calcaire blanche veinée de noir. Se trouve à Carrare.

2. Roche calcaire blanche veinée de talc verdâtre. Marbre
cipolin. Se trouve dans le ci-devant Dauphiné.

3. Roche calcaire bleuâtre. Elle est quelquefois veinée de
noirâtre. *Marbre bleu turquin.*

VII. ROCHE JADIENNE.

Exemple.

Roche jadienne tenace, avec diallage verte. *Verde di Corsica* des Italiens. Vert de Corse, *Saussure, voyages dans les Alpes,* N°. 1313, A.

BASES COMPOSÉES.

VIII. ROCHE PETROSILICEUSE.

Exemples.

1. Roche petrosiliceuse noirâtre, avec feld-spath blanchâtre granuliforme. Vulgairement *porphyre noir.* Se trouve en Corse et dans les Vosges.

2. Roche petrosiliceuse rougeâtre ou blanchâtre avec actinote aciculaire. Se trouve en Suède, à Salberg.

IX. ROCHE CORNÉENNE, vulgairement *pierre de corne.*

Nous appelons ainsi une pierre d'une couleur ordinairement noirâtre, dont la cassure est en général terne et terreuse, et qui, étant humectée par la vapeur de l'haleine, répand une odeur argileuse. Elle n'étincelle pas sous le briquet. Elle se broie et se casse difficilement, et semble plier sous le marteau. Elle est assez souvent attirable à l'aimant ; au chalumeau, elle se fond en verre noir. On la regarde comme composée principalement d'amphibole et d'argile ferrugineuse.

Le trapp peut être considéré comme une variété de la cornéenne ; il a une tendance à se déliter et à se soudiviser en fragmens rhomboïdaux, que l'on remarque aussi, mais plus rarement, dans la cornéenne ordinaire. Il est plus pesant et plus dur que celle-ci, et il se casse plus net. Il a plus rarement l'odeur argileuse. Il ressemble quelquefois tellement au basalte, qu'il est presqu'impossible de l'en distinguer à l'œil. Il est très-propre à servir de pierre de touche. Nous le désignerons par le nom de *roche cornéenne dure*.

Exemples.

1. Roche cornéenne grise ou brune amygdaloïde, à globules calcaires. Variolite du Drac, *Saussure, voyages dans les Alpes,* N°. 1572.

Cette roche, après le poli, présente de petits cercles blanchâtres sur un fond d'un gris-noirâtre. On la trouve dans le Drac, sous la forme de galets. Les Cens. Prunelle, Villard et du Croz ont observé la pierre d'où proviennent ces galets, sur la montagne de la Peyrénière, dans les Alpes Dauphinoises ; elle y a pour base un granite feuilleté, disposé par couches régulières (1).

2. Roche cornéenne dure rouge, avec feld-spath granuliforme, et souvent des parcelles d'amphibole, sensibles à l'œil. Vulgairement *porphyre rouge*. Porphyr, *Waller., t. I, p.* 430.

On a pris, pendant long-temps, pour un jaspe la pâte qui sert de base à cette pierre.

3. Roche cornéenne dure noir-verdâtre, avec feld-spath cristallisé, d'un blanc-verdâtre (2). Vulgairement *ophite, serpentin, porphyre noir* ou *antique*. Ophites, *Waller., t. I, p.* 432.

La surface de la roche polie présente, sur un fond d'un vert-noirâtre, des taches oblongues légérement verdâtres, dont quelques-unes approchent de la figure du parallélogramme, et qui sont les coupes des cristaux de feld-spath.

J'ai souvent aperçu dans les fractures de cette roche des globules noirâtres, gros comme des grains de navette, qui paroissoient argileux, et se détachoient facilement de leurs petites loges orbiculaires.

____

(1) Journ. de phys., septembre, 1784, p. 174 et suiv.
(2) Dolomieu, Journ. de phys., niyôse, an 2, p. 261.

4. Roche cornéenne dure noirâtre, amygdaloïde, à globules de petrosilex gris-verdâtre. Variolite de la Durance, *Saussure, voyages dans les Alpes*, N°. 1539. On la trouve sous la forme de galets, comme celle du Drac.

X. ROCHE SERPENTINEUSE.

Serpentine des minéralogistes. Serpentinus, *Waller., t. I, p.* 400. Serpentin, *Emmerling, t. I, p.* 384. La serpentine, *Brochant, t. I, p.* 481. Cette roche est un mélange de quartz, de talc, d'argile, de fer, etc., en différentes proportions. Voici ses caractères ordinaires.

Pesant. spécif., 2,26.....3.

Dureté. Plus ou moins facile à racler avec le couteau. Susceptible d'être travaillée au tour et de recevoir le poli.

Tissu; communément granuleux, quelquefois fibreux.

Poussière, grise et douce au toucher.

Magnétisme. Souvent attirable à l'aimant. Certains morceaux renferment des grains de fer sensibles à l'œil.

Couleurs ordinaires; le gris, le vert plus ou moins foncé et le noirâtre. La surface de la pierre est souvent marquée de taches ou de veines d'une teinte foncée sur un fond plus clair. On a comparé ces taches à celles qui diversifient la peau des serpens.

Exemples.

1. Roche serpentineuse avec mica.

2. Roche serpentineuse avec asbeste. Le tissu fibreux de celui-ci produit quelquefois une espèce de chatoyement à la surface de la pierre polie.

3. Roche serpentineuse verte avec calcaire blanc. Vulgairement *marbre vert, vert antique.*

XI. ROCHE ARGILEUSE.

Ce qu'on appelle communément argile est un mélange d'alumine avec une quantité considérable de silice. On y trouve aussi du fer et quelquefois de la magnésie (1).

Exemples.

1. Roche argileuse feuilletée. Schiste primitif. Il est quelquefois très-difficile de distinguer ces schistes de ceux qu'on a appelés *secondaires*, à moins qu'on ne les ait pris dans une localité qui ne laissât aucune équivoque sur l'antériorité de leur formation.

2. Roche argileuse feuilletée avec axinite et feld-spath cristallisés.

A N N O T A T I O N S.

1. Les roches feld-spathiques, connues sous le nom de *granite*, composent la matière des montagnes les plus élevées, telles que les chaînes centrales des Alpes; les Cordelières, au Pérou; le Caucase, entre la Mer Noire et la Mer Caspienne; les monts Altaï, près du pays des Calmoucs, et toutes ces masses qu'on pourroit appeler *les géans du monde inorganique*. On les retrouve en une multitude d'autres endroits, où elles forment des montagnes d'une moindre hauteur, et toujours dans les terrains que l'on considère comme primitifs.

Les anciens naturalistes, qui ne voyoient dans le granite que des fragmens de grains de différentes substances agglutinés à peu près de la même manière que ceux dont le grès est formé, avoient puisé dans cette idée le nom de *granite*, qui signifie une pierre grenue. Aujourd'hui, la plupart des géologues ont adopté l'opinion que le granite est un produit de la cristallisation simultanée de différens élémens dissous dans un même liquide (2).

____

(1) Voyez le second ordre, N°. 1.

(2) Voyez, entre autres, Saussure, Voyage dans les Alpes, N°˙ 136, 600 et suiv.

Les roches Cornéennes et autres, connues sous le nom de *porphyre*, diffèrent des granites, en ce qu'on y remarque une espèce de ciment, qui sert à lier de petits cristaux, de manière cependant que le ciment n'est pas venu, comme après coup, saisir ces cristaux déjà formés, mais que le tout a été encore produit comme d'un même jet. Ainsi, dans l'opinion que nous suivons ici, à mesure que la matière du ciment se déposoit par l'effet d'une agrégation très-confuse, semblable à celle qui a lieu dans les eaux mères des dissolutions salines, elle enveloppoit de petits cristaux, auxquels une matière plus pure que celle du ciment donnoit naissance dans le même instant, et c'est en quoi le porphyre est distingué des pouddings et des brèches.

2. Le beau granite rouge d'Egypte a fourni la matière de ces magnifiques obélisques d'une seule pièce, que l'on admiroit à Rome ; et Boëce dit qu'il a fallu vaincre encore plus de difficultés pour les transporter et les mettre en place, que pour les travailler (1). On s'est servi du même granite, ainsi que du granite noir, pour faire différentes statues (2). On voit dans les collections d'antiques, des vases et autres ouvrages de granite, de porphyre et d'ophite, dont chacun emprunte un caractère particulier du ton et de l'assortiment des couleurs qui ornent sa surface.

On emploie le porphyre poli, pour y broyer diverses substances que l'on veut réduire en poudre très-fine. C'est ce qui s'appelle *porphyriser*.

3. La pierre de touche, si connue par l'usage que les orfévres en font, surtout pour essayer l'or, est souvent un morceau de roche-cornéenne dure et noirâtre. Les qualités d'une bonne pierre de touche sont d'être d'une couleur sombre, sur laquelle puisse trancher celle du métal à éprouver ; d'avoir une dureté

---

(1) Gemmar et lapid. hist., l. II, c. 281.
(2) Encycl. méthod. ; antiquités, t. III, 3e. part., p. 58.

moyenne et un tissu granuleux, de manière que, d'une part,
le métal qu'on y passe avec frottement ne puisse l'entamer, et
que de l'autre ses molécules s'y accrochent, en laissant à la
surface une trace métallique. Il faut encore que l'acide nitrique
que l'on verse sur cette trace ne puisse attaquer la pierre de
touche ; on juge que le métal est de l'or plus ou moins pur,
ou seulement du cuivre, suivant que la trace résiste plus ou moins
à l'action de l'acide, ou qu'elle disparoît entièrement.

4. Les roches serpentineuses sont à l'égard du talc, ce que
sont les marbres ordinaires, par rapport à la chaux carbonatée
pure. Elles prennent le poli, et ont leur surface panachée de
veines et de taches. Mais leurs couleurs, ordinairement peu variées, les rendent moins propres pour les ouvrages d'ornement,
si ce n'est quand elles présentent le mélange du vert de la serpentine avec le blanc de la chaux carbonatée, comme dans ce
qu'on appelle *marbre vert* et *vert antique*. Les roches dont il
s'agit étant la plupart assez dures pour souffrir le tour, on en
fait des mortiers, des tabatières et des vases de différentes formes,
pour faire chauffer des boissons.

SECOND ORDRE.

*A G R É G A T S qui sont généralement regardés comme étant
de seconde ou de troisième formation, et qui paroissent devoir
souvent leur naissance à des sédimens, et leur dureté au
dessèchement.*

I. ARGILE.

Cette substance, comme nous l'avons déjà dit, est proprement
un mélange de silice et d'alumine, auquel se joignent assez souvent divers autres principes, et en particulier la magnésie et le
fer. Les quantités relatives des deux terres principales y varient
à l'infini. La silice y est presque toujours dominante, et son
rapport avec l'alumine va très-rarement jusqu'à celui de 6 à
l'unité,

l'unité ; il se rapproche plus communément de celui de 4 à 1 (1).

Les argiles humectées par la vapeur de l'haleine, exhalent assez souvent une odeur que l'on a nommée, pour cette raison, *odeur argileuse*. Dortès l'attribue à la présence de l'oxyde de fer. Elles happent à la langue, mais non pas toujours. Leur cassure est en général terreuse ; elles se polissent par le frottement de l'ongle ou même du doigt, et plusieurs prennent un poli gras et onctueux. Elles se divisent dans l'eau, à moins qu'elles ne soient trop dures, et les unes y forment une pâte ductile, tandis que les autres s'y résolvent en particules sans cohérence. Quelques-unes commencent par s'y déliter en fragmens d'une épaisseur sensible. Il y en a qui, étant battues dans l'eau, y produisent des bulles, comme le savon. Les couleurs de ces substances varient aussi beaucoup ; on en trouve de blanches, de grises, de bleuâtres, de rouges, de jaunes, de noires, etc.; et il y en a qui présentent un assortiment de diverses couleurs, et que l'on peut appeler *argiles marbrées*.

Ces mêmes substances, lorsqu'elles ne contiennent que de l'alumine et de la silice, résistent à la fusion. Mais l'addition surtout d'une certaine quantité de fer les rend fusibles et vitrifiables. Il en est qui, dans cette opération, se convertissent en verre spongieux.

1. Argile *glaise*. Argilla vulgaris, *Waller., t. I, p.* 42. Potters' clay, *Kirwan, t. I, p.* 180. Argile commune, *de Born, t. I, p.* 222. I. B. 4.

Vulgairement *terre glaise*; *terre à potier*; *terre à brique*.

Happant médiocrement à la langue. Ayant souvent l'odeur argileuse. Cassure à grain fin ; couleur blanchâtre, grise ou bleuâtre. Sèche, elle se polit sous le doigt ; humectée, elle devient très-ductile et susceptible d'être pétrie et façonnée à volonté. Un petit fragment ainsi humecté et pressé entre les doigts, y

(1) Kirwan, t. I, p. 176.

forme une espèce de gluten, en sorte qu'on éprouve une certaine
difficulté pour les séparer. Elle se fend par la dessiccation.

Le Cit. Fourmy m'en a donné des échantillons, d'une couleur
blanchâtre, provenant de la cristinière, près de Houdan, sur
la route de Dreux, qui, étant imbibés d'eau, ont une grande
vicosité, et deviennent translucides dans une épaisseur de deux
ou trois millimètres.

Il paroît que ce qu'on a appelé *écume de mer*, (meerschaum
des Allemands), est une argile glaise qui contient une quantité
sensible de magnésie. De Born la range dans cette soudivision,
sous le nom d'*argile commune d'un brun - jaunâtre*, (*catal.*,
t. I, p. 222. 1. B. 6.) On l'emploie dans la fabrication des têtes
de pipes rouges de Turquie.

2. Argile *smectique*. Smectis, *Waller*. Fullers' earth, *Kirwan*.
Walker erde, *Emmerling*, *t. I, p.* 375. Argile savonneuse, *de
Born*. La terre à foulon, *Brochant*, *t. I, p.* 464.

Vulgairement, *argile à foulon* ou *terre à foulon*.

Cette argile, suivant M. Kirwan, se polit par le frottement,
n'adhère point à la langue, est un peu grasse au toucher et
presque friable. Mise dans l'eau, elle s'y réduit en particules
sans cohérence, en quoi elle est surtout distinguée de l'argile
glaise. Wallerius dit que quand on la broie avec le doigt
mouillé, elle produit une écume savonneuse. Mais cette propriété
n'a pas lieu pour toutes les argiles smectiques (1). La couleur a
souvent une teinte de verdâtre, jointe au gris, au blanc, au
brun, etc.

L'argile smectique de Hampshire a été analysée par Bergmann,
qui y a trouvé de la chaux et de la magnésie; cependant elle ne
faisoit pas effervescence avec les acides, ce qui a fait penser à
ce célèbre chimiste que ces deux terres y étoient dans un état
de combinaison intime.

On a donné aussi le nom d'*argile smectique* ou *de terre à*

____

(1) Kirwan, t. I, p. 185.

foulon à une véritable marne (1), et à un talc stéatite (2).

3. Argile *lithomarge*. Argilla crustacea, *Waller.*, *t. I, p.* 49. Lithomarga, *Kirwan*, *t. I, p.* 187. Stein marck, *Emmerling*, *t. I, p.* 355. Argille lithomarge, *de Born*, *t. I, p.* 224. La moelle de Pierre, ou la lithomarge, *Brochant*, *t. 1, p.* 447.

Cette argile est distinguée des autres, selon M. Kirwan, principalement par la grande finesse des grains dont elle est composée, et par sa fusibilité en masse spongieuse. Elle est ordinairement très-douce et même grasse au toucher ; elle se polit par le frottement. Il y en a de friable, et d'autre qui est assez dure, et qui a l'aspect d'une pierre. Cette dernière étant mise dans l'eau, s'y divise d'abord en petits fragmens, puis en poudre ; celle qui est tendre s'y résoud immédiatement en poudre. Elle adhère plus ou moins fortement à la langue, suivant qu'elle est plus tendre ou qu'elle a plus de consistance. Elle a, en général, une fracture qui approche d'être conchoïde. On en trouve de différentes couleurs, blanche, jaunâtre, rougeâtre, bleuâtre, brunâtre, etc.

Cette variété diffère aussi des autres par les localités dans lesquelles on la trouve. (*Voyez* les annotations.)

4. Argile *ocreuse*. Bolus, *Waller.*, *t. I, p.* 51. Bol, *Emmerling*, *t. I, p.* 381. Bole, *Kirwan*, *t. I, p.* 190. Argile martiale, *de Born*, *t. 1, p.* 227. Le bol, *Brochant*, *t. I, p.* 459.

Mélangée de fer limoneux en proportion sensible ; happant à la langue ; se divisant en poudre, dans l'eau. Donnant des étincelles très-sensibles, à l'approche d'un excitateur, lorsqu'elle est en communication avec un conducteur électrisé. Devenant rouge ou plus rouge, par l'action du feu, et acquérant ordinairement le magnétisme polaire.

a. Rouge. Le bol d'Arménie et la terre de Lemnos appartiennent à cette variété.

─────────────────────

(1) Waller., t. I, p. 74.
(2) *Ibid.*, p. 397.

Argile ocreuse rouge *graphique*. Vulgairement *crayon rouge des dessinateurs*. En masses tendres, qui ont cependant assez de consistance, pour être taillées sous la forme de crayons.

b. Jaune. Suivant le docteur Demeste (*Lettres, t. I, p.* 525), cette argile, rougie au feu, entre dans le commerce, sous le nom de *rouge d'Angleterre* ou *de Hollande*.

c. Brune.

Nota. Nous ne faisons pas entrer parmi les argiles celle qu'on appelle *kaolin*; nous en avons parlé à l'article du feld-spath, sous le nom de *feld-spath argiliforme*, t. II, p. 443.

La cimolite ou terre cimolée est une argile d'un blanc-grisâtre, qui passe au rougeâtre, par l'exposition à l'air, qui happe assez fortement à la langue, et, quoique difficile à casser, reçoit l'empreinte de l'ongle. Elle blanchit au chalumeau, et ne se fond qu'à l'aide d'un flux. Hauckins l'a retrouvée dans l'île d'Argentière, autrefois Cimolo, d'où les anciens la tiroient, pour l'employer à blanchir les étoffes, propriété qu'elle possède à un degré éminent.

Le Cit. Olivier a rapporté de l'île de Milo, sous le même nom de *cimolite*, une argile qui peut avoir de l'analogie avec la précédente, que nous n'avons pas été à portée d'observer, mais qui est très-friable. Elle ressemble assez au kaolin, par son aspect extérieur.

5. Argile schisteuse. Schistus, *Waller.*, t. *I*, p. 350. Les variétés *a* et *b* se rapportent au thonschiefer d'Emmerling, t. *I*, p. 284. Schiste argileux de Brochant, t. *I*, p. 395. Schiste de plusieurs minéralogistes.

Ayant un aspect feuilleté; facile à racler avec le couteau; donnant une poussière grise; ne se délayant pas dans l'eau, comme l'argile ordinaire; odeur souvent argileuse.

a. Argille schisteuse *tabulaire*. Schistus mensalis, *Waller.*, t. *I*, p. 350. Noire et susceptible d'un commencement de poli. On en fait des tables à écrire. Se trouve en plusieurs endroits de la Suisse.

b. Argile schisteuse *tégulaire*. Schistus durus, rasurâ albescens, clangosus, ardesia tegularis, *Waller.*, *t. I, pag.* 351. Vulgairement *ardoise*. Sonore, lorqu'on la frappe avec un corps dur; divisible en lames minces, plates et unies, d'une couleur ordinairement bleue ou bleuâtre, quelquefois grise ou rousse.

c. Argile schisteuse *graphique*. Nigrica, *Waller.*, *t. I, p.* 358. Zeichenschiefer, *Emmerling*, *t. I, p.* 303.

Vulgairement *pierre noire* ou *crayon des charpentiers*.

Tendre, friable, d'une couleur noire qui passe au rouge par l'action du feu; propre à servir de crayon.

La même substance, lorsqu'elle est très-tendre et susceptible de s'effleurir par la quantité de matière pyriteuse qu'elle renferme, se nomme *ampelite* ou *terre à vigne*, parce qu'on croit que quand elle se trouve dans un vignoble, elle tue les vers qui monteroient aux vignes. *Lemery, dict. des drogues simples, p.* 38.

d. Argile schisteuse *novaculaire*. Coticula, *Waller.*, *t. I, p.* 353.

Vulgairement *pierre à rasoir*.

Formée de deux lits superposés, l'un noirâtre, l'autre jaunâtre, tellement appliqués entre eux que l'on ne peut saisir aucun joint pour les séparer. La partie jaunâtre est plus compacte que l'autre et se divise plus difficilement par feuillets. Se trouve près de Liége.

Argile schisteuse impressionnée.

Nous appelons ainsi toutes les argiles schisteuses qui renferment entre leurs feuillets, soit des squelettes de poissons et autres animaux qui y ont formé leur empreinte, soit des dessins en relief ou en creux de différens végétaux, tels que les roseaux, et surtout les polypodes, les polytrics et autres plantes de la famille des fougères.

Les argiles sont susceptibles d'une infinité de modifications qui tiennent à la nature des substances dont elles sont formées.

aux quantités relatives de ces substances, au degré de finesse de leurs particules, etc.; en sorte que chacun des terrains qu'on nomme *argileux* peut fournir un nombre plus ou moins considérable de variétés, qui différeront à quelques égards, soit entre elles, soit par rapport aux variétés situées dans d'autres terrains.

Ainsi, on trouve à Montmartre, près de Paris, une argile glaise qui participe des propriétés de l'argile schisteuse, en ce qu'elle est feuilletée. Sa surface est d'un gris-bleuâtre moucheté de taches blanchâtres. Ses feuillets sont minces, et se séparent avec facilité.

Le même terrain renferme des lits considérables d'une argile schisteuse, dont Werner a fait une espèce à part, qu'il a nommée *polierschiefer*, c'est-à-dire, *schiste à polir*, parce qu'on l'a reconnue propre à cet usage; (*id.*, *Emmerling, t. III, p.* 334). Elle est tendre et facile à briser; elle happe fortement à la langue; plongée dans l'eau, elle l'absorbe rapidement; il se dégage des bulles d'air, et l'on entend une espèce de frémissement; ainsi humectée, elle donne une odeur argileuse très-marquée. Sa poussière, mise dans le même liquide, ne s'y agglutine pas. Cette argile, dont la couleur est, en général, le gris clair, tantôt se délite très-facilement, et tantôt n'est qu'imparfaitement feuilletée. Elle perd, par la calcination, environ $\frac{1}{5}$ de son poids, et devient rougeâtre. Elle sert d'enveloppe aux masses tuberculeuses de la variété de *quartz-résinite*, que l'on a appelée *ménilite* ou *pechstein de Menil-le-Montant.*

L'analyse que Klaproth en a faite, a donné le résultat suivant.

Silice . . . . 66,50.

Alumine. . . . . 7,00.

Magnésie . . . . 1,50.

Chaux . . . . 1,25.

Oxyde de fer . . . . 2,50.

Eau . . . . 19,00.

Perte . . . . 2,25.

____

100,00.

1. Les argiles sont ordinairement des matières de transport,
dont les couches alternent avec celles de sable, de grès et autres
substances agrégées. On les trouve aussi interposées entre les
couches calcaires coquillières, entre les bancs de sel gemme,
de chaux sulfatée, de soufre, etc. C'est une des substances le
plus abondamment répandues dans le sein du globe, où ses lits
servent à recevoir et à retenir les eaux souterraines, à en di-
riger le cours, et à empêcher qu'en s'infiltrant dans les terres,
elles ne soient perdues pour nous (1).

L'argile lithomarge, quoiqu'elle paroisse devoir être regardée
comme de formation secondaire, occupe assez souvent les fentes
ou les cavités de certaines roches primitives, dans lesquelles
elle a été déposée par succession de temps. Elle accompagne
différentes substances métalliques, et particulièrement les cristaux d'étain qui se trouvent en Saxe.

2. Un des grands usages de l'argile est celui qu'on en fait
dans la fabrication de la faïence, des différentes poteries, des
tuiles et des briques. La différence des argiles que l'on emploie
pour ces sortes d'ouvrages est fondée, en général, sur ce que
l'argile, qui prend d'autant plus de dureté, par l'action du feu,
qu'elle est moins mélangée de substances hétérogènes, est aussi
plus sujette, dans ce même cas, à faire retraite, à se tourmenter, et à se fendre; et cette disposition augmente encore à
mesure que les pièces ont plus d'épaisseur. C'est ce qui engage
à choisir pour la poterie de terre, qui est toujours plus mince
que les carreaux, les tuiles et les briques, une argile moins
mélangée. On fait en sorte que le mélange soit plus sensible,
à proportion que les pièces sont plus épaisses. Le point essentiel,

____

(1) Argillæ.... unicum atque certissimum præbent fundum aquis fontanis.
Wallor., t. I, p. 41.

dans la cuisson de ces sortes d'ouvrages, est de bien ménager le feu, et d'en arrêter l'action en de çà du terme où l'argile se vitrifieroit.

L'argile dont on fait les pipes, et que l'on appelle *terre à pipe*, est blanchâtre et privée de molécules ferrugineuses, ce qui la rend très-difficile à fondre. On emploie aussi au même usage une véritable marne (1).

3. L'argile est encore employée, spécialement par les foulons, pour dégraisser les étoffes et les draps. Elle produit cet effet, en se combinant avec la substance même des taches, qu'elle emporte avec elle, par la facilité que l'on a de la faire partir, à l'aide du frottement, lorsqu'elle est desséchée. C'est pour cela que l'on préfère une argile susceptible de se diviser dans l'eau, à celle qui étant visqueuse, empâteroit l'étoffe ou le drap, et y resteroit adhérente.

4. Les argiles ocreuses, nommées *bol d'Arménie, terre de Lemnos*, étoient en usage autrefois à l'intérieur et à l'extérieur, comme astringens. On les mettoit sous la forme de tablettes rondes, auxquelles on imprimoit un cachet, d'où leur est venu le nom de *terres sigillées*.

5. Parmi les argiles schisteuses, celle qui nous intéresse le plus, par son utilité, est l'ardoise. Elle forme dans le sein de la terre des blocs plus ou moins épais, séparés les uns des autres par des lits ou joints situés de distance en distance dans l'étendue de la carrière. Les bancs se trouvent ordinairement inclinés à l'horizon. Les délits qui les traversent font avec eux différens angles, et sont quelquefois verticaux. Le tissu de l'ardoise est tellement feuilleté, que l'ouvrier qui la travaille n'apporte aucune attention pour saisir les joints de ses lames. Quelque part qu'il pose son ciseau, il est sûr de rencontrer un plan de division.

––––––––

(1) Wallerius, t. I, p. 72. *Marga argillacea.*

Les pyrites en cubes et en grains sont très-communes dans les ardoises. Il s'y trouve aussi du fer, et j'ai vu dans quelques-unes ce métal en très-petits cristaux octaèdres.

Il y a de belles carrières d'ardoise, en France, aux environs d'Angers ; près de Mézières, au-dessus de Givet ; du côté de Brest ; en Italie, sur la côte de Gênes ; en Angleterre, dans le comté de Sussex, etc.

Ce que les ouvriers nomment *pierre à polir*, est une argile schisteuse plus tendre que l'ardoise ordinaire. Ils en distinguent plusieurs variétés, sous les noms de *pierre rude*, *pierre demi-douce* et *pierre douce*. Ils les emploient successivement pour polir, par degrés, une pièce de métal ; chacune de ces pierres effaçant les traits que la précédente avoit laissés sur la surface métallique.

6. Les empreintes de fougère qui se sont formées dans certaines argiles schisteuses à la jonction des feuillets, paroissent, au premier coup d'œil, très-difficiles à expliquer ; car si l'un des feuillets offre l'empreinte en creux de la face opposée à celle qui porte les fructifications, ce qui est le cas le plus ordinaire, l'autre feuillet offrira l'empreinte de la même face, mais en relief : on diroit que la fougère, après avoir produit la première empreinte sur une couche d'argile molle, a disparu, et qu'après le desséchement une seconde couche est venue se mouler en relief dans la cavité de cette empreinte, ce qui n'a nulle vraisemblance. Brugnières suppose, avec plus de raison, que la fougère qui s'étoit déposée sur la matière schisteuse détrempée d'eau, a été recouverte par un nouveau dépôt. Dans la suite, la fougère, ou réduite en charbon, ou pénétrée par les parties les plus atténuées de la matière schisteuse, s'est incorporée et comme identifiée avec celle-ci ; en sorte que quand on détache les feuillets, le relief que l'on aperçoit est formé par la substance même de la fougère, que l'œil confond avec celle de la pierre, et le creux par son impression ; et parce que le côté de la fougère qui porte les fructifications a dû contracter avec la matière argileuse

une plus forte adhérence que le côté stérile qui est lisse , il arrive presque toujours que quand on sépare un feuillet de l'autre , c'est ce second côté qui paroît à découvert et forme l'empreinte en relief (1).

II. ARGILE CALCARIFÈRE OU MARNE.

Marga argillacea, *Waller.*, *t. I*, *p.* 72. Mergel, *Emmerling*, *t. I, p.* 491. La marne, *Brochant*, *t. I* , *p.* 569.

Peu ou point ductile , lorsqu'elle est humectée; soluble, en partie, dans l'acide nitrique; le résidu est plus ou moins considérable, suivant que l'argile ou le calcaire prédomine dans le mélange. Sa dureté varie, comme celle de l'argile ordinaire , et il y en a de pulvérulente. Ses couleurs les plus ordinaires sont le jaunâtre, le blanchâtre et le gris-bleuâtre.

a. Marne sphéroïdale cloisonnée ; dés ou jeux de Van-Helmont, *de Lisle*, *t. I*, *p.* 565 et 567 ; et *t. II*, *p.* 604. Ludus Helmontii, *Waller.*, *t. II*, *p.* 395. Masse orbiculaire, qui, en se desséchant, a subi des ruptures en différens sens. Les interstices ont été remplis, dans la suite, par une matière ordinairement calcaire , qui est quelquefois saillante au - dessus de la surface du ludus. Le tout représente un assemblage de prismes tétraèdres, pentaèdres, hexaèdres, etc., d'une substance terreuse et grisâtre, séparés par des cloisons d'un blanc plus ou moins décidé.

ANNOTATIONS.

1. L'argile conserve son nom, tant qu'elle renferme peu de matière calcaire, et ce n'est que quand cette dernière s'y trouve en proportion notable, que le mélange commence à porter le nom de *marne*; et comme le calcaire peut, à son tour, y être en excès, on voit combien l'on seroit peu fondé à faire de la marne

---

(1) Journ. d'hist. nat., N°. 4, p. 125 et suiv.

une espèce proprement dite, et distinguée de l'argile, qui elle-même n'en est pas une.

2. La marne est employée comme *terre à foulon, terre à pipe,* etc., suivant qu'elle partage les propriétés des argiles auxquelles on a donné ces noms.

3. Cette substance fournit aux terrains cultivés un engrais propre à favoriser la végétation. Les deux terres dont elle est principalement composée produisent chacune des effets particuliers, qui la rendent plus convenable à telle espèce de sol qu'à telle autre, suivant que la portion dominante est l'argile ou la matière calcaire. L'argile, qui est une matière pâteuse et liante, a la faculté de retenir l'eau, et l'empêche de s'infiltrer trop promptement à travers les terres ; aussi la marne où l'argile domine, convient-elle aux terrains maigres, poreux et dont les parties sont trop divisées. Si, au contraire, on a un sol trop compact et trop serré, on emploie une marne où abonde la terre calcaire, qui, par sa facilité à se réduire en poudre, atténue la terre, la rend plus déliée et plus susceptible d'offrir un passage à l'eau, que l'on sait être un des agens les plus efficaces de la végétation.

III. Calcaire polissable argillo-ferrifère, ou marbre secondaire.

Cassure, en général, terne et terreuse ; couleurs ordinairement plus ou moins vives, surtout après le poli.

Exemples.

1. Marbre panaché de taches rouges et de veines blanchâtres, sur un fond d'un gris obscur ; vulgairement *marbre cervelas.*

2. Marbre lumaquelle. Marmor testaceum, *Waller., t. I,* *p.* 138. Composé d'une multitude de coquilles unies par un ciment calcaire. Son aspect présente, après le poli, différentes figures rondes, ovales, contournées, etc., qui sont les coupes des coquilles dont il est l'assemblage.

a. Marbre lumaquelle opalin ; vulgairement *lumaquelle de Carinthie.* D'un gris sale ; renfermant des portions de coquilles ornées des plus belles couleurs de l'iris.

3. Marbre ruiniforme; vulgairement *marbre de ruines, pierre de Florence.* Marmor pictorium, regiones vel urbes desolatas repræsentans. *Waller., t. I, p.* 137.

Couleur jaunâtre, quelquefois verdâtre, relevée par un dessin de couleur brune, qui semble représenter des ruines d'édifices. On y voit aussi quelquefois des dendrites noirâtres.

A N N O T A T I O N S.

1. Les marbres secondaires doivent leur cassure terreuse à un mélange d'argile chargée de fer oxydé, et leurs couleurs à la présence de ce métal. On voit qu'ils se rapprochent beaucoup des marnes par leur composition.

Le caractère extérieur le plus propre à faire distinguer ces marbres de ceux que l'on regarde comme primitifs, consiste en ce que la cassure de ceux-ci présente des grains brillans. Cependant on trouve quelquefois dans les marbres secondaires des veines ou même des masses assez considérables de chaux carbonatée cristallisée confusément, qui ont un tissu lamellaire ou même granuleux analogue à celui des marbres de première formation (1). Ainsi, le caractère dont il s'agit n'est pas général. Il seroit peut-être plus vrai de dire qu'il ne se trouve point de calcaire compact à cassure terne dans les terrains primitifs. Mais ce ne seroit encore ici qu'un résultat d'observations qu'il ne faudroit pas ériger en règle.

2. Les marbres secondaires diffèrent encore des primitifs par leurs couleurs plus vives et plus diversifiées. Tout le monde connoît l'usage qu'on en fait dans la construction et l'ameublement des édifices. On taille le marbre de Florence en plaques

---

(1) Saussure, Voyage dans les Alpes, Nᵒˢ 1601 et 2235.

rectangulaires qui forment de petits tableaux naturels propres à
amuser la curiosité. Suivant l'explication de Dolomieu (1), ce
marbre étoit originairement une pierre calcaire argilifère, uniformément mélangée de fer oxydé, dans laquelle le retrait,
occasionné par le desséchement, a produit une multitude de
fissures qui, se croisant dans toutes les directions, ont soudivisé le bloc en polyèdres irréguliers à surfaces planes. Dans la
suite, il s'est fait une sorte de transudation de la matière calcaire, qui a rempli les fissures, et soudé tous les prismes qu'elles
séparoient. En même temps le bloc subissoit une altération, en
vertu de laquelle le fer s'oxydoit davantage, ce qui donnoit
aux parties altérées une teinte plus rembrunie. Or, comme les
blocs de marbre ruiniforme étoient adhérens aux montagnes
voisines, et tellement disposés qu'ils ne présentoient à l'air qu'une
de leurs faces, l'altération n'agissoit qu'en allant de cette même
face vers les parties situées à l'intérieur. De plus, comme tous
les polyèdres qui composoient le bloc étoient isolés entre eux par
des cloisons intermédiaires de chaux carbonatée, en sorte que
chacun d'eux avoit une existence particulière indépendante de
celle des autres, l'altération a dû se faire inégalement, et s'étendre, à différentes profondeurs, dans les diverses parties d'un
même bloc. Si donc l'on conçoit que le bloc ait été divisé en
tables, par des coupes perpendiculaires sur la surface exposée
à l'air, l'assortiment des couleurs dues au fer, offrira l'apparence
d'un assemblage de tours, d'édifices, les uns entiers, les autres
ruinés, etc. ; la base commune de tous ces édifices sera située
à l'endroit où l'altération a commencé ; leur distinction, dans le
sens latéral, sera marquée par celle des prismes qui composoient
le bloc ; les saillies, plus ou moins avancées, qu'ils formeront
par leurs extrémités, dépendront du progrès inégal de la cause
qui a produit l'altération, et le fond du tableau répondra aux
parties qui sont restées dans leur état primitif.

____

(1) Journ. de phys., octobre, 1793, p. 235 et suiv.

IV. Chaux sulfatée calcarifère.

Vulgairement *pierre à plâtre*. Gypsum particulis arenaceis, micantibus ; gypsum arenarium , *Waller.*, *t. 1, p.* 163. Pierre à plâtre, *de Lisle, t. I , p.* 470.

Donnant du plâtre par la calcination ; cassure terreuse, souvent brillantée à certains endroits par des particules de chaux sulfatée pure.

L'action du feu à laquelle on expose le mélange des deux substances, enlève à la chaux carbonatée son acide, et à la chaux sulfatée seulement son eau de cristallisation. Lorsqu'ensuite on a humecté suffisamment le plâtre cuit , la chaux qui, dans l'état de liberté , est soluble, fait l'office de ciment par rapport aux petits cristaux de chaux sulfatée qui se forment au même instant ; et de ces deux matières, comme entrelacées l'une dans l'autre, résulte un tout qui prend de la consistance par le desséchement.

Il est rare que la chaux sulfatée soit mêlée naturellement, comme à Montmartre, près de Paris, de la quantité requise de calcaire, pour produire un bon plâtre. On y supplée par un mélange artificiel.

TROISIÈME ORDRE.

Agrégats composés de fragmens ou de débris, agglutinés postérieurement à la formation des substances auxquelles ils ont appartenu.

I. Quartz-agathe brèche.

Saxum petrosum , siliceum, diversis silicibus concretum ; breccia silicea , *Waller., t. I, p.* 444. Brèche dure, *de Lisle, t. II, p.* 558. Poudding, *ibid.*, *p.* 481.

Fragmens anguleux ou roulés de quartz agathe, liés entre eux par un ciment ordinairement siliceux.

Exemples.

1. Quartz-agathe brèche à fragmens anguleux ou roulés, de différentes teintes noirâtre, brune, blanchâtre, les uns translucides, les autres opaques, réunis par un ciment siliceux blanchâtre. Vulgairement *poudding anglais.*

2. Quartz-agathe brèche à fragmens roulés, jaunâtres, liés par un ciment de quartz - jaspe rouge. Vulgairement *caillou de Rennes.*

II. Calcaire brèche ou marbre brèche.

Saxum petrosum, frustulis calcareis, cretaceâ aut calcareâ terrâ conglutinatis; breccia marmorea, *Waller.*, *t. I, p.* 442. Brèches calcaires ou proprement dites, *de Lisle*, *t. II, p.* 573.

Fragmens de calcaire polissable, enveloppés ordinairement par un ciment de même nature.

Exemple.

Marbre brèche à fragmens rouges, jaunâtres ou grisâtres, liés entre eux par un ciment grisâtre, tacheté de noir. Brèche d'Alep.

Annotations.

1. La formation de toutes les masses appelées *brèches* et *pouddings*, est distinguée de celle des phorphyres et des serpentins, qui ont été produits comme d'un seul jet, en ce qu'elle repond à différentes époques. Les matériaux qui en composent la partie principale existoient d'abord sous la forme de masses plus ou moins considérables. Dans la suite, ces masses, par l'effet de divers accidens, ont éprouvé des ruptures qui les ont réduites en fragmens de différentes grosseurs; et enfin, un liquide chargé de molécules pierreuses a déposé celles - ci dans les interstices des débris, avec lesquels elles ont pris corps, par le

dessèchement, et formé des assemblages solides, qui représentent une espèce de maçonnerie naturelle.

Quelquefois les brèches, à leur tour, ont été réduites en fragmens qui, agglutinés par un nouveau ciment, ont produit des brèches surcomposées, qu'on a nommées *double-brèches*.

Les fragmens, avant leur réunion, ont souvent éprouvé un roulement, d'où résultoit un frottement mutuel, qui les a mis sous la forme de galets. On a appelé plus particulièrement *pouddings*, les assemblages de ces corps arrondis, et l'on réservoit le nom de *brèche* ou *brocatelle*, pour les agrégats composés de fragmens anguleux. Mais le plus grand nombre d'agrégats présentent des fragmens de l'une et l'autre figure, et les naturalistes pouvoient s'épargner une distinction aussi embarrassante qu'inutile.

2. Le quartz-agathe brèche sert à faire des tabatières et des plaques d'ornement. Le marbre brèche est employé aux mêmes usages que celui dont la formation n'a eu qu'une seule époque. Plusieurs variétés sont recherchées, tant pour la beauté de leur poli, que pour l'espèce de mosaïque qui orne leur surface.

III. Quartz arenacé agglutiné ou grès.

Une partie des cos de *Waller.*, *t. I*, *p.* 195 *et suiv.* Grès purs et homogènes, *de Lisle*, *t. II*, *p.* 133.

Composé de petits grains quartzeux, plus ou moins distincts à l'œil, liés entre eux par un ciment siliceux ou argileux.

Exemples.

1. Grès *dur*. Grès des paveurs par couches, *de Lisle*, *t. II*, *p.* 133, *note* 185, N°. 2.

Les ouvriers appellent *grisar*, un grès d'une qualité trop dure, qu'ils rebutent, à cause de la difficulté qu'ils trouvent à le tailler.

2. Grès *demi-dur*. Cos arenacea, particulis subtilissimis, dura, coticularis ;

coticularis; lapis cotarius, *Waller.*, *t. I, p.* 198. Grès des cou-
teliers et des rémouleurs.

A grain serré et égal.

3. Grès *filtrant*. Cos particulis arenaceis puris, aquam trans-
mittens; filtrum, *Waller.*, *t. I, p.* 206. Grès poreux, *de Lisle*,
t. II, p. 153, *note* 185, N°. 5.

Tissu, lâche et poreux.

4. Grès *pulvisculaire*. Cos squamosa, particulis tenuissimis et
impalpabilibus, oleo indurabilis; cos Turcica, *Waller.*, *t. I,
p.* 195. *Grès du Levant* ou *de Turquie*.

Cassure matte et écailleuse; tissu très-fin et très-serré; l'aspect
de la cassure ne devient sensiblement granuleux que par l'exposition au feu (1).

5. Grès *lustré*. Cassure conchoïde à grandes concavités, écailleuse et luisante. Tissu très-serré. Les grains sont tellement liés
entre eux, que l'on prendroit la pierre, au premier coup d'œil,
pour du quartz ordinaire. Se trouve sur la montagne de Mont-
morency, près de Paris, et dans plusieurs autres endroits de
la France.

6. Grès *micacé flexible*. Mêlé de mica argentin; il doit sa souplesse aux petites lames de cette dernière substance.

7. Grès *ferrifère*. Grès ferrugineux, *Saussure*, *Voyages dans
les Alpes*, N°. 196. Composé de grains quartzeux plus ou moins
grossiers, avec mélange de fer oxydé jaune ou brun, qui paroît
avoir contribué à lier ces grains entre eux.

a. Amorphe.

b. Tubulé. Ayant la forme de tuyaux, dont quelques-uns
ont plusieurs centimètres de diamètre, sur une longueur d'un
mètre ou davantage. Le Cit. Lelièvre a trouvé de ces tuyaux,
en France, près d'Auxerre, entre la Motte et Regène, dans une
espèce de ravin. Ils y étoient enterrés dans le sable, et leur intérieur étoit rempli d'une matière semblable.

---

(1) Waller., t. I, p. 196.

Couleurs.

1. Grès *grisâtre*; c'est le plus commun.

2. Grès *rougeâtre*.

3. Grès *jaunâtre*.

4. Grès *onyx*. Composé de couches parallèles, dont l'une est ordinairement grise, et l'autre jaunâtre ou rougeâtre.

5. Grès *arborisé*. Un mélange de matière noirâtre, quelquefois rougeâtre, y forme des espèces de dendrites, dont le dessin grossier paroît se ressentir de la rudesse de la pierre qui le présente.

ANNOTATIONS.

1. On trouve le grès tantôt en blocs enfouis dans le sable, tantôt étendu par bancs entre des couches de terre ou de pierres d'une nature différente, d'autres fois formant des lits superposés et à peu près homogènes. En cassant cette pierre lorsqu'elle est encore en place, on remarque qu'elle est imbue et pénétrée d'une humidité qui se dissipe après l'extraction, et dont l'évaporation est la cause de l'accroissement de dureté que reçoit le grès, lorsqu'il est exposé à l'air.

2. Comme le grès n'a point de joints, il se laisse tailler dans tous les sens, et sous tel volume que l'on juge à propos. Celui dont se servent les rémouleurs est d'une dureté moyenne. Les lames que l'on affile sur les meules faites de ce grès, s'accrochent dans leurs aspérités, de manière qu'il se produit à l'endroit du fil une dentelure imperceptible, à l'aide de laquelle ces lames scient réellement ce qu'on dit qu'elles coupent.

3. Le grès pulvisculaire se trouve en Turquie, en Westmanie et en Norwège. Cette pierre plongée dans l'huile, dont elle s'imbible assez facilement, augmente de dureté. On s'en sert dans cet état, pour affiler le tranchant de divers instrumens.

4. Le grès filtrant vient du Mexique, des îles Canaries, de la Saxe, etc. Après l'avoir taillé à peu près en forme de cube,

on le creuse de manière que l'épaisseur du fond soit d'environ quatre travers de doigt. L'eau, en s'infiltrant lentement à travers ce fond, dépose les molécules étrangères dont elle est chargée, et acquiert une grande pureté.

IV. Quartz aluminifère tripoléen; tripoli.

Tripela solida; tripela, *Waller.*, *t. I, p.* 94. Tripoli, *Saussure, Voyages dans les Alpes,* Nᵒˢ. 1555 *et suiv.* Trippel ou tripol, *Emmerling, t. I, p.* 307. Le tripoli, *Brochant, t. I, p.* 379.

Ayant l'aspect argileux; ordinairement jaunâtre ou rougeâtre; facile a réduire en poussière, dont les grains sont arides au toucher. Passé avec frottement sur un métal, il en prend la couleur et l'éclat. Il ne forme pas une pâte dans l'eau, comme l'argile. Il se fond difficilement, sans addition. M. Haasse ayant analysé un morceau de tripoli, en a retiré 90 pour 100 de silice, 7 d'alumine et 3 de fer.

Cette substance étoit apportée autrefois de la ville de Tripoli en Barbarie, dont elle a pris le nom. Mais on en a trouvé, depuis, en différens endroits de l'Europe. L'opinion qui paroît la mieux fondée sur l'origine du tripoli, est, qu'en général il provient d'une matière siliceuse réduite, par l'effet d'une cause quelconque, en sable extrêmement fin, dont les particules ont été ensuite déposées par les eaux sous la forme de feuillets, ou de couches plus ou moins épaisses. L'argile ferrugineuse, dont ces particules étoient mélangées, a servi de ciment pour les lier entre elles.

Il paroît que les feux souterrains ont concouru à la production de certains tripolis, comme nous le dirons dans le troisième appendice. Mais il ne s'agit ici que de celui qui a subi seulement l'action de l'eau. De Born cite un tripoli, qui se trouve à Weissenberg, près de Prague, en Bohême, où il est situé entre des couches de grès, « qui n'ont jamais éprouvé, dit ce savant, la moindre altération par le feu »; et il regarde ce tripoli comme étant composé des détritus du même grès. Ainsi, ce seroit une sorte de grès renouvelé, en passant à un état différent du premier.

Les particules quartzeuses du tripoli, quoique très-atténuées, sont encore assez acérées pour mordre sur les corps d'une certaine dureté. Cette substance est employée pour donner le poli aux métaux, aux pierres gemmes, aux verres destinés pour les instrumens d'optique, etc.

V. G R A N I T E R E C O M P O S É , vulgairement *grès des houillères*.

Cet agrégat est aux granites primitifs, ce que sont les brèches quartenzes aux masses d'une existence antérieure qui en ont fourni les matériaux. Les détritus du granite y ont quelquefois repris une disposition qui imite si fidellement celle que l'on observe dans certaines roches de première formation, que les naturalistes y ont été trompés plus d'une fois. Ce granite recomposé forme assez souvent des lits qui alternent avec ceux de houille, et ce gisement seul avertit l'observateur que ce n'est qu'un assemblage de débris d'une ancienne roche, agglutinés par une seconde opération de la nature.

T R O I S I È M E A P P E N D I C E.

Produits des Volcans.

Le nom de *volcan*, emprunté de celui de Vulcain, qui, suivant la mythologie, étoit le dieu du feu, a été donné aux montagnes qui vomissent habituellement de la flamme et de la fumée, et d'où sortent, de temps en temps, par explosion, des torrens de matières fondues.

Les signes avant-coureurs des éruptions, sont des tremblemens de terre, des tonnerres souterrains, de violens mugis-

semens (1). Bientôt après, la fumée, qui sort presque continuellement de la bouche du volcan, augmente et s'élève en forme
de colonne verticale, dont le sommet, cédant à son propre
poids, s'affaisse en s'arrondissant, et se présente sous l'aspect
d'une tête de pin, qui a pour tronc la partie inférieure. Cet
arbre agité par le vent, prend la forme d'un nuage épais, qui,
transporté à une grande distance, laisse par intervalles de longues traînées de fumée.

Le progrès de l'effervescence s'annonce par la projection des
cendres, des scories et des pierres enflammées, qui s'élancent
en divergeant, comme des gerbes de feux d'artifices, et retom-
bent autour de la bouche du volcan. Enfin, il s'élève du fond
de la coupe ou du cratère une matière liquide et brûlante,
semblable à un métal en fusion. Elle remplit toute la capa-
cité de cette coupe, et arrive jusqu'aux lèvres. Une quantité
abondante de scories flottent à sa surface, et comme elle a
dans le cratère des mouvemens alternatifs d'élévation et d'abais-
sement, les scories dont elle est couverte se montrent et disparoissent tour à tour.

Cependant la matière liquide se déborde, coule sur les flancs
du cône, et descend jusqu'à sa base. Là elle se dilate, et prenant
un mouvement progressif, tantôt, ce qui est le cas le plus ordinaire, elle sort de dessous une espèce de croûte formée des
parties qui se sont consolidées à la surface, tantôt elle se replie
sur elle-même, de manière que la partie inférieure vient se placer
en dessus. A mesure qu'elle s'avance, elle détruit et enveloppe
tout ce qui se présente sur son passage, franchit les obstacles
qu'elle n'a pu renverser, envahit des terrains de plusieurs lieues
d'étendue, et va porter le ravage et la désolation où régnoient,
un instant auparavant, le calme et l'abondance.

Lorsque la matière fondue, encore renfermée dans le cratère,

---

(1) Mémoires sur les Iles Ponces, etc., par Dolomieu, p. 164 et suiv.,
et p. 278 et suiv.

est trop compacte et trop pesante, pour être soulevée jusqu'au sommet, son effort occasionne une ou plusieurs nouvelles ruptures dans les flancs de la montagne, d'où elle sort avec des phénomènes semblables à ceux qui accompagnent l'éruption par l'ancien cratère.

Si quelque chose pouvoit tempérer ce qu'un pareil tableau a de triste et d'affligeant, ce seroit de songer que ces mêmes éruptions contribuent, par la suite des temps, à la prospérité du pays qu'elles avoient ravagé. Lorsque la lave, après un certain cours d'années, s'est ramollie et pulvérisée, elle devient un sol excellent pour la végétation (1); et c'est là, suivant le chevalier Hamilton, la principale raison pour laquelle les voisinages des volcans sont si habités. Ceux qui les cultivent trouvent dans leur abondance présente une jouissance qui les attache à leurs possessions, et les distrait sur le danger dont ils sont menacés.

Une opinion assez commune sur la cause des éruptions volcaniques, est celle des physiciens et des naturalistes, qui attribuent ces phénomènes à l'inflammation spontanée des pyrites. Le célèbre Pallas, après avoir remarqué que cette substance surpasse quelquefois en quantité les matières schisteuses qui la renferment, ajoute que cette abondance d'un minérai inflammable par l'humidité, jointe aux puissantes couches de schiste bitumineux et charbonneux qui se trouvent ordinairement stratifiées dans le même terrain, ne laisse aucun doute sur l'origine des incendies volcaniques (2).

Beaucoup de volcans sont épuisés depuis long-temps et ne jettent plus ni flamme ni fumée. La France seule offre une multitude de ces volcans qu'on appelle *éteints*. Parmi ceux qui sont encore en activité, les trois plus célèbres sont l'Etna ou le Mont Gibel, en Sicile; le Vésuve, en Italie, près de Naples; et le Mont Hecla, en Islande.

____

(1) Faujas, Recherches sur les volcans éteints, etc., p. 48 et 77.
(2) Pallas, observ. sur la formation des montagnes, p. 54.

Nous prendrons les bases de notre distribution dans celle qu'a publiée le Cit. Dolomieu (1), et nous ferons connoître, dans les annotations, les diverses opinions entre lesquelles sont partagés les naturalistes sur l'origine de quelques-unes des substances que nous plaçons ici parmi les mêmes produits.

PREMIÈRE CLASSE.

LAVES.

Matières qui ont éprouvé la fluidité ignée.

PREMIER ORDRE.

LAVES LITHOÏDES, c'est-à-dire, *ayant l'aspect d'une pierre.*

Laves proprement dites, *Dolomieu*, journ. *de phys.*, *pluviôse*, *an 2, p.* 102. Elles n'offrent l'apparence d'aucun changement dans leur constitution primitive.

PREMIER GENRE.

LAVES LITHOÏDES BASALTIQUES.

Elles ont, en général, des caractères qui les rapprochent des roches cornéennes. Beaucoup agissent sur le barreau aimanté, ou possèdent même le magnétisme polaire, surtout celles qui sont compactes et noirâtres.

---

(1) Journ. de phys., pluviôse, an 2, p. 102 et suiv.

Tissu.

1. Laves lithoïdes basaltiques *compactes*.

2. Laves lithoïdes basaltiques *poreuses*. Quoique criblées de pores, elles ont cependant un aspect pierreux, en quoi elles sont distinguées des laves scorifiées. La pierre de Volvic appartient à cette variété.

FORMES.

1. Laves lithoïdes basaltiques *prismatiques*. Basaltes figurâ columnari, lateribus inordinatis, cristallisatus ; basaltes cristallisatus, *Waller.*, *t. I, p.* 333 *et* 334. (*b.*) Basaltes en colonnes, *de Lisle*, *t. II, p.* 619. Basalte affectant des formes, *Faujas*, *minéral. des volcans*, *p.* 2. Basalt, *Emmerling*, *t. I, p.* 339. Le basalte, *Brochant*, *t. I, p.* 430. En prismes à trois, quatre, cinq, six pans ou davantage, dont la forme est rarement symétrique. Ce sont ces prismes que l'on a nommés plus particulièrement *basaltes*.

2. Laves lithoïdes basaltiques *sphéroïdales*. Laves en boules ou globuleuses, *Dolomieu*, *ibid.* Basaltes en boules, *Faujas*, *ibid.*, *p.* 40. Variété du basalt, *Emmerling*, *ibid.*

3. Laves lithoïdes basaltiques *amorphes*.

Composition.

1. Laves lithoïdes basaltiques *uniformes*.
2. Laves lithoïdes basaltiques *mélangées*.

Exemples.

Laves lithoïdes basaltiques qui renferment des cristaux ou des grains distincts de feld-spath, de pyroxène, d'amphibole, de grenat, d'amphigène, de péridot, de mica, de fer oligiste, etc.

On a nommé *œil de perdrix* des morceaux de laves qui contiennent des amphigènes très-altérés, devenus blancs et friables.

Couleurs.

Couleurs.

1. Laves lithoïdes basaltiques *noires.*
2. Laves lithoïdes basaltiques *brunes.*
3. Laves lithoïdes basaltiques *grises.*
4. Laves lithoïdes basaltiques *bleuâtres.*

ANNOTATIONS.

1. Les laves lithoïdes basaltiques prismatiques, qui vont fixer principalement notre attention, se trouvent parmi les produits d'un grand nombre de volcans. Mais rien en ce genre n'a frappé davantage les observateurs, que ces amas immenses de prismes qui couvrent le bord de la mer, dans le comté d'Antrim, en Irlande, où ils présentent l'aspect d'une magnifique chaussée à laquelle on a donné le nom de *chaussée des géans.* On a vu de ces prismes qui avoient jusqu'à vingt mètres de hauteur.

2. Wallerius et les anciens naturalistes ont regardé ces prismes comme des produits de la cristallisation proprement dite, et les ont associés sous la dénomination commune de *basaltes,* avec des amphiboles, des staurotides et autres cristaux qui, depuis, ont porté le nom de *schorls* (1). Mais il suffit d'avoir les premières notions de cristallographie, pour sentir combien étoient déplacés, parmi les véritables cristaux, ces prismes si différens les uns des autres, dans un même lieu, par le nombre de leurs pans et par la mesure de leurs angles, et ce qui est encore plus fort, qui, considérés isolément, n'ont presque jamais leurs divers pans inclinés entre eux de la même quantité ; en sorte que cette égalité d'incidences dans les parties semblablement situées, qui est un caractère général de la cristallisation proprement dite, devient ici, au contraire, une sorte d'exception et presque un phénomène.

---

(1) Waller. , t. **I** , p. 335.

A l'égard de l'agent dont la nature s'étoit servi pour produire ces prismes, Wallerius observe que plusieurs minéralogistes de son temps en attribuoient l'origine au feu des Volcans (1).

Cette opinion a été depuis adoptée par Desmarest, Faujas, Dolomieu et d'autres savans naturalistes, qui tous ont regardé les basaltes comme de véritables laves fondues par la chaleur des volcans. Quant à la manière d'expliquer les formes prismatiques de ces corps, on avoit remarqué que, dans le cas où plusieurs prismes étoient juxtaposés, les pans de chacun d'eux étoient égaux aux pans adjacens des prismes voisins ; que les inégalités qui étoient en relief sur les pans de l'un des prismes, correspondoient à des espèces de dépressions que formoient les pans contigus d'un autre prisme, et dans lesquelles les premières s'étoient en quelque sorte moulées ; qu'enfin, dans certains lieux, les prismes s'élevoient les uns au-dessus des autres, comme les différentes assises d'une colonne, et que la base convexe de l'un s'emboîtoit dans la base concave de celui qui le suivoit, en sorte que les colonnes étoient comme articulées.

D'après ces observations, plusieurs naturalistes pensoient, avec Desmarest, que la forme prismatique des basaltes étoit toujours l'effet d'un retrait occasionné par le refroidissement spontanée de la matière volcanique. Mais Dolomieu présume que les basaltes, au moins ceux d'un grand volume, doivent plutôt leur forme à un refroidissement produit par le contact de l'eau (2) ; et Buffon, qui est du même sentiment, a essayé de décrire, en détail, les circonstances du phénomène, telles qu'il les voyoit par l'imagination. Suivant ce célèbre naturaliste, la lave arrêtée et consolidée par l'eau, en arrivant sur le rivage, est devenue un mur, de la hauteur duquel le courant qui s'élevoit au-dessus est tombé perpendiculairement dans la mer. Le courant, à l'instant de sa chute, s'est divisé en colonnes qui, se

---

(1) T. I, p. 536.
(2) Mém. sur les Iles Ponces, p. 100.

comprimant mutuellement, ont pris des formes polygones. Enfin ,
la superposition des prismes étoit due à des interruptions qu'a-
voit éprouvées la lave pendant sa chute , de manière que la
base supérieure de chaque tronçon s'affaissoit en creux par le
poids de celui qui venoit après lui, et qui se mouloit en convexe
dans la concavité de l'autre (1).

A l'égard des petits basaltes prismatiques, Dolomieu en a
observé une infinité , dans les Iles Ponces, dont il attribue la
formation au retrait provenu du refroidissement de la matière,
qui ayant coulé dans des fentes, s'y étoit dépouillée de son
calorique aussi promptement que si elle se fût précipitée dans la
mer (2).

Cette idée , que les basaltes doivent leur origine au feu , a
aujourd'hui contre elle un nombreux parti, auquel Bergmann
semble avoir donné le signal pour la combattre, et reproduire
l'opinion d'une origine aqueuse, mais en la présentant sous une
autre forme.

Cet illustre chimiste, après avoir comparé, avec beaucoup de
soin, un morceau de basalte de l'île de Staffa, avec un trapp
du Mont Hunneberg en Vestrogotie, et avoir reconnu dans l'un
et l'autre les mêmes caractères, soit extérieurs, soit chimiques,
jugea qu'il n'étoit nullement probable que l'action du feu eût
pu fondre une pierre sans la dénaturer. Il aima mieux supposer
que la matière du basalte, pénétrée et ramollie par des vapeurs
humides, s'étoit convertie en une masse pâteuse et demi-liquide;
que cette masse avoit pris ensuite, à l'aide du desséchement,
une retraite qui, ne pouvant se faire également dans ses diverses parties, y avoit formé des ruptures, et qu'elle s'étoit
ainsi soudivisée, avec une sorte de régularité, en colonnes prismatiques (3).

____

(1) Hist. nat. des minéraux , édit. in-12, supplémens , t. X, p. 144
et suiv.

(2) Mém sur les Iles Ponces, p. 101.

(3) Bergmann , de productis vulcaniis.

Les défenseurs de l'origine aqueuse des volcans, ou au moins une partie d'entre eux, ne prétendent de même attribuer à l'action de l'eau que l'état présent des basaltes ; ils ne nient pas que ces corps ne puissent avoir subi originairement celle du feu (1); mais ils prétendent que le basalte n'a pu prendre le tissu et l'aspect sous lequel il s'offre à notre observation, sans avoir été du moins remanié par l'eau.

Ce sentiment est fondé, comme nous l'avons dit, sur ce que le basalte ressemble parfaitement à des pierres que l'on regarde généralement comme des produits de l'eau. On n'y aperçoit aucune trace de l'action du feu, aucune de ces cavités qui sont l'effet du boursouflement, dans les corps qui ont été soumis à cette action. De plus, le basalte enveloppe assez souvent des cristaux intacts d'amphibole et autres substances, qui, susceptibles d'entrer en fusion par le simple feu du chalumeau, n'auroient pu résister à la chaleur beaucoup plus active des laves. Enfin, le gisement de certains basaltes, particulièrement de celui qui recouvre un immense amas de houille, dans la Hesse (2), a fourni de nouvelles armes aux adversaires de l'origine volcanique du basalte. Ils n'ont pu concevoir comment cette houille seroit demeurée saine et de bonne qualité, après avoir été exposée au degré de chaleur qu'auroit dû lui communiquer une coulée de lave épaisse d'environ 227 mètres, ou 700 pieds.

Les savans qui sont entrés dans cette lice ont pris, les uns le nom de *Volcanistes*, et les autres celui de *Neptuniens*, suivant qu'ils attribuoient au feu ou à l'eau l'origine des basaltes.

Dolomieu, qui occupe un rang distingué parmi les premiers, oppose d'abord aux neptuniens ses propres observations, faites non-seulement sur d'anciennes laves en place, mais sur celles que l'on a vu couler au moment même d'une éruption, et dans

----

(1) Journ. de phys. , germinal, an 7 , p. 314.
(2) Journ. de s mines, N°. 22 , p. 73 et suiv.

lesquelles la fluidité ignée a laissé subsister tous les caractères de la substance pierreuse sur laquelle le feu a travaillé (1).

Il conclud de ces observations, que la chaleur qui agissoit sur la matière des basaltes, étoit bien différente de celle que nous produisons par le feu de nos fourneaux ; qu'elle avoit beaucoup moins d'intensité ; que son effet n'étoit ni une vitrification complète, ni même une demi-vitrification, mais une fluidité produite par une simple dilatation, qui avoit permis seulement aux parties de la lave de se déranger, en glissant les unes sur les autres ; en sorte que cette matière, après le refroidissement, avoit conservé un aspect tout semblable à celui des roches cornéennes et autres, qui lui avoient servi de base (2). « Aussi approche-t-on, dit ce savant naturaliste, d'un courant de lave, sans éprouver cette ardeur cuisante que l'on ressent auprès des verres et des métaux en fusion ; on peut monter dessus et le traverser, pendant qu'il coule encore, en appuyant légérement sur l'écorce des scories qui le couvrent, et en évitant les fissures qui donnent passage à une flamme bleuâtre et à une fumée sulfureuse et blanchâtre, et à travers lesquelles on voit la couleur rouge plus ou moins vive de l'intérieur ».

On conçoit, dans la même hypothèse, comment la chaleur des laves a respecté des cristaux, tels que ceux d'amphibole, que nous parvenons à fondre aisément par le chalumeau, et qui, empâtés dans les laves, y sont restés intacts et sans aucune altération (3).

Dolomieu présume que la différence entre la fusion simplement pâteuse des basaltes, qui font ici toute la difficulté, et celle des laves scorifiées ou vitrifiées, qui dépend d'une chaleur beaucoup plus forte, est due, en grande partie, à la présence

---

(1) Journ. de phys., fructidor, an 2, p. 408 et suiv.

(2) Journ. de phys., pluviôse, an 2, p. 118.

(3) Journ. des mines, N°. 22, p. 55. Journ. de phys., fructidor, an 2, p. 421 et 422.

du soufre, qui est susceptible, comme l'on sait, de deux sortes
d'inflammation, l'une lente et accompagnée de peu de chaleur,
l'autre beaucoup plus prompte et plus énergique.

Quelques volcanistes ont cru, au contraire, pouvoir expliquer
l'apparence pierreuse des laves basaltiques, sans avoir recours à
un feu d'une nature particulière, qui auroit produit la liquidité
sans fusion. L'art nous offre, dans la fabrication de la porcelaine
de Réaumur, l'exemple d'un changement que Hall regardoit
comme étant à peu près l'image de ce qui s'est passé à l'égard
des basaltes (1). On y voit un vase de verre se convertir, par
un mélange de sablon et de gypse, en une substance qui n'a
presque plus l'apparence vitreuse. Et qui empêche, pourroit-on
dire, que l'union de certaines substances, avec une matière basaltique, qui, sans elles, se seroit vitrifiée, n'ait fait prendre à
celle - ci l'aspect pierreux qu'elle présente ? Une autre cause
également possible de ce même aspect, et à laquelle Hall paroit
s'arrêter de préférence, est celle qui est indiquée par des expériences directes que ce naturaliste à faites sur des laves basaltiques, qu'il convertissoit d'abord en verre par la fusion suivie
d'un refroidissement rapide, et auxquelles il faisoit perdre ensuite le caractère vitreux, en les fondant de nouveau, et en les
laissant refroidir lentement; d'où il conclud qu'évidemment l'apparence pierreuse des laves est due à la lenteur de leur refroidissement (2).

Les partisans de l'opinion contraire ne manqueront pas de ré-
ponses à cette explication. Ils diront, par exemple, que si le
basalte a été soumis à l'action d'un feu aussi violent qu'on le
suppose, cette action étant capable de fondre des feld-spaths
et des amphiboles, il faut que ceux de ces corps qui se trouvent
intacts dans certaines laves, y ayent été régénérés, et ces naturalistes désireront qu'on leur montre un morceau de ces laves,

---

(1) Journ. de phys., germinal, an 7, p. 315.
(2) Journ. de phys., germinal, an 7, p. 317.

fondu par le feu de nos fourneaux, et exposé ensuite à un refroidissement lent et gradué, dans lequel ces mêmes cristaux ayent
été aussi reproduits. Mais on répliquera, peut-être, que nos
procédés artificiels ne sont jamais comparables, en tout point,
à ceux de la nature, et qu'il peut très-bien y avoir dans ceux-ci
des circonstances particulières, dont l'imitation nous ait été re-
fusée; réponse qui paroît d'abord une manière commode d'élu-
der une difficulté, et qui cependant peut être vraie dans bien
des cas.

Le magnétisme des laves basaltiques n'est pas étranger à la
discussion présente. M. Kirwan observe que cette propriété a
été regardée, par quelques minéralogistes, comme l'indice d'une
origine volcanique; mais il ajoute que, suivant le baron Veltheim,
à peine trouve-t-on un basalte sur mille qui en soit pourvu, et
que d'ailleurs beaucoup d'autres substances, que personne ne
regarde comme volcaniques, la partagent avec les basaltes (1).
Je désirerois qu'en pareil cas on nous dît si c'est du magnétisme
simple qu'il s'agit, ou du magnétisme polaire.

J'ai employé, pour éprouver les basaltes sous ce point de
vue, une aiguille d'une foible vertu, comme dans les expériences
relatives aux mines de fer, et j'ai trouvé que quand je faisois
mouvoir une des surfaces d'un morceau de basalte vis-à-vis
une des extrémités de cette aiguille, de manière qu'elle pré-
sentât successivement à celle-ci ses différens points, je parvenois
à obtenir une répulsion; remarquant ensuite le point qui avoit
repoussé l'aiguille, je le présentois à l'extrémité opposée, et il y
avoit attraction. Ayant essayé de produire les mêmes effets avec
des morceaux de roche cornéenne, et des cristaux d'amphibole, de grenats, j'ai bien remarqué qu'une partie de ces corps
agissoient par attraction sur l'aiguille, mais il n'y avoit point
de répulsion; et ainsi ces minéraux différoient des basaltes,
en ce qu'ils n'avoient point, comme ceux-ci, le magnétisme

____

(1) Elements of mineralogy, t. I, p. 454.

polaire. Or, on conçoit aisément, dans l'opinion des volcanistes, comment les basaltes, qui sont souvent chargés de fer, ayant éprouvé une dilatation par l'action du feu, cette circonstance a dû diminuer la force coërcitive, et faciliter la décomposition du fluide magnétique et le mouvement interne des fluides composans, dans lequel consiste le passage à l'état de magnétisme polaire.

Au reste, je ne prétends pas appuyer sur les conséquences qu'on pourroit déduire de ces expériences, mais seulement exciter sur ce sujet l'attention des naturalistes qui seroient à portée d'en faire de plus nombreuses. J'ajouterai, que les basaltes soumis à ces expériences, étoient de ceux qui sont noirs, compacts et semblables, par leur aspect, à des roches cornéennes.

Tel est l'exposé succinct de tout ce qui a été dit sur l'une des questions les plus importantes qui ait été agitée par les géologues. On seroit embarrassé d'avoir à se décider entre des raisonnemens si spécieux de part et d'autre, et des autorités d'un si grand poids, et il est plus sage d'attendre qu'il sorte d'une étude encore plus approfondie des faits, quelque nouveau trait de lumière auquel personne ne puisse plus fermer les yeux.

La pierre de touche qui sert à essayer l'or, est souvent une lave lithoïde compacte. On a fait, avec cette substance, des tables et des colonnes estimées pour leur solidité et pour le beau poli qui relève la couleur noire du fond. Mais la matière qui, sous le nom de *basalte*, a exercé le ciseau des plus habiles sculpteurs parmi les anciens, étoit une roche cornéenne dure. La statue du Nil, que l'on voit dans le jardin des Tuileries, est une seconde copie de celle qui avoit été faite d'un seul bloc de ce basalte, et placée par Vespasien dans le temple de la Paix (1). On conserve encore, dans plusieurs endroits, des statues origi-

____

(1) Encycl. méthod. ; antiquités, t. I, 2ᵉ. part., p. 428. Pline, hist. nat., l. XXXVI, c. 7.

nales exécutées avec ce même basalte, par les artistes Grecs et
Égyptiens.

En France, près de Montpellier, on a su tirer un parti avantageux du vrai basalte, pour le convertir en verre, dont on a fait
des bouteilles préférables à toutes les autres (1).

La pierre meulière du Rhin est une lave lithoïde compacte
et en même temps criblée de petites cavités; mais elle n'est
pas d'une aussi bonne qualité que notre quartz molaire. La
pierre de Volvic est employée pour la bâtisse, et même pour
la sculpture (2).

SECOND GENRE.

LAVES LITHOÏDES PETROSILICEUSES.

1. *Uniformes.*

2. *Mélangées.* Laves lithoïdes petrosiliceuses, renfermant des
grains distincts de feld-spath, de pyroxène, d'amphibole, de
mica, de grenats, etc.

ANNOTATIONS.

1. Les laves lithoïdes petrosiliceuses, beaucoup moins abondantes que les laves basaltiques, manquent dans une multitude
de volcans, et elles n'existent jamais exclusivement dans le
petit nombre de ceux où elles dominent. On en trouve surtout
dans les Iles Ponces, dans celle d'Ischia, et aux Monts Euga-
néens, dans le Padouan (3). Elles offrent l'apparence et les caractères du petrosilex ordinaire, et beaucoup ont un aspect luisant

(1) Faujas, minér. des volcans, p. 308.
(2) Demeste, lettres, t. II, p. 512 et 513.
(3) Dolomieu, journ. de phys., août, 1794, p. 94.

qui les rapproche du petrosilex résinite. Elles sont fusibles en verre blanc demi-transparent et boursouflé. Elles varient dans leurs couleurs, et Dolomieu remarque, comme un fait curieux, par rapport à celles qui sont noires, que l'incandescence qui a déterminé leur fluidité, ne les ait pas privées de ce principe colorant, que nous parvenons toujours à leur enlever si facilement avant de les fondre (1).

2. Le même naturaliste dit que les laves compactes à base de petrosilex avoient été méconnues de toutes parts, avant qu'il en eût constaté l'origine, et que ceux qui les avoient continuellement sous les yeux, ne pouvoient s'imaginer qu'elles fussent de vrais produits volcaniques; effectivement, leur couleur souvent blanchâtre, leur grain et leur cassure sembloient éloigner toute idée qu'elles eussent subi l'action du feu, au lieu que les laves basaltiques, qui composent le genre précédent, offrant une teinte sombre et un aspect qui les rapproche davantage des substances que le même agent a marquées de son empreinte, ont trouvé un grand nombre d'observateurs disposés à leur attribuer une origine volcanique. Aussi Dolomieu avoue-t-il qu'il auroit long-temps hésité à ranger les substances qui appartiennent à ce genre parmi les produits des volcans, si un examen attentif et suivi de toutes leurs modifications, des différens états par lesquels elles ont passé, et des circonstances locales qui les accompagnent n'avoit levé, dans son esprit, tous les doutes que leur première vue auroit pu faire naître.

---

(1) Dolomieu, journ. de phys., août, 1794, p. 95.

TROISIÈME GENRE.

LAVES LITHOÏDES FELD-SPATHIQUES.

1. *Uniformes.*

2. *Mélangées.* Laves lithoïdes feld-spathiques renfermant des cristaux distincts de feld-spath, de pyroxène, d'amphibole, de mica, etc.

ANNOTATIONS.

1. Les laves qui composent ce troisième genre se rencontrent dans un grand nombre de volcans, tels que ceux des bords du Rhin, près d'Andernach; de l'Auvergne, au Puy-de-Dôme et au Mont d'Or; du Padouan, des Iles Ponces, des Iles de Lipari, de différentes îles de l'Archipel, etc.; mais Dolomieu dit qu'il ne les a vues nulle part si abondantes, ni avec des preuves si convaincantes de leur fluidité, que dans le volcan éteint de Santa-Fiora, sur les confins de la Toscane.

2. Les naturalistes, d'après la ressemblance qui existe entre les laves de ce genre et les granites ordinaires, les ont considérées comme des roches primitives qui se trouvoient encore dans leur situation natale; et parce qu'ils ne pouvoient y méconnoître les indices qu'elles portent, à certains endroits, de l'action du feu, ils en concluoient qu'elles avoient été chauffées en place. Dolomieu allègue contre cette opinion différentes raisons fondées sur l'impossibilité de concevoir que ces masses ayent pu être atteintes par la chaleur émanée des foyers volcaniques, sur la nature des matières qui les environnent, les recouvrent, ou même sont renfermées accidentellement dans leur intérieur, et qui toutes offrent des preuves parlantes de la fluidité ignée qu'elles-mêmes ont subie, et à laquelle ces masses ont dû nécessairement participer (1).

____

(1) Journ. de phys., août, 1794, p. 99 et suiv.

3. Une des espèces les plus communes de ce genre, est celle dont la base étant formée de feld-spath opaque, en lames qui s'entrecroisent confusément, ou en grains amorphes, renferme des cristaux distincts et assez bien configurés de feld-spath le plus souvent demi-transparent. Dolomieu observe que l'extrême fusibilité du feld-spath, qui fait ici la fonction de base, et le boursouflement considérable dont il est susceptible, contrastent avec la résistance assez grande que les cristaux enveloppés dans cette base opposent à la fusion; ce qui indique, selon lui, deux espèces de pierres très-distinguées l'une de l'autre (1); et l'on ne peut guère les considérer comme étant de la même nature, lorsque l'une n'exige que la chaleur des volcans, pour se vitrifier, et servir à la formation des verres et des pierres ponces dont nous parlerons dans la suite, tandis que l'autre résiste à toute l'ardeur des feux souterrains, et se conserve intacte, jusque dans les vitrifications les plus parfaites, et les pierres ponces les plus boursouflées.

Je ne connois cependant, jusqu'ici, aucune observation qui indique deux formes de molécule intégrante, dans les cristaux désignés sous le nom de *feld-spath*.

QUATRIÈME GENRE.

LAVES LITHOÏDES AMPHIGÉNIQUES.

1. *Uniformes.*

2. *Mélangées.* Laves amphigéniques renfermant des cristaux de pyroxène, d'amphibole ou de mica.

(1) Journ. de phys., août, 1794, p. 104.

A N N O T A T I O N S.

1. Dolomieu, dans sa distribution méthodique des produits volcaniques, désigne les laves qui appartiennent à ce genre, comme ayant pour base le grenat en masse (1). Mais on voit, par le mémoire qu'il a publié pour servir de développement à cette distribution, que les grenats dont il s'agit ici sont les cristaux qui ont été d'abord appelés *grenats blancs*, parce qu'on les regardoit comme des grenats originairement rouges, que l'action des feux volcaniques avoit décolorés, et dont on a fait ensuite une espèce particulière, sous le nom de *leucite*, auquel j'ai substitué celui d'*amphigène*.

2. « Le leucite, dit le même naturaliste, que nous avons vu figurer dans d'autres laves, où il est quelquefois dans une telle abondance, que ses cristaux se touchent, et ne laissent discerner la base qui les agglutine que dans quelques interstices, parvient enfin à faire entièrement disparoître cette base ; alors ses cristaux n'ayant plus aucun intermédiaire qui les sépare, adhèrent entre eux, se pénètrent mutuellement et forment une masse compacte. Dans cet état, où elle arrive graduellement, cette substance joue le rôle de base, et elle renferme des cristaux de schorl volcanique (pyroxène), de horn-blende (amphibole), et de mica » (2).

Dolomieu s'en tient à la simple exposition du fait qui s'est offert à ses observations, et n'entre dans aucun détail sur la circonstance particulière qui a mis en prise à l'action du feu la substance qui fait ici la fonction de base, et que l'on sait être une des plus réfractaires, parmi les substances terreuses. Ce célèbre naturaliste a trouvé les laves de ce genre parmi les produits du Vésuve, et de quelques volcans éteints des environs de Rome.

----

(1) Journ. de phys., pluviôse, an 2, p. 102.
(2) *Ibid.*, p. 105.

S E C O N D   O R D R E.

Laves vitreuses, ayant plus ou moins l'apparence d'une matière vitrifiée.

1. Lave vitreuse obsidienne. Porus igneus lapideus solidus, vitreus; achates Islandicus, *Waller.*, *t. II, p.* 378. Verre de volcan en masses irrégulières; pierre obsidienne, pierre de gallinace et agathe noire d'Islande, *de Lisle*, *t. II, p.* 635. Verre ou laitier de volcan, *Faujas, minéral. des volc., p.* 308. Obsidian, *Emmerling*, *t. I, p.* 184. *Id.*, *Kirwan*, *t. I, p.* 264. L'obsidienne, *Brochant*, *t. I, p.* 289. Ayant tout à fait l'aspect du verre; noire ou d'un vert-noirâtre, quelquefois avec une teinte de bleuâtre ou de verdâtre. Il y en a aussi de grise. Elle est communément opaque, ou seulement translucide aux bords; rarement tout à fait translucide.

a. Massive.

b. Granuliforme. On la trouve en grains luisans, irréguliers, ayant à leur surface des convexités et des concavités. Leur couleur est, en général, d'un gris - noirâtre, quelquefois verdâtre. La plupart sont translucides en tout ou en partie. Ils sont enveloppés d'une substance que nous décrirons dans un instant. On leur a donné, en Allemagne, le nom de *luchs-saphir.*

2. Lave vitreuse émaillée. Imparfaitement vitrifiée, et semblable aux émaux artificiels. Ordinairement grise ou noirâtre. Verre ou laitier de volcan; variétés 1, 2, 3. *Faujas, minéral. des volcans, p.* 311 *et suiv.*

3. Lave vitreuse perlée. Nous désignons, sous cette dénomination, la substance appelée *perlstein* par les Allemands. Elle est grise, un peu translucide, et a sa surface luisante et comme nacrée; elle est très-fragile. Elle se fond au chalumeau, avec un boursouflement considérable. Elle donne souvent l'odeur argileuse, par la vapeur de l'haleine (1). Pesant. spécif., 2,5480.

____

(1) Journ. des mines, N°. 47, p. 824.

On trouve cette variété près de Tokay, en Hongrie. Elle sert d'enveloppe à la lave vitreuse obsidienne granuliforme.

4. Lave vitreuse pumicée. Porus igneus lapideus, porosus, fibrosus, levis, aquis innatans; pumex, *Waller.*, *t. II, p.* 375. Ponces, *de Lisle, t. II, p.* 629. Pierres ponces, *Faujas, minéral. des volcans, p.* 268. Bimstein, *Emmerling, t. I, p.* 350. Pumice, *Kirwan, t. I, p.* 415. La pierre ponce, *Brochant, t. I, p.* 443. Bulleuse, composée de fibres très-fragiles, d'un aspect soyeux, souvent contournées. Ordinairement elle surnage l'eau.

5. Lave vitreuse capillaire. Verre de volcan, en filets capillaires, *de Lisle, t. II, p.* 636. Verre volcanique capillaire, etc. *Faujas, minéral. des volcans, p.* 323.

ANNOTATIONS.

1. Les anciens Péruviens tailloient et polissoient la lave vitreuse obsidienne. Ils en faisoient des miroirs que l'on trouve encore quelquefois dans les tombeaux de leurs souverains (1). Nous avons dit, à l'article du fer sulfuré, *t. IV, p.* 66, que l'on avoit donné le nom de *miroirs des Incas*, à des masses polies de cette substance métallique, qui avoient servi aux mêmes usages chez les peuples dont il s'agit.

2. Dolomieu regarde les laves pumicées comme originaires des roches feuilletées graniteuses et micacées, ou des granites proprement dits, dont les substances composantes ayant la faculté de se servir mutuellement de fondans, ont subi, par l'action du feu, une demi-vitrification, qui peut être comparée à une fritte un peu boursouflée (2).

3. La pierre ponce est employée pour polir différentes substances. En Italie, on la broie, et on mêle sa poussière avec la chaux, pour en faire du ciment.

____

(1) Faujas, minéral. des volcans, p. 308.
(2) Voyage aux Iles Lipari, p. 66 et suiv.

T R O I S I È M E   O R D R E.

Laves scorifiées, ayant plus ou moins de rapport, par leur aspect, avec les scories des forges.

F O R M E s.

1. Laves scorifiées *massives*.
2. Laves scorifiées *arénacées*.
Sables volcaniques.

Composition.

1. Laves scorifiées *uniformes*.
2. Laves scorifiées *mélangées*. Renfermant des cristaux ou des grains de feld-spath, de pyroxène, d'amphibole, etc.

A N N O T A T I O N S.

1. Les scories, suivant Dolomieu, diffèrent des laves lithoïdes poreuses, en ce qu'elles ont éprouvé une plus grande altération dans les volcans. Elles sont plus boursouflées et plus vitreuses ; elles ont leur surface plus inégale, et présentent des formes plus bizarres.

Le même savant distingue deux circonstances, dans lesquelles se forment les scories ; l'une, où elles accompagnent et recouvrent les courans de laves ; l'autre, où elles sont lancées par les agens volcaniques, sous la forme d'une espèce de grêle ; celles-ci ont un volume peu considérable et qui excède rarement celui d'une noix (1).

2. Les sables paroissent être le résultat du dernier degré de boursouflement et de scorification qu'éprouvent les laves. Ils proviennent de la division de ces laves, par la dilatation des vapeurs qui s'en dégagent. Les scories qui ont été lancées par

---

(1) Mém. sur les Iles Ponces, p. 313 et suiv.

les

les cratères se divisent de même spontanément, par succession
de temps, en petits fragmens semblables à ces sables, avant de
passer à l'état terreux, en subissant une décomposition dont
l'effet est accéléré par les travaux de l'agriculture (1).

SECONDE CLASSE.

THERMANTIDES.

Matières qui n'offrent que des indices de cuisson.

1. Thermantide cimentaire. Pouzzolanes, *de Lisle, t. II,
p.* 640. *Id., Faujas, minéral. des volcans, p.* 362 *et suiv.*;
var. 2 et 3. Pouzzolana, *Kirwan, t. I, p.* 411. En fragmens
raboteux, percés de quelques pores, et dont la couleur varie
entre le gris, le rouge sombre et le noir. Ceux qui sont d'un
volume un peu considérable, ont été nommés *lapillo.*

2. Thermantide tripoléenne. Feuilletée, et offrant d'ailleurs
les mêmes caractères que le tripoli qui a été décrit ci-dessus,
p. 331.

3. Thermantide pulvérulente. *Cendres volcaniques, de Lisle,
t. II, p.* 639. Volcanic ashes, *Kirwan, t. I, p.* 410.

On trouve parmi les produits volcaniques beaucoup d'autres
sortes de substances, qui ont éprouvé un degré de cuisson plus
ou moins considérable.

ANNOTATIONS.

1. Les pouzzolanes que nous rangeons ici parmi les thermantides, proviennent, suivant Dolomieu (2), de matières plus argileuses que celles qui ont formé les laves, et sur lesquelles le
soufre a eu moins de prise, en sorte qu'elles ont résisté à la

---

(1) *Ibid.*, p. 341 et 342.
(2) Mém. sur les Iles Ponces, p. 330 et suiv.

scorification. Elles ne sont pas, comme on l'a dit, des laves altérées, mais des terres et des pierres argileuses calcinées, cuites dans l'intérieur du volcan et rejetées en fragmens irréguliers. Elles ne sont que rarement boursouflées, et n'ont jamais de pores aussi grands ni aussi nombreux que les scories.

Comme les grains qui forment les pouzzolanes sont plus pesans que les scories de même volume, quoique rejetés ensemble par les cratères, ils se divisent pendant leur chute ; les pouzzolanes tombent les premières et plus près de la bouche ; voilà pourquoi elles sont ordinairement dans le centre des monticules volcaniques, pendant que les scories en occupent la surface.

Les pouzzolanes unies, dans les proportions convenables, avec la chaux, produisent un ciment de la plus grande solidité, et capable d'opposer une longue résistance à l'action des eaux. C'étoit le ciment par excellence des anciens Romains, pour les acqueducs et autres ouvrages exposés à une humidité habituelle.

2. On trouve à Menat, du côté de Riom, dans la ci-devant Auvergne, des thermantides tripoléennes, que Saussure a reconnues pour avoir été originairement des schistes, que l'action des feux volcaniques avoit fait passer à l'état de tripoli (1). Ce savant naturaliste ayant examiné différens fragmens de schiste provenant du même endroit, en trouva qui étoient du plus beau noir, et avoient d'ailleurs une structure semblable à celle des fragmens rouges qui formoient le tripoli. Ils devenoient rouges eux-mêmes, quand on les exposoit au feu ; il en observa plusieurs qui étoient noirs à une extrémité, rouges à l'autre, et qui, dans l'intervalle, passoient par toutes les nuances intermédiaires. « Je ne saurois donc douter, ajoute-t-il, que cette espèce de tripoli n'ait subi l'action du feu, mais une chaleur lente, douce, telle que celle des mines de charbon en état de combustion, plutôt qu'une fusion telle que celle des matières

______

(1) Voyages dans les Alpes, N°. 1557.

volcaniques proprement dites. — Car la structure, je le répète,
de la pierre noire, qui paroît n'avoir pas été brûlée, est la
même que celle de la rouge, qui paroît l'avoir été. Il y a lieu
de croire cependant que l'action du feu rend celle-ci plus propre
à polir les pierres et les métaux; car les ouvriers refusent absolument les morceaux noirs, et n'achètent que ceux qui sont rouges
ou jaunes » (1).

3. Les cendres volcaniques sortent des cratères au milieu d'une
colonne de fumée, et sont ensuite transportées par les vents à
de grandes distances. Celles de l'Etna arrivent à Malte; on dit
même qu'elles sont quelquefois parvenues jusqu'en Libye et en
Egypte. Lorsque ces cendres sont encore suspendues dans l'atmosphère, et que les vapeurs qui s'y trouvoient en même temps
dissoutes se condensent, le mélange des unes et des autres produit ces pluies terreuses qui tombent quelquefois à une assez
grande distance des volcans.

Ces cendres, qui n'ont rien de commun que le nom et l'apparence, avec le résidu de la combustion des matières végétales,
sont d'une si grande finesse, qu'elles pénètrent par tout, et
s'insinuent par les plus légères fissures. Elles incommodent beaucoup ceux qui habitent près des volcans, en s'introduisant dans
leurs armoires, et en se mêlant à leurs alimens.

Ces inconvéniens sont compensés par l'avantage qu'ont les
cendres volcaniques d'être un moyen de fertilité, au moment
même où elles viennent de sortir des cratères, et de pouvoir
réparer, pour ainsi dire, en un instant, les ravages occasionnés
par les torrens enflammés. Elles ont d'ailleurs une certaine ductilité, lorsqu'elles ont été humectées, et peuvent être employées
pour la fabrication de la poterie (2).

---

(1) Voyez, au sujet de ce même tripoli, les observations de Guettard et
de Fougeroux, mém. de l'Ac. des Sc., an 1755, p. 177 et suiv.; et 1769,
p. 272 et suiv.

(2) Dolomieu, Mémoire sur les Iles Ponces, p. 336 et suiv.

4. Il y a une multitude de substances qui ont été rejetées par les agens volcaniques, sans avoir subi aucun changement sensible. Les unes sont des cristaux de feld-spath, d'amphigène, de pyroxène, d'amphibole, etc., qui, enveloppés par les laves, sont restés intacts, par le défaut d'une chaleur assez active pour les fondre ou les scorifier; et l'on trouve ces cristaux tantôt encore engagés dans les mêmes laves, tantôt libres et solitaires, parce que la matière qui les renfermoit ayant subi une désunion de ses parties, dans le sein même du cratère, les a livrés aux forces qui ont soulevé les cendres, les sables et les scories (1).

D'autres substances sont des fragmens de roches, qui ont été détachés des blocs souterrains dont ils faisoient partie, et rejetés hors du cratère, au moment de l'éruption. On leur a quelquefois donné improprement le nom de *laves*, quoiqu'elles n'ayent subi qu'un simple déplacement. Ainsi, on rencontre, près de la Somma, au Vésuve, des portions de roches, qui renferment des idocrases, des meïonites, des néphelines, des grenats, du mica, de la chaux carbonatée, etc., et que le feu a lancées, sans les marquer de son empreinte. Toutes ces différentes substances peuvent être citées dans l'histoire des volcans, dont elles ont suivi les éruptions; mais je n'ai pas cru devoir en former un ordre séparé.

TROISIÈME CLASSE.

PRODUITS DE LA SUBLIMATION.

1. Soufre.
2. Ammoniaque muriaté.
3. Arsenic sulfuré.
4. Fer oligiste, etc.

---

(1) Dolomieu, Mém. sur les Iles Ponces, p. 346.

La chaleur des volcans sublime différentes substances, qui se déposent, soit dans les fentes des cratères, soit dans celles des laves. Elles constituent, au moins pour la plupart, de véritables espèces, et ont ailleurs leurs analogues, produites par la voie humide, avec les mêmes caractères. Ainsi, elles appartiennent à la méthode, et nous ne les indiquons ici, que pour réunir, sous un même point de vue, tout ce qui doit son origine au feu, et fait, pour ainsi dire, partie de son domaine.

QUATRIÈME CLASSE.

LAVES ALTÉRÉES.

LAVES qui ont subi une décomposition plus ou moins avancée, par l'effet des vapeurs acido-sulfureuses, ou des vicissitudes de l'atmosphère.

Lave altérée alunifère. Alaunstein, *Emmerling*, *t. I, p.* 381. Vulgairement *pierre alumineuse de la Tolfa.* Blanche ou grise ; cassure raboteuse, dont les inégalités sont très-sensibles. Dureté, à peu près égale à celle du marbre blanc. La pesanteur spécifique d'un morceau qui m'a été donné par le Cit. Dolomieu, est 2,587 (1). Point de happement à la langue, ni d'effervescence dans l'acide nitrique. Ces caractères se rapportent aux morceaux qui fournissent le plus d'alun. Ceux d'une moindre qualité sont plus tendres, ont leur cassure plus lisse, et adhèrent à la langue.

---

(1) Ce morceau pesoit, dans l'air, 17,23 gram. ; plongé dans l'eau, il a pris, par l'imbibition, une quantité de ce liquide du poids de 0,21 gram. , laquelle, ajoutée à la perte 6,45 gram. qu'il y avoit faite de son poids, telle que l'indiquoit immédiatement la balance, donne pour la perte réelle, 6,66 gram.

Je me borne ici à citer cette substance, qui est très-connue. On peut voir, dans le mémoire de Dolomieu sur les Iles Ponces, *p.* 381 *et suiv.*, la description de différens produits volcaniques altérés par l'influence de l'une ou l'autre des causes dont j'ai parlé. On trouve, parmi ces mêmes produits, des cristaux qui ont subi des altérations semblables, sans perdre leur forme ; en particulier des pyroxènes, dont la couleur originaire a passé au blanc de lait ou au blanc-jaunâtre, et qui en même temps sont devenus très-friables.

A N N O T A T I O N S.

La mine d'alun de la Tolfa (1) se trouve dans une montagne volcanique, au milieu de matières blanches et décomposées, pour avoir été traversées par des vapeurs acido-sulfureuses. Ces matières environnantes ont beaucoup moins de consistance qu'elle, jusqu'à être friables ; et le minéral alunifère se présume d'autant meilleur, c'est-à-dire, plus abondant en sel, qu'il est plus dur et plus pesant. Les vapeurs acido-sulfureuses ont concouru à sa formation ; mais il paroît que les eaux ont contribué à le réduire en masse compacte et homogène, en rassemblant des molécules éparses dans les matières environnantes. Aussi y existe-t-il sous la forme de filons irréguliers qui traversent les montagnes et qui s'entrecroisent, ou en rognons qui occupent certains nids.

Les expériences de Vauquelin et de Dolomieu ont prouvé que l'acide sulfurique y existoit tout formé, en sorte qu'il suffisoit de triturer cette mine avec la soude ou la potasse, pour faire changer de base à cet acide. On a reconnu en outre que le même acide y étoit supersaturé d'alumine.

---

(1) Article communiqué par le Cit. Dolomieu.

CINQUIÈME CLASSE.

TUFS VOLCANIQUES.

Produits des éruptions boueuses, empâtemens et agglutinations par la voie humide.

1. Tufs volcaniques *uniformes*. De différentes couleurs, rouge, grise ou noire.

2. Tufs volcaniques *mélangés*.

Exemple.

Tuf volcanique argileux, enveloppant des grains de chaux carbonatée, de mica, de pyroxène, etc. Peperino, *Dolomieu, Mémoire sur les Iles Ponces, p.* 354.

ANNOTATIONS.

1. Dolomieu assigne aux tufs volcaniques trois origines diffé-rentes. Les uns sont des produits d'éruptions boueuses ; d'autres paroissent s'être formés dans la mer, lorsqu'elle baignoit le pied des monts enflammés ; ils sont un mélange de sable, de cendres volcaniques, de fragmens de scories empâtés par une matière argileuse, ou par la vase qui occupoit le fond de la mer ; d'au-tres, enfin, se forment journellement par l'agglutination des cendres et des sables volcaniques, dont le fer s'altère, et que les eaux pénètrent. Dolomieu remarque qu'il est quelquefois très-difficile de distinguer à laquelle de ces trois espèces appartient un tuf qui se présente à l'observation (1).

2. Le tuf volcanique, dit *peperino*, est employé, en Italie, pour la bâtisse. On en fait aussi des tables que l'on applique, par une de leurs faces, à l'aide d'un ciment, aux tables de

-----

(1) Mém. sur les Iles Ponces, p. 48, note 1.

marbre et autres ouvrages destinés à être transportés au loin, pour les préserver d'accidens.

3. La *pierre de trass* est un tuf volcanique, que les Hollandais font entrer dans la composition du ciment qui leur sert pour la construction des digues.

S I X I È M E   C L A S S E.

Substances qui ont été formées dans l'intérieur des laves, postérieurement à l'époque où celles-ci ont coulé.

1. Mésotype.
2. Analcime.
3. Stilbite.
4. Chabasie.
5. Chaux carbonatée.
6. Fer sulfuré, etc.

A N N O T A T I O N S.

1. Les substances qui occupent les cavités des laves, tantôt y forment des géodes tapissées de cristaux, et tantôt remplissent entièrement ces cavités. Dolomieu dit que les zéolithes n'existent que dans les anciennes laves, qui ont été sous les eaux, en sorte que jamais il n'a trouvé de ces substances, sans être certain d'apercevoir d'autres indications qui prouvassent que le volcan avoit été submergé (1).

On ne peut pas dire que ces substances ayent été produites au moment même où la lave étoit encore en fusion. La stilbite surtout, qui s'exfolie et devient opaque par l'action d'un feu très-modéré, n'auroit pu rester intacte, et moins encore conserver la transparence que présente quelquefois sa variété anamorphique. Dolomieu, après avoir remarqué que l'eau avoit la

____

(1) Mém. sur les Iles Ponces, p. 435.

faculté

faculté de pénétrer les pierres les plus dures, celles dont le tissu étoit le plus serré, pourvu qu'elles ne fussent pas vitreuses, paroît persuadé que les substances qui occupent les cavités des laves y ont été dissoutes dans un liquide aqueux, qui s'est infiltré à travers les massifs de ces laves, soit qu'il ait ensuite extrait de celles-ci les molécules des substances dont il s'agit, soit qu'il les eût chariées avec lui dans l'intérieur du massif (1). Il admet ce second mode de formation, spécialement pour la chaux carbonatée, et se fonde sur ce qu'on trouve cette sub-stance plus communément dans les laves qui ont été recou-vertes par des bancs de pierres calcaires (2).

Il est cependant un fait qui ne s'accorde pas avec l'hypo-thèse de l'infiltration, au moins relativement aux zéolithes, qui, suivant Dolomieu, n'existent que dans les volcans qui ont été anciennement sous la mer. Il consiste en ce qu'on ne trouve dans les cavités qui renferment les zéolithes, aucun indice de soude muriatée. Dolomieu, qui sent la force de l'objection, n'en-treprend pas de la résoudre, et s'en tient à l'observation (2).

2. M. Breislack ne pense pas que la matière des zéolithes et des autres corps que nous avons cités, ait été transportée du dehors dans les cavités des laves, ni même que l'eau s'y soit introduite, au moyen de l'infiltration. Il lui paroît plus naturel de concevoir que cette eau ait été produite dans les cavités des laves, par la réunion de l'oxygène et de l'hydrogène qui s'y trouvoient renfermés, et qu'elle ait concouru ensuite à la cris-tallisation des molécules zéolithiques et autres, qui s'étoient séparées des laves pendant le refroidissement de celles-ci (4).

Telles ont été les opinions des volcanistes sur la formation des substances dont il s'agit. Les neptuniens la jugeront plus

---

(1) Mém. sur les Iles Ponces, p. 417.
(2) *Ibid.*, p. 423.
(3) *Ibid.*, p. 434.
(4) Voyages phys. et litholog. dans la Campanie, t. 1, p. 176 et suiv.

facile à expliquer dans leur hypothèse, et l'existence surtout des zéolithes dans le basalte paroît, à M. Kirwan, une preuve décisive en faveur de cette hypothèse (1).

SUBSTANCES qui ont été modifiées par la chaleur des feux souterrains non volcaniques.

1. Thermantide (non volcanique) porcellanite. Porzellan jaspis, *Emmerling*, *t. I*, *p.* 240. Porcellanite, *Kirwan*, *t. I*, *p.* 313. Le jaspe porcelaine, *Brochant*, *t. I*, *p.* 336. Gris, jaunâtre, rougeâtre, etc. Souvent il réunit plusieurs de ces couleurs distribuées par taches, par veines, par bandes, etc.; aspect assez semblable à celui 'de la brique, qui a essuyé un léger degré de vitrification.

2. Thermantide (non volcanique) tripoléenne. Ordinairement schisteuse ; ayant du reste les caractères du tripoli décrit ci-dessus, *p.* 331.

ANNOTATIONS.

Indépendamment des grands phénomèmes produits par l'action des volcans, diverses causes font naître, dans le sein de la terre, des embrasemens particuliers. Tels sont ceux des mines de hòuille, en communication avec du fer sulfuré qui a pris feu spontané-ment, ou susceptibles de laisser dégager des gaz qui s'enflamment par le contact des lumières. Les embrasemens agissent sur les matières qui accompagnent la houille, telles que les argiles schis-teuses, et leur font subir diverses altérations. Dans la therman-tide porcellanite, le feu a produit un commencement de vitrifi-cation semblable à celui qu'éprouve l'argile à poterie, dont la cuisson n'a pas été arrêtée à temps. Si l'argile a été simplement calcinée, il en résultera un tripoli (2). Enfin, si les circons-

____

(1) Elements of mineralogy, t. I, p. 428.
(2) Mém. du Cit. Cavillier, ingénieur des mines, sur les aluminières du département de la Saarre, Journ. des mines, N°. 46, p. 766.

tances sont favorables, l'acide sulfurique, qui s'est formé par la décomposition du fer sulfuré, s'unissant avec l'alumine, donnera naissance à de l'alun, qui adhérera à la surface du schiste, sous la forme d'une efflorescence blanchâtre (1).

A D D I T I O N à l'article E M E R A U D E   D E   F R A N C E, *ci-dessus, p.* 257.

L'existence de l'émeraude en France vient d'être constatée par la découverte que le Cit. Lelièvre, Membre du Conseil des Mines, a faite, du côté de Limoges, d'une substance translucide, blanchâtre, avec des nuances verdâtres à certains endroits, et dont il a envoyé des morceaux au Conseil des Mines, en annonçant qu'il les regardoit comme des émeraudes. Cette indication se trouve confirmée par l'examen de leurs propriétés physiques et de leur structure, et mieux encore par l'analyse que le Cit. Vauquelin a faite de cette substance, dont il a retiré la glucyne et les autres principes en mêmes proportions que dans l'émeraude.

Fin du Tome IV et dernier.

---

(1) Mém. du Cit. Cavillier, journ. des mines, etc., p. 769.

TABLE

DES MATIÈRES.

Les chiffres romains majuscules indiquent les tomes, et les chiffres arabes les pages. Ces derniers, lorsqu'ils sont seuls, se rapportent au tome le plus prochainement indiqué. Les chiffres romains minuscules, à la suite de cette abréviation, disc., désignent les pages du discours préliminaire.

d'une infinité de modifications différentes, 317. Son histoire, 319 et suiv. Son utilité dans la nature, pour retenir les eaux souterraines, et les empêcher de s'infiltrer dans les terres, *ibid.*

Aaa

    Ccc

Schorl blanc , II , 429 ; et III , 133.

Schorl blanc prismatique , III , 168.

Schorl blanchâtre , III , 168.

Schorl bleu , III , 91 et 156.

Schorl cristallisé transparent , électrique , III , 23.

Schorl cruciforme ou pierre de croix , III , 66.

Schorl de Madagascar , III , 31.

Schorl des volcans, III , 57.

Schorl électrique. Observations sur la distinction admise entre le schorl électrique et le schorl noir , considérés comme sous-espèces de la tourmaline, III , 41.

Schorl en gerbes , III , 122.

Schorl feuilleté verdâtre en grandes lames, III , 89.

Schorl noir, III , 41.

Schorl noir en prisme octaèdre, III , 57.

Schorl octaèdre du Dauphiné , III , 92.

Schorl octaèdre rectangulaire , III , 92.

Schorl opaque rhomboïdal , III , 23 et 42.

Schorl ou grenat brun en dodécaèdre tronqué , III , 12.

Schorl rouge, IV , 210.

Schorl rouge de Sibérie, IV , 284.

Schorl spathique , III , 45.

Schorl spathique vert , III , 53.

Schorl transparent lenticulaire violet, III , 16.

Schorl transparent rhomboïdal, dit *tourmaline* et *péridot*, III , 23.

Schorl vert du Dauphiné , III , 72.

Schorl vert du Zillerthal, III , 52.

Schorl violet, III , 16.

Schorl violet (nouveau) , III , 81.

Schorl volcanique , III , 57.

Scories des volcans , IV , 352.

Sel ammoniac , II , 272.

Sel commun , II , 254.

Sel d'Epsom , II , 236.

Sel de Sedlitz , II , 236.

Sel gemme , II , 254.

Sel halotric , II , 280.

Sel marin , II , 254.

Sel sédatif, II , 266.

Sélénite , II , 189.

Sélénite des anciens , II , 201 , note 2.

Sels. Motifs qui ont fait réunir les substances ainsi nommées, avec celles qui , renfermant aussi un acide , avoient été rangées parmi les pierres , disc., xix. Méthode minéralogique de Linnæus, fondée sur l'opinion que les sels étoient les générateurs de la cristallisation , I , 10 et 11.

Sels – pierres , nom que l'on a donné aux substances acidifères non solubles dans l'eau , II , 90 et suiv.

Sémeline de Fleuriau , IV , 284. Ses rapports avec le spinthère, dont elle diffère cependant à plusieurs égards, *ibid.*

Serpentin , IV , 308.

Serpentine , IV , 309.

Sibérite , IV , 284.

Signes représentatifs des cristaux ; offrant une manière simple et facile d'exprimer les lois de

---

T A B L E
DES NOMS ALLEMANDS.

A.

Fin de la Table des Matières.